U0332161

国家出版基金项目
NATIONAL PUBLICATION FOUNDATION

有色金属理论与技术前沿丛书

绿色冶金——资源绿色化、高附加值综合利用

GREEN METALLURGY——COMPREHENSIVE AND HIGH-EFFICIENCY UTILIZATION OF RESOURSES

翟玉春　著

Zhai Yu Chun

中南大学出版社
www.csupress.com.cn

中国有色集团
CNMC

内容简介

Introduction

　　为了解决传统冶金工业废弃物排放量大、环境污染等问题,我们开展了复杂矿物和废弃物的绿色化、高附加值综合利用的研究工作。在总结近年来进行的扩大试验、工业化试验和产业化方面取得的成果的基础上,编写了本书。

　　内容包括红土镍矿、氧硫混合镍矿、氧化锌矿、氧化铜矿、高铁铝土矿、硼镁铁矿、菱镁矿、粉煤灰、硼泥、废旧电路板和废旧液晶显示器等十一种复杂资源的绿色化、高附加值综合利用。主要介绍了资源概况、工业现状、原料的化学和结构分析、化工原料、工艺流程和工序、设备和设备连接图、产品分析和环境保护等。

　　本书对生产实际具有参考价值和指导意义,可供冶金行业的科研人员、技术人员以及冶金工程专业和相关学科的师生参考。

图书在版编目(CIP)数据

绿色冶金——资源绿色化、高附加值综合利用/翟玉春著.
—长沙:中南大学出版社,2015.11
ISBN 978 – 7 – 5487 – 1845 – 1

Ⅰ.绿… Ⅱ.翟… Ⅲ.冶金 – 无污染技术 Ⅳ.TF1

中国版本图书馆 CIP 数据核字(2015)第 177622 号

绿色冶金——资源绿色化、高附加值综合利用

翟玉春 著

□责任编辑	陈 澍	
□责任印制	易建国	
□出版发行	中南大学出版社	
	社址:长沙市麓山南路	邮编:410083
	发行科电话:0731-88876770	传真:0731-88710482
□印　　装	长沙超峰印刷有限公司	

□开　　本	720×1000 1/16	□印张 22 □字数 452 千字
□版　　次	2015 年 11 月第 1 版	□印次 2015 年 11 月第 1 次印刷
□书　　号	ISBN 978 – 7 – 5487 – 1845 – 1	
□定　　价	90.00 元	

作者简介 / About the Author

翟玉春,男,1946 年生,辽宁鞍山人,博士、教授、博士生导师。国家教学名师奖获得者,第三、第四届国务院学位委员会学科评议组成员,第四、第五、第六、第七、第八届国家博士后管理委员会专家组成员,中国有色金属学会冶金物理化学学术委员会副主任,中国金属学会冶金物理化学学术委员会委员,中国物理学会相图委员会委员,国际机械化学学会理事。享受国务院政府津贴。

主要研究领域:冶金热力学、动力学和电化学,资源绿色化、高附加值综合利用,材料制备的物理化学,非平衡态热力学,熔盐电化学,电池材料与电池技术、计算物理化学。

为本科生、硕士研究生、博士研究生讲授物理化学、结构化学、量子化学、非平衡态热力学、统计力学、现代物质结构研究方法、材料化学、冶金物理化学、非平衡态冶金热力学、冶金概论、纳米材料与纳米技术、资源绿色化高附加值综合利用等课程。获国家教学成果二等奖 2 项,冶金物理化学国家精品课程负责人,冶金工程专业平台课国家级教学团队负责人,辽宁省教学成果一等奖 2 项、二等奖 1 项。完成 973 项目课题 1 项,子课题 1 项,完成国家自然科学基金项目 6 项、省部级项目 9 项,完成企业项目 20 余项,在研 973 项目课题 1 项,国家自然科学基金重点项目 1 项,在研国家级重大专项 1 项,企业项目 5 项。在高强铝合金焊丝制备和生产、资源绿色化高附加值综合利用、电化学方面取得多项成果。获省科技进步一等奖 1 项,省科技进步三等奖 2 项,省自然科学三等奖 1 项,市级科技进步一等奖 2 项、二等奖 1 项,发表论文 800 余篇,申请专利 40 余项,授权发明专利 28 项。出版教材 2 部,参著专著 2 部。

学术委员会
Academic Committee

国家出版基金项目
有色金属理论与技术前沿丛书

主　任
王淀佐　中国科学院院士　中国工程院院士

委　员 （按姓氏笔画排序）

于润沧	中国工程院院士	古德生	中国工程院院士
左铁镛	中国工程院院士	刘业翔	中国工程院院士
刘宝琛	中国工程院院士	孙传尧	中国工程院院士
李东英	中国工程院院士	邱定蕃	中国工程院院士
何季麟	中国工程院院士	何继善	中国工程院院士
余永富	中国工程院院士	汪旭光	中国工程院院士
张文海	中国工程院院士	张国成	中国工程院院士
张懿	中国工程院院士	陈景	中国工程院院士
金展鹏	中国科学院院士	周克崧	中国工程院院士
周廉	中国工程院院士	钟掘	中国工程院院士
黄伯云	中国工程院院士	黄培云	中国工程院院士
屠海令	中国工程院院士	曾苏民	中国工程院院士
戴永年	中国工程院院士		

编辑出版委员会

Editorial and Publishing Committee

国家出版基金项目
有色金属理论与技术前沿丛书

总序

当今有色金属已成为决定一个国家经济、科学技术、国防建设等发展的重要物质基础，是提升国家综合实力和保障国家安全的关键性战略资源。作为有色金属生产第一大国，我国在有色金属研究领域，特别是在复杂低品位有色金属资源的开发与利用上取得了长足进展。

我国有色金属工业近30年来发展迅速，产量连年来居世界首位，有色金属科技在国民经济建设和现代化国防建设中发挥着越来越重要的作用。与此同时，有色金属资源短缺与国民经济发展需求之间的矛盾也日益突出，对国外资源的依赖程度逐年增加，严重影响我国国民经济的健康发展。

随着经济的发展，已探明的优质矿产资源接近枯竭，不仅使我国面临有色金属材料总量供应严重短缺的危机，而且因为"难探、难采、难选、难冶"的复杂低品位矿石资源或二次资源逐步成为主体原料后，对传统的地质、采矿、选矿、冶金、材料、加工、环境等科学技术提出了巨大挑战。资源的低质化将会使我国有色金属工业及相关产业面临生存竞争的危机。我国有色金属工业的发展迫切需要适应我国资源特点的新理论、新技术。系统完整、水平领先和相互融合的有色金属科技图书的出版，对于提高我国有色金属工业的自主创新能力，促进高效、低耗、无污染、综合利用有色金属资源的新理论与新技术的应用，确保我国有色金属产业的可持续发展，具有重大的推动作用。

作为国家出版基金资助的国家重大出版项目，《有色金属理论与技术前沿丛书》计划出版100种图书，涵盖材料、冶金、矿业、地学和机电等学科。丛书的作者荟萃了有色金属研究领域的院士、国家重大科研计划项目的首席科学家、长江学者特聘教授、国家杰出青年科学基金获得者、全国优秀博士论文奖获得者、国家重大人才计划入选者、有色金属大型研究院所及骨干企业的顶尖专家。

国家出版基金由国家设立,用于鼓励和支持优秀公益性出版项目,代表我国学术出版的最高水平。《有色金属理论与技术前沿丛书》瞄准有色金属研究发展前沿,把握国内外有色金属学科的最新动态,全面、及时、准确地反映有色金属科学与工程技术方面的新理论、新技术和新应用,发掘与采集极富价值的研究成果,具有很高的学术价值。

中南大学出版社长期倾力服务有色金属的图书出版,在《有色金属理论与技术前沿丛书》的策划与出版过程中做了大量极富成效的工作,大力推动了我国有色金属行业优秀科技著作的出版,对高等院校、研究院所及大中型企业的有色金属学科人才培养具有直接而重大的促进作用。

王淀佐

2010 年 12 月

前言

Foreword

经过人类几千年,尤其是近二百年的开发利用,地球陆地上的易处理资源已经大为减少,而储量大的复杂天然资源和作为二次资源的工业及生活废弃物都未得到很好的利用。复杂天然资源成分多样、矿物结构复杂、矿相嵌布细,二次资源种类繁多、组成复杂,其难处理程度甚至超过天然矿物。

传统冶金工艺流程对复杂资源的综合利用考虑不够,因而往往产生大量的废渣、废水、废气,造成环境污染。

为了保证冶金工业可持续发展,满足人们生活、生产的需要,满足国家经济建设、国防建设和社会发展的需要,必须针对复杂资源研发新的工艺流程,发展冶金理论,解决工程和装备问题。

20 世纪 80 年代,我的导师赵天从教授最早提出无污染冶金,为冶金科技人员和冶金工业指明了发展的方向,并率先垂范指导学生开展了无污染冶金的开创性工作。

二十几年来,我带领我的研究生开展资源绿色化、高附加值综合利用的研究。先后研究了钛氯化烟尘、废旧电池、废旧电路板、废旧液晶显示器、粉煤灰、煤矸石、红土镍矿、氧化铜矿、氧化锌矿、镍铜氧硫混合矿、高铁铝土矿、高硫铝土矿、赤泥、菱镁矿、长石矿、硼镁铁矿、硼泥、工厂烟气等的开发利用;研究新的工艺流程、相关的冶金理论、配套设备和工程;进行了放大试验或工业试验,有些实现了产业化。发表相关论文 206 篇,申请相关专利 30 项、授权专利 14 项。参加这些研究工作的有博士研究生 24 人、硕士研究生 26 人。在放大试验、工业试验和产业化过程中得到合作企业领导和员工的大力支持和全面配合,没有他们的支持和配合,这些工作是无法完成的。这些成果凝结了众多人的聪明才智和辛勤汗水,是大家努力的结果。在这里向所有参加过这些工作的人员表示衷心的感谢！

2011 年，中南大学出版社史海燕编辑约我写一本专著。在她的启发下我想到应该把我们多年的工作成果总结一下，写成一本书，与大家分享。于是我就申报了《绿色冶金——资源绿色化、高附加值综合利用》一书，并得到史海燕编辑的大力支持，后被列入中南大学出版社出版计划。经过三四年的努力，现在终于可以交稿了。

本书由我确定写作提纲和目录，具体撰写工作由我和我的学生申晓毅博士、王佳东博士、牟文宁博士、辛海霞博士、王伟博士、顾惠敏博士、宁志强博士、段华美博士负责。我和申晓毅博士、王佳东博士对初稿的各章内容进行了修改和补充，申晓毅博士和王佳东博士绘制了工艺流程图，王佳东博士绘制了设备连接图，申晓毅博士对各章节进行了校对，最后由我修改定稿。感谢中南大学出版社的大力支持！感谢史海燕编辑的热情帮助！

翟玉春
2015 年 1 月 6 日于秦皇岛

目录 /
Contents

第 1 章　红土镍矿绿色化、 高附加值综合利用

1.1　综述

1.1.1　资源概况

红土镍矿是镍的氧化矿，占世界镍资源储量的65%左右，很早就用于镍的提取冶金。红土镍矿是含镍橄榄岩经长期风化淋滤变质而形成的，是由铁、铝、硅的含水氧化物组成的疏松黏土状氧化矿物。在风化过程中，因铁的三价氧化矿物呈红色，故称红土镍矿。

世界上红土镍矿主要分布在赤道线南北30°以内的热带国家，现已探明的红土镍矿资源多分布在南北回归线一带，如澳大利亚、新喀里多尼亚、印度尼西亚、菲律宾、多米尼亚和古巴等地，如表1–1所示。

表 1–1　世界红土镍矿的分布状况（以镍计）

国家	澳大利亚	古巴	新喀里多尼亚	印度尼西亚	多米尼亚	菲律宾
储量/万 t	1100	2300	150	1300	900	1100

红土镍矿床一般分3层，上层是褐铁矿层，铁、钴含量高，硅、镁、镍含量低；下层是硅镁镍矿，硅、镁、镍含量高，铁、钴含量低；中间是过渡层，各主要金属含量介于上、下两层之间。虽然红土镍矿类型不同，但它们都有以下特点：①成分波动较大。不仅有价元素镍的含量波动大，而且其他矿物成分如SiO_2、Al_2O_3、Fe_2O_3、MgO和水分波动也很大，即使是在同一矿床，红土镍矿成分也随着矿层的不同而变化。②含镍0.8%~3.0%，品位较低且组成比硫化镍矿复杂得多。很难通过选矿得到含镍较高（6%以上）的镍精矿，镍含量太低，难以直接用简单的冶金工艺富集。

与古巴、印度尼西亚、澳大利亚等国相比，我国高品位镍资源缺乏，属于"贫镍"国家。因此，每年都需要进口数量可观的镍金属，以满足国民经济发展的需要。镍金属已构成了影响我国发展的制约因素。这就要求我们加快镍资源的勘察

开发步伐,以满足经济高速发展的需求。

截至 1995 年末,我国已探明镍矿区 84 处,分布于全国 18 个省、自治区。镍的保有储量为 785.31 万 t,基础储量为 760 万 t,占世界总储量的 5.4%。其中 A + B + C* 级占储量的 47.9%,为 376.39 万 t。我国的镍矿资源主要分布在西北、西南和东北,其保有储量占全国总储量的比例分别为 76.8%、12.1%、4.9%。就各省来看,甘肃储量最多,占全国镍矿总储量的 62%,其次是新疆(11.6%)、云南(9.89%)、吉林(4.4%)、湖北(3.4%)和四川(3.3%)。我国的镍资源总体不足,大多为小型贫矿,矿床类型主要为硫化镍矿,占全国总储量的 80%。我国主要镍矿资源及镍品位见表 1 - 2。

表 1 - 2   我国镍矿资源与品位表

矿山	镍储量/万 t	平均品位/%	备注
甘肃金川	548.6	1.06	伴生硫化镍
新疆喀拉通克	60.00	3.20	
吉林磐石	24.00	1.30	
云南元江	52.60	0.80	
陕西煎茶岭	28.30	0.55	
四川会理	2.75	1.11	
青海化隆	1.54	3.99	
其他	72.08		

目前,我国在镍资源领域具有比较配套的采、选、冶综合生产能力和装备水平。但由于我国硫化镍矿资源埋藏较深,绝大多数需要地下开采,开采成本逐年增高,直接影响资源的市场竞争力;再则,金川硫化铜镍矿床,因经历了自吕梁运动以来的多次构造运动作用、变质作用及多期岩浆的侵入作用,工程地质条件极为复杂,开采难度很大,这在一定程度上制约了我国镍精矿供应产能的扩张。目前我国镍行业生产成本较高,国外大约 62% 的企业电镍成本在 4000 美元/t 以下,18% 的成本在 4000~6000 美元/t,只有 20% 的电镍成本在 6000 美元/t,而我国主要镍生产企业的成本在 5000 美元/t 左右,处于世界中下游水平。在我国镍产品中,初级产品所占比例很大,镍材及镍基深加工产品大量依赖进口。

1.1.2   工业现状

按镍资源的分类,主要有硫化镍矿和氧化镍矿(即红土镍矿)两种。其中硫化

---

  * A、B、C、D 为 1999 年以前的矿产资源/储量分级标准,1999 年以后按国家标准 GB/T 17766—1999 的分类分级标准执行。

镍矿的镍品位高，选矿后的精矿品位可达 6% ~ 12%。精矿中还有以硫化铁形态存在的燃料成分，精矿熔炼能耗低。因此，硫化镍矿的经济价值较高。但随着硫化镍矿的日益枯竭，产量的逐年下降，占世界镍资源 60% 的氧化镍矿的开发和利用已经被提上了日程。而氧化矿中的镍常以类质同象分散在脉石矿物中，且粒度很细，不能用选矿方法予以富集，只能直接冶炼。氧化镍矿的提取方法归纳起来主要有三种，即火法工艺、湿法工艺和火湿法结合工艺等。湿法工艺主要集中在浸出方面；火法工艺主要集中在红土镍矿制备镍铁方面；火湿结合工艺应用在全流程。此外，提取镍还有生物浸出等工艺技术。

氧化镍矿床的上部为褐铁矿型红土镍矿，一般适于湿法工艺处理，下部为镁质硅酸镍矿（蛇纹岩为主），较适于火法工艺处理，中间过渡层适于这两种方法。这三个矿层的镍品位、化学成分和矿物组成有一定的区别。氧化镍矿床不同层位的化学成分及相应提取方法见表 1 - 3。然而，随着冶金技术的发展，氧化镍矿的处理工艺将突破上述定位，并在未来镍提取工业中扮演更重要的角色。

表 1 - 3　氧化镍矿床不同层位的化学成分与适用提取方法

层位	化学成分/%					适用提取方法
	Ni	Co	Fe	SiO$_2$	MgO	
表层	<0.8	<0.1	>50	30 ~ 40	<0.5	弃置堆存
褐铁矿层	0.8 ~ 1.5	0.1 ~ 0.2	40 ~ 50	10 ~ 13	0.5 ~ 5	湿法工艺
过渡层	1.5 ~ 1.8	0.02 ~ 0.1	25 ~ 40	10 ~ 13	5 ~ 15	火法或湿法
蛇纹岩层	1.8 ~ 3	0.02 ~ 0.1	10 ~ 25	30 ~ 50	15 ~ 35	火法工艺
（橄榄岩）基岩层	0.25	0.01 ~ 0.02	5	40 ~ 60	35 ~ 45	不开采

（1）湿法工艺

湿法工艺主要是酸浸工艺，包括高压酸浸、常压酸浸。

1）高压酸浸（HPAL）

硫酸加压酸浸工艺适合处理含镁低的褐铁矿型红土镍矿（一般镁含量要低于 5%）。加压酸浸工艺流程如图 1 - 1 所示，此工艺最大优势在于镍的回收率可达 90% 以上。该工艺可概括为：在 250 ~ 270℃、4 ~ 5 MPa 的高温高压条件下，用稀硫酸将红土镍矿中的金属组元镍、钴、铝、铁等一起溶解进入溶液。控制一定的 pH 等条件，使铁和铝等杂质

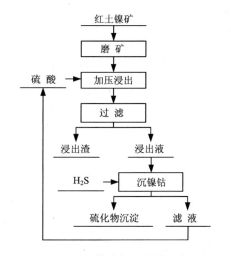

图 1 - 1　红土镍矿高压酸浸工艺流程

组分水解，且与不反应的二氧化硅一起进入渣中，镍、钴留在溶液中。采用硫化沉淀、溶剂萃取等方法回收镍钴硫化物，再经传统的精炼工艺生产出最终产品。

该技术始于 20 世纪 50 年代，最先用于古巴毛阿湾(Moa Bay)矿，称 A-MAX-PAL技术。此后 70 年代澳洲 QNI 公司建成雅布鲁(Yabulu)镍厂，处理新喀里多尼亚、印度尼西亚及澳大利亚的红土镍矿。高压酸浸镍浸出率虽然可达 90% 以上，但对矿石要求严格，对设备要求苛刻，还产生大量的废渣、废液。

采用高压酸浸处理红土镍矿生产镍、钴产品的生产厂目前世界上仅有古巴毛阿镍厂(Moa Bay Nickel Plant)、澳大利亚的穆林穆林(Murrin Murrin Lateritic Nickel)、考斯(Cawse Nickel/Cobalt)和布隆(Bulong)等厂家，规模和简要流程见表 1-4。此外，我国中冶集团在巴布亚新几内亚建成的瑞姆(Ramu)镍厂也采用高压酸浸工艺。

表 1-4　高压酸浸处理镍红土矿生产厂的主要技术参数

厂名	生产能力/ (万 t·a^{-1})	矿石品位	简要流程	产　品
毛阿	2.3 Ni 0.2 Co	1.35% Ni 47.6% Fe	备料→高压酸浸→固液分离→溶液中和除杂(铁、铝、铬)→H$_2$S 加压沉镍钴	硫化物精矿 (55% Ni，5.9% Co)
穆林穆林	4.5 Ni 0.3 Co	1.02% Ni 0.06% Co	备料→高压酸浸→固液分离→H$_2$S 沉 Ni、Co→硫化物沉淀加压氧化酸浸→Cyanex 272 萃钴→反萃钴液氢还原制钴粉；萃余液氢还原制镍粉	钴粉、镍粉
考斯	0.9 Ni	0.98% Ni 0.08% Co	备料→高压酸浸→固液分离→MgO 沉镍、钴→碳铵溶液重溶→净化→Lix84A 萃镍→反萃液电积制电镍、萃余液 H$_2$S 沉钴	电镍、硫化钴
布隆	0.9 Ni	0.70% Ni 0.04% Co	备料→高压酸浸→固液分离→Cyanex 272 萃钴→反萃液净化后电积制电钴；萃余液烷烃羧酸萃镍→反萃液电积制电镍	电镍、电钴

2) 常压酸浸(PAL)

常压酸浸可以分为浸出槽浸出和堆浸。浸出槽浸出是将磨细的红土镍矿与硫酸按比例配料，装入浸出槽自热反应，浸出液经净化除杂、液固分离后沉镍。

常压酸浸工艺适合处理镁含量低、铁含量较低的红土镍矿。目前斯凯(Skye)公司正在研究用于开发危地马拉红土矿的常压浸出法。

堆浸是将磨细的红土镍矿与硫酸混合，露天堆放在防渗漏的池子里，浸出液流到集液池，取出，提取镍钴。采用堆浸技术，3个月内镍的浸出率可以达到75%以上，钴的浸出率可以达到60%以上。堆浸主要用于腐殖土矿，欧洲镍公司（European Nickel）目前正在土耳其进行大规模堆浸实验。

常压酸浸法工艺是目前处理红土矿工艺研究的主要方向。其对红土镍矿处理的工艺可概括为：对红土镍矿先进行磨矿和分级处理，再将磨细后的红土镍矿和硫酸按一定的比例混合，将矿石中的镍浸出进入溶液，用碳酸钙进行中和处理，过滤使液固分离，得到的浸出液用硫化钠作沉淀剂沉镍。

常压酸浸法具有工艺简单、能耗低、不使用高压釜、投资费用少、操作条件易于控制等优点，但是存在浸出液分离困难、镍回收率低等问题。

（2）火法工艺

火法工艺主要处理镍品位较高的红土镍矿，按其产品的不同分为还原熔炼生产镍铁工艺和还原硫化熔炼生产镍锍工艺。火法工艺主要包括回转窑－电炉还原熔炼工艺、鼓风炉冶炼工艺、转底炉冶炼镍铁工艺。火法工艺的产品通常是含镍20%~50%的镍铁，也可以在熔炼时加含硫物料生产镍锍，该工艺流程如图1-2所示。

回转窑－电炉还原熔炼（RKEF）工艺是目前红土镍矿冶炼厂普遍采用的一种火法冶炼工艺流程，其技术可靠、成熟。该工艺包括干燥、焙烧－预还原、电炉熔炼和精炼。由于原矿含有大量附着水和结晶水，所以冶炼前的炉料准备主要是脱水和干燥，一般是在干燥窑内脱除附着水，在回转窑内焙烧预还原，进一步脱除结晶水，部分镍、铁氧化物预还原。同时炉料得到预热，出窑炉料温度为650~900℃，

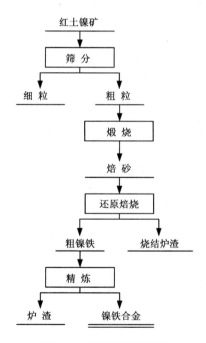

图1-2 火法工艺流程图

为下一步电炉熔炼节能。经还原熔炼制取镍铁，再精炼用做冶炼不锈钢的原料。该工艺适合于低铁高镍型红土镍矿，得到的镍铁产品镍品位一般为10%~15%，铁品位为60%~80%，镍的回收率大于90%。

日本冶金工业公司投资的大江山冶炼厂采用回转窑高温半熔融还原焙烧—水淬—跳汰重选—尾矿球磨—磁选工艺直接生产含镍大于20%的镍铁合金，用来生产不锈钢，称为大江山法，又叫回转窑还原－磁选法。大江山冶炼厂采用该方法

处理新喀里多利亚的红土镍矿，主要工艺流程为：原矿经干燥、破碎、筛分处理后与石灰石、石英砂以及焦炭按比例混合制团，团矿经干燥和高温还原焙烧，生产海绵状镍铁合金，合金与渣的混合物经水淬冷却、破碎、筛分、磁选或重选等处理，得到粗镍铁粒，然后将该产品运往川崎钢厂生产不锈钢。

最早用来处理氧化镍矿的工艺就是还原硫化熔炼生产镍锍，早在 20 世纪 20 年代已经得到了应用。当时采用的是鼓风炉熔炼，是将红土镍矿配入适量的 CaO 和 SiO_2 后在 1100℃烧结成块，再配入 20% 左右的黄铁矿或硫酸钙和焦炭，炉内熔炼，生产低冰镍，镍回收率可达 85%。目前国内朝阳昊天集团采用该工艺生产低镍锍，获得的低镍锍产品镍品位为 5% ~8%，镍金属回收率大于 90%。

鼓风冶炼镍铁是将磨细的红土镍矿在回转窑内预热、干燥后制成团块，与焦炭块一起加入鼓风炉内冶炼，生产出粗镍铁，再进行精炼，制出镍铁。鼓风炉冶炼是最早的炼镍方法之一，对环境不友好，对镁含量有较严格的限制。随着生产规模的扩大、冶炼技术的进步、炼钢厂对镍类原料要求的提高以及对环境保护要求的提高，这一方法已逐渐被淘汰。

转底炉冶炼镍铁工艺是将磨细的红土镍矿配入碳质还原剂混料；在转底炉内加热还原混好的物料；在熔炼炉内将已还原的物料熔化生产镍铁。该工艺能够制备高镍含量的镍铁产品，但能耗高。

（3）氨浸法

还原焙烧－氨浸（RRAL）工艺是由 Caron 教授发明的，因此又称 Caron 工艺，工艺流程如图 1－3 所示。古巴的尼加罗是世界上最早采用该法的工厂，基本流程是还原焙烧－氨浸。还原焙烧的目的是将氧化镍最大程度

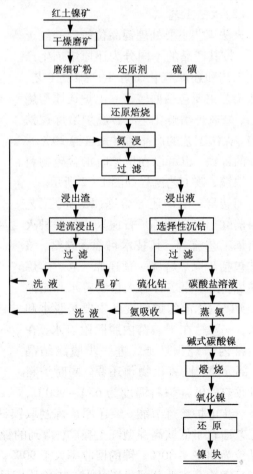

图 1－3　还原焙烧－氨浸工艺流程

地还原成金属，同时控制还原条件，使大部分铁还原成 Fe_3O_4，只有少部分铁被还原成金属，焙烧矿再用 NH_3 及 CO_2 将金属镍和铁转为镍氨、铁氨配合物进入溶液。然后将 Fe^{2+} 再氧化成 Fe^{3+}，水解生成氢氧化铁沉淀，氢氧化铁沉淀时会造成镍、钴损失。全流程镍的回收率为 75% ~ 80%。与火法相比，钴可以部分回收，回收率为 40% ~ 50%，钴的回收率较低。

氨浸法适用于处理红土镍矿床上层的红土镍矿，但不适合处理下层硅镁含量高的矿层，这就限制了氨浸法的应用，从 20 世纪 70 年代后就没有采用该工艺新建工厂了。

采用还原焙烧 – 常压氨浸流程处理含镍红土矿的工厂有古巴尼加罗镍厂（Nicro Nickel Smelter）、澳大利亚雅布鲁镍厂（Yabulu Refinery）、菲律宾苏里高镍厂（Surigao Nickel Plant）、印度苏金达镍厂（Sukinda Plant）、斯洛伐克谢列德厂（Sered Plant）等，各生产厂的工艺流程和产品见表 1 – 5。

表 1 – 5　典型厂家还原焙烧 – 氨浸法生产工艺流程和产品

厂名	生产能力 /(万 t·a^{-1})	矿石品位/%	简要工艺流程	产品
雅布鲁镍厂	2.5	1.57Ni 0.12 Co	还原焙烧→碳酸铵浸出→ H_2S 沉淀硫化物→碳酸镍沉淀→还原煅烧	氧化镍(90% Ni) 硫化物(39% Ni, 13% Co)
尼加罗镍厂 1943	2.3 (Ni + Co)	1.3 ~ 1.4 Ni 33 ~ 37 Fe	还原焙烧→氨浸→沉碳酸镍→还原煅烧	氧化镍(76.5% Ni)，烧结氧化镍(88.9% Ni)
古巴新镍厂 1985	3.0 (Ni + Co)	1.3 Ni 39Fe	同尼加罗镍厂	氧化镍(76.5% Ni)，烧结氧化镍(88.9% Ni)
谢列德厂	0.2 Ni 0.01 Co	1.3 Ni 51.3 Fe	还原焙烧→氨浸→净化→分离钴→蒸氨沉碳酸镍→硫酸溶解→电解	电解镍、电解钴、镍粉等

（4）其他方法

借助某些具有催化作用的微生物，使矿石中的金属溶解出来的湿法冶金过程称为生物浸出。目前生物浸出在冶金工业上的应用已涉及多种金属。研究表明，生物浸出可以有效提高硫化镍矿的镍浸出率，其中镍的浸出速率和浸出率受细菌的初始接种量、菌种和添加剂、pH 以及矿浆浓度等多种因素影响。细菌对不同矿物浸出的机理有所不同。但该方法还处在研究阶段，并没有在实际生产中得到应用。

虽然海洋多金属结核和生物浸出的利用为镍资源利用打开了新的方向，但要使其工业化还有很漫长的路要走，传统的镍冶金方法仍然是今后镍生产的主要方法。现行的火法工艺耗能大，仅提取了矿石中的镍和部分铁，其他组元如镁、硅和外加的钙都作为废弃物炉渣，没有得到利用。以含镍 1.5% 的矿石计，每生产 1 t 镍要排放 120 t 的炉渣和数百吨的 CO_2，严重污染环境。传统的湿法工艺对矿石的要求高，并且对环境不友好，产生大量的废渣、废水，以含镍 1.5% 的矿石计，每生产 1t 镍要排放上百吨含硫酸盐的废渣和 200 多吨的废水，严重污染环境。

因此，研究绿色化、高附加值综合利用红土镍矿的新工艺、新技术具有重要的实际意义。

1.2 硫酸法绿色化、高附加值综合利用红土镍矿

1.2.1 原料分析

图 1-4 是红土镍矿的 XRD 图谱和 SEM 照片，表 1-6 是红土镍矿的化学组成。

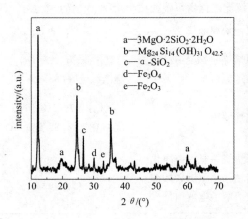

图 1-4 红土镍矿的 XRD 图谱和 SEM 照片

表 1-6 红土镍矿成分表

成分	Ni	Fe	MgO	Al$_2$O$_3$	SiO$_2$
含量/%	0.65~2.50	6.10~20.62	10.93~38.83	4.42~6.08	40~50

　　由图 1-4 和表 1-6 可知，红土镍矿的镍品位低，而铁、铝、镁的含量远高于镍的含量，含量最高的是二氧化硅，成分复杂。矿相主要为硅镁酸盐、游离态二氧化硅和三氧化二铁、四氧化三铁。

1.2.2　化工原料

　　硫酸法处理红土镍矿使用的化工原料主要有浓硫酸、双氧水、碳酸氢铵、碳酸铵、硫化钠、活性氧化钙、煤、氢气、一氧化碳等。

　　①浓硫酸：工业级，含量 98%。
　　②双氧水：工业级，含量 27.5%。
　　③碳酸氢铵：工业级。
　　④碳酸铵：工业级。
　　⑤硫化钠：工业级。
　　⑥活性氧化钙：工业级。
　　⑦CO：工业级。
　　⑧H_2：工业级。
　　⑨氢氧化钠：工业级。

1.2.3　工艺流程

　　将硫酸和磨细的红土镍矿混合焙烧，镍、镁、铁、铝与硫酸反应生成可溶性硫酸盐，二氧化硅不参加反应，也不溶于水。产生的烟气除尘后制酸，返回混料。焙烧熟料加水溶出，镍、镁、铁、铝的硫酸盐进入溶液，过滤后与二氧化硅分离。滤液造矾除铁得到黄铵铁矾，水解沉铝得到粗氢氧化铝。净化后的溶液用硫化钠沉镍得到硫化镍产品。滤液用碳酸氢铵或氨沉镁得到碱式碳酸镁或氢氧化镁产品，煅烧得到氧化镁产品。溶液蒸发结晶制得硫酸铵产品。硅渣磁选后碱溶得到硅酸钠溶液，硅酸钠溶液碳分制备白炭黑产品和碳酸钠溶液，苛化碳酸钠溶液得到碳酸钙沉淀和氢氧化钠溶液；也可以苛化硅酸钠制备硅酸钙产品和氢氧化钠溶液，氢氧化钠返碱溶，循环利用。分解铁矾渣得到氧化铁，用于炼铁。粗氢氧化铝提纯可得纯净氢氧化铝，煅烧制备氧化铝产品。图 1-5 为硫酸法的工艺流程图。

1.2.4　工序介绍

　　1）干燥磨细
　　矿山产出的红土镍矿原矿为块状，含水较多，将物料干燥到含水量小于 5%。将干燥后的物料破碎至 20 mm 以下，再磨细至粒度 80 μm 以下。

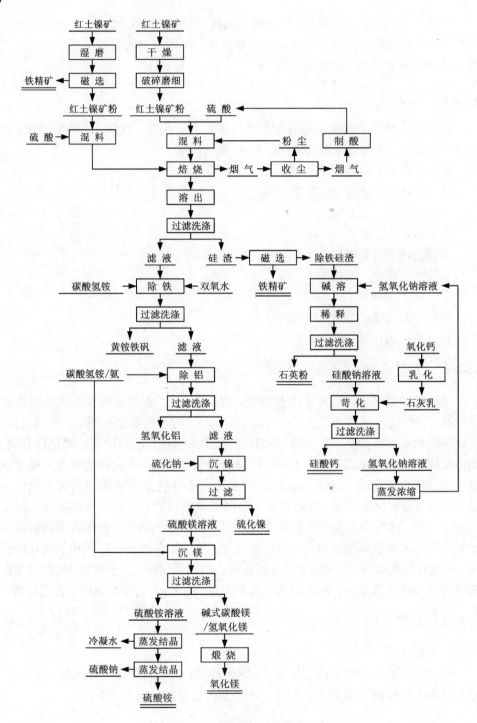

图1-5 硫酸法工艺流程图

采用湿式磨矿至粒度 80 μm 以下,湿式磁选后堆存,风干至合适含水率后配入硫酸混料。

2)混料

将红土镍矿与浓硫酸按参加反应的物料化学计量比硫酸过量 10% 混料,出料后固化为块状入炉。

3)焙烧

将混好的物料在 500~550℃ 焙烧,发生的主要化学反应为:

$$Mg_3Si_2O_5(OH)_4 + 3H_2SO_4 \Longrightarrow 3MgSO_4 + 2SiO_2 + 5H_2O \uparrow$$
$$Fe_2O_3 + 3H_2SO_4 \Longrightarrow Fe_2(SO_4)_3 + 3H_2O \uparrow$$
$$Al_2O_3 + 3H_2SO_4 \Longrightarrow Al_2(SO_4)_3 + 3H_2O \uparrow$$
$$NiO + H_2SO_4 \Longrightarrow NiSO_4 + H_2O \uparrow$$
$$MgO + H_2SO_4 \Longrightarrow MgSO_4 + H_2O \uparrow$$
$$H_2SO_4 \Longrightarrow SO_3 \uparrow + H_2O \uparrow$$

Fe_3O_4 参加反应量很少。采用硫酸吸收焙烧产生的 SO_3 和 H_2O,得到的硫酸返回混料工序,循环使用。尾气经碱吸收塔吸收后排放,排放的尾气应达到国家环保标准。

4)溶出

焙烧熟料出炉后直接溶出,液固比 3:1,溶出温度 60~80℃,溶出时间 1 h。过滤,滤液为硫酸盐溶液,滤渣为硅渣,送碱浸工序。

5)除铁

保持滤液温度 40℃ 以下,向其中加入双氧水将二价铁离子氧化成三价铁离子。升高溶液温度至 85℃ 以上,加入碳酸氢铵,调节溶液 pH 至 1.5~2,使溶液中的三价铁离子生成黄铵铁矾沉淀,反应结束后过滤分离,得到黄铵铁矾和滤液。发生的主要化学反应为:

$$2Fe^{2+} + H_2O_2 + 2H^+ \Longrightarrow 2Fe^{3+} + 2H_2O$$
$$6Fe^{3+} + 2NH_4^+ + 4SO_4^{2-} + 12H_2O \Longrightarrow (NH_4)_2Fe_6(SO_4)_4(OH)_{12} \downarrow + 12H^+$$

6)除铝

向除铁的滤液中继续加入碳酸氢铵调节 pH 至 4.8~5.1,溶液中的三价铝离子生成沉淀,经过滤得到粗氢氧化铝和滤液,发生的主要化学反应为:

$$Al^{3+} + 3OH^- \Longrightarrow Al(OH)_3 \downarrow$$

7)沉镍

向除铁、铝后的溶液中加入硫化钠,控制溶液 pH 至 6.5,得到硫化镍沉淀。发生的主要化学反应为:

$$Ni^{2+} + S^{2-} \Longrightarrow NiS \downarrow$$

沉镍后物料过滤分离得到 NiS 产品和硫酸镁溶液。

8）沉镁

沉镍后的溶液采用氨沉镁，控制溶液的 pH 至 11，得到氢氧化镁沉淀。用碳酸氢铵沉镁，得到碱式碳酸镁沉淀，沉镁产生的二氧化碳回收用于碳分硅酸钠溶液制备白炭黑。发生的主要化学反应为：

$$MgSO_4 + 2NH_3 \cdot H_2O === Mg(OH)_2\downarrow + (NH_4)_2SO_4$$

$$MgSO_4 + 2NH_4HCO_3 === Mg(HCO_3)_2 + (NH_4)_2SO_4$$

$$Mg(HCO_3)_2 + 2H_2O === MgCO_3 \cdot 3H_2O\downarrow + CO_2\uparrow$$

$$5[MgCO_3 \cdot 3H_2O] === 4MgCO_3 \cdot Mg(OH)_2 \cdot 5H_2O\downarrow + 9H_2O + CO_2\uparrow$$

$$4MgCO_3 \cdot Mg(OH)_2 \cdot 5H_2O === 4MgCO_3 \cdot Mg(OH)_2 \cdot 3H_2O\downarrow + 2H_2O$$

反应生成氢氧化镁或碱式碳酸镁沉淀，过滤分离，滤液为硫酸铵溶液，滤饼为氢氧化镁或碱式碳酸镁。

9）蒸浓结晶

将沉镁后的硫酸铵溶液蒸浓结晶得到硫酸铵晶体。沉镍产生的硫酸钠在溶液中积累至一定程度，可以利用硫酸钠和硫酸铵的溶解度随温度变化的差异进行分离。

10）铁渣碱溶

将铁渣和氢氧化钠溶液混合，调节溶液 pH 大于 11，加热反应，控制溶液的温度为 130℃。反应结束后过滤分离，滤渣为水合氧化铁，可用于制备铁产品。

滤液主要为硫酸钠和氢氧化钠的混合溶液，返回碱浸铁铝渣，循环使用。当硫酸钠达到一定浓度后，冷凝结晶，制备硫酸钠。

11）制备硫化钠

将硫酸钠晶体、煤粉按一定比例配料，混合均匀。将混匀物料焙烧，控制温度和反应时间。发生的主要化学反应有：

$$Na_2SO_4 + 4C === Na_2S + 4CO\uparrow$$

将焙烧好的熔融物料直接加入热水中溶出，控制溶出液温度和溶出时间，得到硫化钠溶液。硫化钠溶液蒸浓至硫化钠含量在 59%～60%，冷却结晶，得到硫化钠产品。也可以用 CO、H_2 还原制备高纯硫化钠。发生的主要化学反应为：

$$Na_2SO_4 + 4CO === Na_2S + 4CO_2\uparrow$$

$$Na_2SO_4 + 4H_2 === Na_2S + 4H_2O\uparrow$$

12）粗氢氧化铝加工

将粗氢氧化铝和氢氧化钠溶液混合，加热反应。反应结束后过滤分离，滤液为铝酸钠和氢氧化钠的混合溶液，滤液循环使用浸出粗氢氧化铝。当铝酸钠达到一定浓度后，种分结晶，制备氢氧化铝。发生的主要化学反应为：

$$Al(OH)_3 + NaOH === NaAlO_2 + 2H_2O$$

$$NaAlO_2 + 2H_2O \xrightarrow{\quad\quad} Al(OH)_3\downarrow + NaOH$$

13）硅渣深加工

将硅渣用氢氧化钠溶液浸出，加热反应，反应结束后过滤分离。滤液为硅酸钠溶液，滤渣为石英粉。而采用干磨处理的红土镍矿焙烧溶出过滤后的硅渣须先磁选分离 Fe_3O_4，再用氢氧化钠浸出。

将硅酸钠溶液 pH 调至 11，除杂，过滤分离；滤液返回再调 pH 至 9.5，得到白色二氧化硅沉淀，过滤烘干得白炭黑。滤液为碳酸钠溶液，苛化后制备沉淀碳酸钙和氢氧化钠溶液，氢氧化钠溶液返回碱浸工序浸出硅渣，循环利用。发生的主要化学反应为：

$$SiO_2 + 2NaOH \xrightarrow{\quad\quad} Na_2SiO_3 + H_2O$$
$$Na_2SiO_3 + CO_2 + xH_2O \xrightarrow{\quad\quad} Na_2CO_3 + SiO_2 \cdot xH_2O\downarrow$$
$$Na_2CO_3 + Ca(OH)_2 \xrightarrow{\quad\quad} CaCO_3\downarrow + 2NaOH$$

也可将硅酸钠溶液按 CaO 和 SiO_2 摩尔比 1:1 加入石灰乳，搅拌，反应后过滤、烘干得到硅酸钙。滤液为氢氧化钠溶液，返回碱浸工序浸出硅渣，循环利用。主要化学反应为：

$$Na_2SiO_3 + Ca(OH)_2 \xrightarrow{\quad\quad} CaSiO_3\downarrow + 2NaOH$$

1.2.5 主要设备

硫酸法工艺用的主要设备见表 1-7。

表 1-7 硫酸法工艺的主要设备

工序名称	设备名称	备注
磨矿工序	回转干燥窑	干法
	煤气发生炉	干法
	颚式破碎机	干法
	粉磨机	干法
	球磨机	湿法
	卧式旋流过滤机	湿法
混料工序	犁刀双辊混料机	
焙烧工序	回转焙烧窑	
	除尘器	
	烟气制酸系统	

续表 1-7

工序名称	设备名称	备注
溶出工序	溶出槽	耐酸、连续
	板框过滤机	非连续
	卧式旋流过滤机	连续
硅渣选铁	浆化槽	
	磁选机	
	浓密机	
除杂工序	铁除杂槽	耐酸、加热
	板框过滤机	非连续
	铝除杂槽	耐酸
	板框过滤机	非连续
沉镍工序	沉镍槽/釜	耐蚀
	硫化钠高位槽	
	板框过滤机	非连续
沉镁工序	沉镁槽	耐碱、加热
	氨高位槽	加液
	计量给料机	加固
	平盘过滤机	连续
镁煅烧工序	干燥器	
	煅烧炉	
储液区	酸式储液槽	
	碱式储液槽	
蒸发结晶工序	五效循环蒸发器	
	冷凝水塔	
碱浸工序	碱浸出槽	耐碱、加热
	稀释槽	耐碱、加热
	平盘过滤机	连续
氧化钙乳化工序	生石灰乳化机	
苛化工序	硅酸钠苛化槽	耐碱、加热
	平盘过滤机	连续

1.2.6 设备连接图

硫酸法工艺的设备连接如图 1-6 所示。

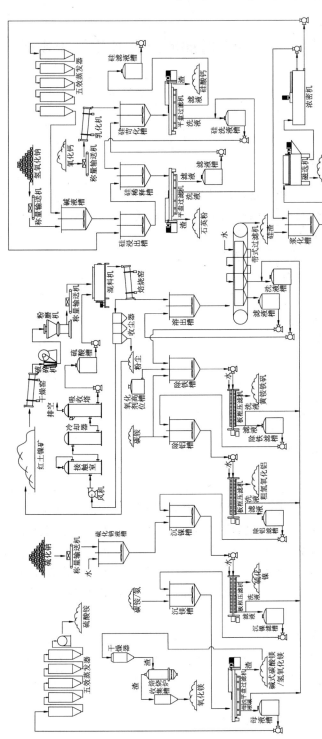

图1- 6　硫酸法工艺的设备连接图

1.3 硫酸铵法绿色化、高附加值综合利用红土镍矿

1.3.1 原料分析

同前。

1.3.2 化工原料

硫酸铵法处理红土镍矿使用的化工原料主要有浓硫酸、硫酸铵、双氧水、碳酸氢铵、碳酸铵、硫化钠、活性氧化钙、煤、氢气、一氧化碳等。

①浓硫酸：工业级，含量98%。

②双氧水：工业级，含量27.5%。

③碳酸氢铵：工业级。

④碳酸铵：工业级。

⑤硫化钠：工业级。

⑥活性氧化钙：工业级。

⑦CO：工业级。

⑧H_2：工业级。

⑨硫酸铵：工业级。

⑩氢氧化钠：工业级。

1.3.3 工艺流程

将硫酸铵和磨细的红土镍矿混合焙烧，镍、镁、铁、铝成为可溶性的硫酸盐，二氧化硅不参加反应，也不溶于水。产生的烟气除尘后冷凝得到硫酸铵固体，过量氨气回收用于沉镁。焙烧熟料用水溶出，硫酸盐进入溶液，过滤与二氧化硅分离。滤液除铁得到黄铵铁矾，水解沉铝得到粗氢氧化铝。净化后的溶液用硫化钠沉镍得到硫化镍产品，溶液用碳酸氢铵或氨沉镁得到碱式碳酸镁或氢氧化镁产品，煅烧得到氧化镁产品。硫酸铵溶液蒸发结晶制备硫酸铵，返回混料，硫酸铵循环利用。硅渣碱溶后得到硅酸钠溶液，碳分制备白炭黑和碳酸钠溶液，苛化碳酸钠溶液得到沉淀碳酸钙和氢氧化钠溶液；也可以苛化硅酸钠制备硅酸钙产品和氢氧化钠溶液。氢氧化钠返碱溶，循环利用。加热黄铵铁矾，分解得到氧化铁，粗氢氧化铝经提纯得到纯净氢氧化铝。红土镍矿中有价组元镍、铁、镁、硅、铝被分离、提取，加工成产品，化工原料硫酸铵、氢氧化钠循环利用。

图1-7为硫酸铵法的工艺流程图。

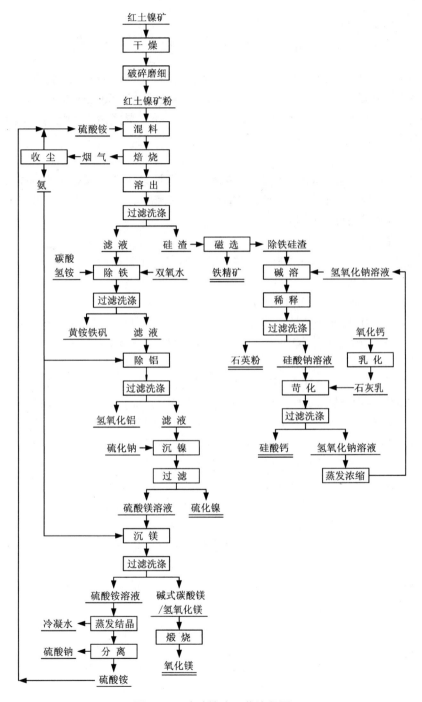

图 1-7　硫酸铵法工艺流程图

1.3.4　工序介绍

1）干燥磨细

矿山产出的红土镍矿原矿为块状，含水较多，应将物料干燥到含水量小于 5%。将干燥后的物料破碎至 20 mm 以下，再磨细至粒度 80 μm 以下。

采用湿式磨矿将红土镍矿磨至粒度 80 μm 以下，湿式磁选后堆存，风干至合适含水率后配入硫酸铵混料。

2）混料

将磨细物料与硫酸铵按参加反应物料的化学计量比硫酸铵过量 10% 混料。也可以选择硫酸氢铵处理红土镍矿，将磨细物料与硫酸氢铵按参加反应物料的化学计量比硫酸氢铵过量 10% 混料。

3）焙烧

将混好的物料在 450～500℃ 焙烧。发生的主要化学反应为：

$$Mg_3Si_2O_5(OH)_4 + 6(NH_4)_2SO_4 ===$$
$$3(NH_4)_2Mg(SO_4)_2 + 2SiO_2 + 5H_2O\uparrow + 6NH_3\uparrow$$
$$Mg_3Si_2O_5(OH)_4 + 3(NH_4)_2SO_4 === 3MgSO_4 + 2SiO_2 + 5H_2O\uparrow + 6NH_3\uparrow$$
$$Fe_2O_3 + 6(NH_4)_2SO_4 === 2(NH_4)_3Fe(SO_4)_3 + 3H_2O\uparrow + 6NH_3\uparrow$$
$$Fe_2O_3 + 4(NH_4)_2SO_4 === 2NH_4Fe(SO_4)_2 + 3H_2O\uparrow + 6NH_3\uparrow$$
$$Fe_2O_3 + 3(NH_4)_2SO_4 === Fe_2(SO_4)_3 + 3H_2O\uparrow + 6NH_3\uparrow$$
$$Al_2O_3 + 6(NH_4)_2SO_4 === 2(NH_4)_3Al(SO_4)_3 + 3H_2O\uparrow + 6NH_3\uparrow$$
$$Al_2O_3 + 4(NH_4)_2SO_4 === 2NH_4Al(SO_4)_2 + 3H_2O\uparrow + 6NH_3\uparrow$$
$$Al_2O_3 + 3(NH_4)_2SO_4 === Al_2(SO_4)_3 + 3H_2O\uparrow + 6NH_3\uparrow$$
$$NiO + (NH_4)_2SO_4 === NiSO_4 + H_2O\uparrow + 2NH_3\uparrow$$
$$MgO + 2(NH_4)_2SO_4 === (NH_4)_2Mg(SO_4)_2 + H_2O\uparrow + 2NH_3\uparrow$$
$$MgO + (NH_4)_2SO_4 === MgSO_4 + H_2O\uparrow + 2NH_3\uparrow$$
$$(NH_4)_2SO_4 === SO_3 + H_2O\uparrow + 2NH_3\uparrow$$

焙烧产生的 SO_3、NH_3 和 H_2O 冷却过程发生反应生成硫酸铵，化学反应为：

$$SO_3 + H_2O + 2NH_3 === (NH_4)_2SO_4$$

硫酸铵返回混料，过量 NH_3 回收用于沉铝、镁。排放的尾气经碱液吸收后排放，达到国家环保标准。

采用硫酸氢铵焙烧时，发生的主要化学反应为：

$$Mg_3Si_2O_5(OH)_4 + 3NH_4HSO_4 === 3MgSO_4 + 2SiO_2 + 5H_2O\uparrow + 3NH_3\uparrow$$
$$Fe_2O_3 + 4NH_4HSO_4 === 2NH_4Fe(SO_4)_2 + 3H_2O\uparrow + 2NH_3\uparrow$$
$$Fe_2O_3 + 3NH_4HSO_4 === Fe_2(SO_4)_3 + 3H_2O\uparrow + 3NH_3\uparrow$$
$$Al_2O_3 + 4NH_4HSO_4 === 2NH_4Al(SO_4)_2 + 3H_2O\uparrow + 2NH_3\uparrow$$
$$Al_2O_3 + 3NH_4HSO_4 === Al_2(SO_4)_3 + 3H_2O\uparrow + 3NH_3\uparrow$$

$$NiO + NH_4HSO_4 == NiSO_4 + H_2O\uparrow + NH_3\uparrow$$
$$MgO + NH_4HSO_4 == MgSO_4 + H_2O\uparrow + NH_3\uparrow$$
$$NH_4HSO_4 == SO_3 + H_2O\uparrow + NH_3\uparrow$$

焙烧产生的 SO_3 和 NH_3 及 H_2O 在冷却过程中发生的化学反应为:

$$SO_3 + H_2O + 2NH_3 == (NH_4)_2SO_4$$

得到硫酸铵晶体加硫酸制成硫酸氢铵,返回混料,循环利用,过量 NH_3 回收用于沉铝、镁。排放的尾气经碱液吸收后排放,应达到国家环保标准。

4)溶出

焙烧熟料按液固比 3:1 加水溶出,溶出温度 $60 \sim 80℃$,溶出时间 1 h。溶出后过滤,滤渣主要含二氧化硅,送碱浸工序,滤液为硫酸盐溶液。

5)除铁

保持温度 40℃ 以下,向滤液中加入双氧水将二价铁离子氧化成三价铁离子。升温至 85℃ 以上,加入碳酸氢铵或氨,调节溶液 pH 至 $1.5 \sim 2$,使溶液中的三价铁离子生成黄铵铁矾沉淀。发生的主要化学反应为:

$$2H^+ + 2Fe^{2+} + H_2O_2 == 2Fe^{3+} + 2H_2O$$
$$6Fe^{3+} + 2NH_4^+ + 4SO_4^{2-} + 12H_2O == (NH_4)_2Fe_6(SO_4)_4(OH)_{12}\downarrow + 12H^+$$

反应后过滤得到黄铵铁矾和滤液,滤液中主要含有硫酸镍、硫酸镁、硫酸铝。

6)除铝

向除铁后的滤液中加入碳酸氢铵或氨调节 pH 至 $4.8 \sim 5.1$,溶液中的铝生成氢氧化铝沉淀。过滤得到粗氢氧化铝,送粗氢氧化铝碱溶工序,滤液为含镍、镁、铵的硫酸盐溶液。发生的主要化学反应为:

$$Al^{3+} + 3OH^- == Al(OH)_3\downarrow$$

7)沉镍

向除铁、铝后的溶液中加入硫化钠,控制溶液 pH 至 6.5,得到硫化镍沉淀。发生的化学反应为:

$$Ni^{2+} + S^{2-} == NiS\downarrow$$

沉镍后将物料过滤得到硫化镍产品和滤液,滤液主要是硫酸镁。

8)沉镁

沉镍后的溶液采用氨沉镁,控制溶液的 pH 至 11,得到氢氧化镁沉淀。用碳酸氢铵沉镁,得到碱式碳酸镁沉淀,沉镁产生的二氧化碳回收用于碳分硅酸钠溶液制备白炭黑。发生的主要化学反应主要为:

$$MgSO_4 + NH_3 \cdot 2H_2O == Mg(OH)_2\downarrow + (NH_4)_2SO_4$$
$$MgSO_4 + 2NH_4HCO_3 == Mg(HCO_3)_2 + (NH_4)_2SO_4$$
$$Mg(HCO_3)_2 + 2H_2O == MgCO_3 \cdot 3H_2O\downarrow + CO_2\uparrow$$
$$5[MgCO_3 \cdot 3H_2O] == 4MgCO_3 \cdot Mg(OH)_2 \cdot 5H_2O\downarrow + 9H_2O + CO_2\uparrow$$
$$4MgCO_3 \cdot Mg(OH)_2 \cdot 5H_2O == 4MgCO_3 \cdot Mg(OH)_2 \cdot 3H_2O\downarrow + 2H_2O$$

反应生成氢氧化镁或碱式碳酸镁沉淀,过滤分离,滤液为硫酸铵溶液,滤饼为氢氧化镁或碱式碳酸镁。

9)蒸浓结晶

将沉镁后的硫酸铵溶液蒸浓结晶得到硫酸铵晶体。沉镍产生的硫酸钠在溶液中积累至一定程度,可以利用硫酸钠和硫酸铵的溶解度随温度变化的差异进行分离,得到硫酸钠产品。

采用硫酸氢铵焙烧红土镍矿,沉镁后的溶液也是硫酸铵溶液。蒸发结晶得到硫酸铵晶体,调配成硫酸氢铵后返回混料。冷凝水返溶出、洗涤。

10)矾渣处理

矾渣主要成分为黄铵铁矾和少量的氢氧化铁。将矾渣煅烧,产物为 Fe_2O_3、SO_3、NH_3 和 H_2O,烟气冷凝得到硫酸铵,返回混料,冷凝烟气采用硫酸吸收,得到硫酸,量很少,返回混料。发生的主要化学反应为:

$$(NH_4)_2Fe_6(SO_4)_4(OH)_{12} \rightleftharpoons 2NH_3\uparrow + 3Fe_2O_3 + 4SO_3\uparrow + 7H_2O\uparrow$$
$$SO_3 + H_2O + 2NH_3 \rightleftharpoons (NH_4)_2SO_4$$

11)粗氢氧化铝加工

将粗氢氧化铝用氢氧化钠溶液溶出,加热反应。反应结束后过滤,滤液为铝酸钠和氢氧化钠的混合溶液,溶液循环使用浸出的粗氢氧化铝。当铝酸钠达到一定浓度后,种分结晶,制备氢氧化铝。发生的主要化学反应为:

$$Al(OH)_3 + NaOH \rightleftharpoons NaAlO_2 + 2H_2O$$
$$NaAlO_2 + 2H_2O \rightleftharpoons Al(OH)_3\downarrow + NaOH$$

12)硅渣深加工

将硅渣用氢氧化钠溶液浸出,加热至130℃,反应结束后过滤。滤液为硅酸钠溶液,滤渣为石英粉。

将硅酸钠溶液 pH 调至 11 除杂,过滤分离;滤液返回再将 pH 调至 9.5,得到白色二氧化硅沉淀,过滤烘干得白炭黑。滤液为碳酸钠溶液,苛化后制备沉淀碳酸钙和氢氧化钠溶液,氢氧化钠溶液返回浸出硅渣,循环利用。发生的主要化学反应为:

$$SiO_2 + 2NaOH \rightleftharpoons Na_2SiO_3 + H_2O$$
$$Na_2SiO_3 + CO_2 + xH_2O \rightleftharpoons Na_2CO_3 + SiO_2 \cdot xH_2O\downarrow$$
$$Na_2CO_3 + Ca(OH)_2 \rightleftharpoons CaCO_3\downarrow + 2NaOH$$

也可以将硅酸钠溶液按 CaO 和 SiO_2 摩尔比 1:1 加入石灰乳,搅拌,反应后过滤、洗涤、烘干得到硅酸钙。滤液为氢氧化钠溶液,返回浸出硅渣,循环利用。发生的主要化学反应为:

$$Na_2SiO_3 + Ca(OH)_2 \rightleftharpoons CaSiO_3\downarrow + 2NaOH$$

1.3.5 主要设备

硫酸铵法工艺的主要设备见表 1-8。

表1-8　硫酸铵法处理红土镍矿的主要设备

工序名称	设备名称	备注
磨矿工序	回转干燥窑	干法
	煤气发生炉	干法
	颚式破碎机	干法
	粉磨机	干法
	球磨机	湿法
	卧式旋流过滤机	湿法
混料工序	犁刀双辊混料机	
焙烧工序	回转焙烧窑	
	烟气净化收尘系统	
	氨气回收系统	
溶出工序	溶出槽	耐酸、连续
	板框过滤机	非连续
	卧式旋流过滤机	连续
硅渣选铁	浆化槽	
	磁选机	
	浓密机	
除杂工序	铁除杂槽	耐酸、加热
	板框过滤机	非连续
	铝除杂槽	耐酸
	板框过滤机	非连续
沉镍工序	沉镍槽/釜	耐蚀
	硫化钠高位槽	
	板框过滤机	非连续
沉镁工序	沉镁槽	耐碱、加热
	氨高位槽	加液
	计量给料机	加固
	平盘过滤机	连续
镁煅烧工序	干燥器	
	煅烧炉	
储液区	酸式储液槽	
	碱式储液槽	
蒸发结晶工序	五效循环蒸发器	
	冷凝水塔	
碱浸工序	碱浸出槽	耐碱、加热
	稀释槽	耐碱、加热
	平盘过滤机	连续
氧化钙乳化工序	生石灰乳化机	
苛化工序	硅酸钠苛化槽	耐碱、加热
	平盘过滤机	连续

1.3.6 设备连接图

硫酸铵法工艺的设备连接如图 1-8 所示。

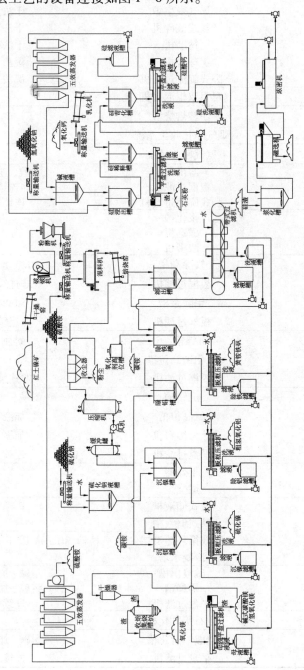

图1-8 硫酸铵法工艺的设备连接图

1.4　碳酸钠法绿色化、高附加值综合利用红土镍矿

1.4.1　原料分析

同前。

1.4.2　化工原料

碳酸钠法使用的化工原料主要有碳酸钠、双氧水、碳酸氢铵、碳酸铵、硫化钠、硫酸铵等。

①碳酸钠：工业级。

②双氧水：工业级，含量 27.5%。

③碳酸氢铵：工业级。

④碳酸铵：工业级。

⑤硫化氢：工业级。

⑥硫酸铵：工业级。

1.4.3　工艺流程

将红土镍矿磨细后与碳酸钠混合焙烧，红土镍矿中的二氧化硅与碳酸钠反应，生成可溶于水的硅酸钠，铁、镁、镍等不参加反应。焙烧烟气除尘后回收二氧化碳用于碳分硅酸钠溶液制备白炭黑。焙烧熟料用水溶出，铁、镁、镍等氧化物不溶于水，经过滤与硅酸钠分离。向滤液中通入二氧化碳，调节 pH 得到白炭黑。滤渣用硫酸铵浸出，得到硫酸镁溶液，部分氧化镍生成硫酸镍进入溶液，用硫化钠沉镍，再用氨或碳酸氢铵沉镁。滤渣中的铁和镍用碳还原制备镍铁合金。

图 1-9 为碳酸钠法的工艺流程图。

1.4.4　工序介绍

1）干燥磨细

将红土镍矿干燥后破碎至 20 mm 以下，磨细至粒度 80 μm 以下。

2）碱焙烧

将红土镍矿与碳酸钠混合均匀，红土镍矿与碳酸钠的比例为：红土镍矿中的二氧化硅与碳酸钠完全反应所消耗的碳酸钠的物质的量计为 1，碳酸钠过量 10%，在 1300~1450℃焙烧 2~4 h。发生的主要化学反应为：

$$Mg_3Si_2O_5(OH)_4 + 2Na_2CO_3 = 3MgO + 2Na_2SiO_3 + 2H_2O + 2CO_2\uparrow$$

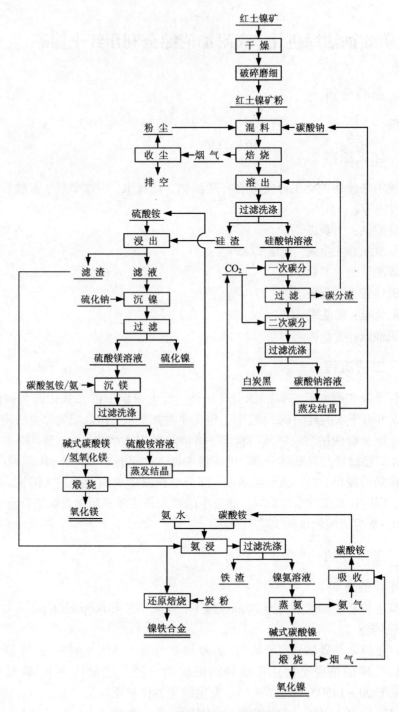

图1-9 碳酸钠法工艺流程图

$$SiO_2 + Na_2CO_3 = Na_2SiO_3 + CO_2 \uparrow$$

3）溶出

将焙烧熟料加水，液固比 3∶1 在 60～80℃溶出，可溶性硅酸钠进入溶液，经过滤与脱硅渣分离。

4）碳分

在 70～90℃条件下向硅酸钠溶液中通入二氧化碳气体，二氧化碳的含量为 20%～40%，其余为空气。调节溶液 pH 至 11 除杂，再继续通入二氧化碳至溶液 pH 为 9.5。过滤得到碳酸钠溶液和二氧化硅沉淀，经过滤洗涤、干燥得白炭黑产品。碳酸钠溶液蒸发浓缩后返回焙烧工序，循环利用。主要的化学反应为：

$$Na_2O \cdot mSiO_2 + CO_2 + nH_2O = Na_2CO_3 + mSiO_2 \cdot nH_2O$$
$$SiO_2 \cdot nH_2O = SiO_2 \cdot xH_2O \downarrow + (n-x)H_2O$$

5）脱硅渣浸出

将脱硅渣与硫酸铵溶液混合，液固比 2∶1。脱硅渣与硫酸铵的比例为：脱硅渣中的氧化镁与硫酸铵完全反应所消耗的硫酸铵物质的量计为 1，硫酸铵过量 20%。在 80～90℃搅拌浸出，镁和部分镍进入溶液，铁、铝和剩余镍留在浸出渣中。过滤分离，得到含硫酸镁、硫酸镍的溶液和滤渣。浸出过程产生的氨气回收用于沉镁工序。发生的主要化学反应为：

$$MgO + (NH_4)_2SO_4 = MgSO_4 + H_2O + 2NH_3 \uparrow$$
$$NiO + (NH_4)_2SO_4 = NiSO_4 + H_2O + 2NH_3 \uparrow$$

也可以用硫酸氢铵代替硫酸铵浸出脱硅渣，发生的主要化学反应为：

$$MgO + NH_4HSO_4 = MgSO_4 + H_2O + NH_3 \uparrow$$
$$NiO + NH_4HSO_4 = NiSO_4 + H_2O + NH_3 \uparrow$$

6）沉镍

向 60～80℃的硫酸镍、硫酸镁溶液中加入硫化钠溶液得到硫化镍沉淀，过滤分离得到硫化镍产品，滤液为硫酸镁溶液。发生的主要化学反应为：

$$NiSO_4 + Na_2S = NiS \downarrow + Na_2SO_4$$

7）沉镁

硫酸镁溶液沉镁生成氢氧化镁或碱式碳酸镁沉淀。

①向硫酸镁溶液中通入氨气，反应温度 40～60℃，反应结束后过滤分离得到氢氧化镁沉淀和硫酸铵溶液，溶液蒸发浓缩后得到硫酸铵溶液，返回浸出脱硅渣，硫酸铵循环利用。发生的主要化学反应为：

$$MgSO_4 + 2NH_3 \cdot H_2O = Mg(OH)_2 \downarrow + (NH_4)_2SO_4$$

②向硫酸镁溶液中加入碳酸氢铵，反应温度 70～80℃，反应结束后过滤得到碱式碳酸镁沉淀和硫酸铵溶液。溶液蒸发浓缩后用于浸出脱硅渣，硫酸铵循环利用。沉镁过程产生的二氧化碳气体经回收用于硅酸钠溶液碳分工序。发生的主要

化学反应为:

$$MgSO_4 + 2NH_4HCO_3 =\!=\!= Mg(HCO_3)_2 + (NH_4)_2SO_4$$

$$5Mg(HCO_3)_2 =\!=\!= 4MgCO_3 \cdot Mg(OH)_2 \cdot 4H_2O \downarrow + 6CO_2 \uparrow$$

$$2NH_3HCO_3 + H_2SO_4 =\!=\!= (NH_4)_2SO_4 + 2H_2O + 2CO_2 \uparrow$$

待硫酸钠富集到一定程度,分步结晶得到硫酸钠和硫酸铵。

8)还原镍、铁

将浸出渣用碳还原,加热至1300℃以上制镍铁合金。发生的化学反应为:

$$Fe_2O_3 + 3C =\!=\!= 2Fe + 3CO \uparrow$$

$$Fe_3O_4 + 4C =\!=\!= 3Fe + 4CO \uparrow$$

$$NiO + C =\!=\!= Ni + CO \uparrow$$

9)氨浸

将浸出渣与 $2 \sim 8$ mol $\cdot$ L^{-1} 的氨水和碳酸铵混合溶液按液固比3:1混合,在 $50 \sim 70$℃浸出。反应结束后过滤得到镍氨配合物溶液和滤渣。滤渣可用作炼铁原料。发生的主要化学反应为:

$$Ni^{2+} + 6NH_3 \cdot H_2O =\!=\!= [Ni(NH_3)_6]^{2+} + 6H_2O$$

$$Fe^{2+} + 6NH_3 \cdot H_2O =\!=\!= [Fe(NH_3)_6]^{2+} + 6H_2O$$

$$4[Fe(NH_3)_6]^{2+} + O_2 + 10H_2O =\!=\!= 4Fe(OH)_3 \downarrow + 16NH_3 \uparrow + 8NH_4^+$$

10)蒸氨

将镍氨配合物溶液蒸氨,得到碱式碳酸镍、氨气和二氧化碳。氨气和二氧化碳反应生成碳酸铵,经收集用于氨浸工序,循环利用。发生的主要化学反应为:

$$2Ni(NH_3)_6CO_3 + 2H_2O =\!=\!= Ni(OH)_2 \cdot NiCO_3 \cdot H_2O \downarrow + 12NH_3 \uparrow + CO_2 \uparrow$$

$$(NH_4)_2CO_3 =\!=\!= 2NH_3 \uparrow + CO_2 \uparrow + H_2O$$

烟气收集过程的化学反应为:

$$2NH_3 + CO_2 + H_2O =\!=\!= (NH_4)_2CO_3$$

11)煅烧

将碱式碳酸镍在 $300 \sim 500$℃的温度下煅烧制备氧化镍产品,产生的二氧化碳回收用于碳分。发生的主要化学反应为:

$$3Ni(OH)_2 \cdot 2NiCO_3 =\!=\!= 5NiO + 3H_2O \uparrow + 2CO_2 \uparrow$$

以上工序中可以将5)脱硅渣浸出工序和9)氨浸工序调换,先用氨浸出脱硅渣,后用硫酸铵浸出氨浸渣,则有如下工序:

5′)脱硅渣氨浸

将脱硅渣用氨水和碳酸铵的混合溶液浸出,液固比为2:1。氨水和碳酸铵的氨浓度为5 mol/L,浸出温度 $50 \sim 70$℃。反应结束后,过滤。滤液为镍氨配合物溶液,滤渣主要为铁和镁的氧化物。发生的主要化学反应为:

$$Ni^{2+} + 6NH_3 \cdot H_2O =\!=\!= [Ni(NH_3)_6]^{2+} + 6H_2O$$

$$(NH_4)_2CO_3 ==== 2NH_3 \uparrow + CO_2 \uparrow + H_2O \uparrow$$

将镍氨配合物溶液送 10)蒸氨工序、11)煅烧工序。

6')提镍渣浸出

将提镍渣用硫酸铵溶液浸出，液固比2:1。提镍渣与硫酸铵的比例为：提镍渣中氧化镁与硫酸铵完全反应所消耗的硫酸铵物质的量计为1，硫酸铵过量20%。在80~90℃搅拌浸出。镁进入溶液，铁留在渣中，过滤分离得到硫酸铵溶液和滤渣。滤渣为铁的氧化物，用于炼铁，浸出过程产生的氨气回收后用于沉镁。发生的主要化学反应为：

$$MgO + (NH_4)_2SO_4 ==== MgSO_4 + H_2O + 2NH_3 \uparrow$$

7')沉镁

向硫酸镁溶液中通入氨或碳酸氢铵，生成氢氧化镁或碱式碳酸镁。

①向硫酸镁溶液中通入氨气，反应温度40~60℃，反应结束后过滤分离得到氢氧化镁沉淀和硫酸铵溶液，溶液蒸发浓缩后用于浸出提镍渣，硫酸铵循环利用。发生的主要化学反应为：

$$MgSO_4 + 2NH_3 \cdot H_2O ==== Mg(OH)_2 \downarrow + (NH_4)_2SO_4$$

②向硫酸镁溶液中加入碳酸氢铵，反应温度70~80℃，反应结束后过滤得到碱式碳酸镁沉淀和硫酸铵溶液。溶液蒸发浓缩后用于浸出提镍渣，硫酸铵循环利用。发生的主要化学反应为：

$$MgSO_4 + 2NH_4HCO_3 ==== Mg(HCO_3)_2 + (NH_4)_2SO_4$$

$$5Mg(HCO_3)_2 ==== 4MgCO_3 \cdot Mg(OH)_2 \cdot 4H_2O \downarrow + 6CO_2 \uparrow$$

$$2NH_3HCO_3 + H_2SO_4 ==== (NH_4)_2SO_4 + H_2O + CO_2 \uparrow$$

1.4.5 主要设备

碳酸钠法工艺的主要设备见表1-9。

表1-9 碳酸钠法工艺的主要设备

工序名称	设备名称	备注
磨矿工序	回转干燥窑	干法
	煤气发生炉	干法
	颚式破碎机	干法
	粉磨机	干法
混料工序	犁刀双辊混料机	
焙烧工序	回转焙烧窑	
	烟气冷却系统	
	除尘器	
	烟气净化回收系统	

续表 1-9

工序名称	设备名称	备注
溶出工序	溶出槽	耐酸、连续
	带式过滤机	连续
碳分工序	供气系统	
	一次碳分塔	
	板框过滤机	非连续
	二次碳分塔	
	圆盘过滤机	连续
浸出工序	浸出槽	耐蚀、加热
	高位槽	耐蚀
	氨气回收系统	
	平盘过滤机	连续
沉镍工序	沉镍槽	耐蚀
	高位槽	
	板框过滤机	非连续
沉镁工序	沉镁槽	耐碱、加热
	氨高位槽	加液
	计量给料机	加固
	平盘过滤机	连续
储液区	酸式储液槽	
	碱式储液槽	
蒸发浓缩工序	五效循环蒸发器	
	冷凝水塔	
氨浸工序	浸出槽	耐碱、加热
	高位槽	耐碱
	气体回收装置	
	平盘过滤机	连续
蒸氨工序	蒸氨搅拌槽	耐碱、加热
	气体回收装置	
	板框过滤机	非连续
煅烧工序	干燥器	
	煅烧炉	
	气体回收装置	
还原工序	混料筒	
	电炉	

1.4.6　设备连接图

碳酸钠法工艺的设备连接如图 1-10 所示。

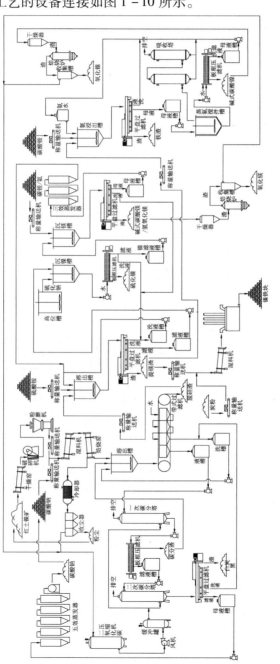

图1-10 碳酸钠法工艺的设备连接图

1.5 产品分析

硫酸法处理红土镍矿得到的主要产品有黄铵铁矾及分解的氧化铁、氢氧化铝、硫化镍、碱式碳酸镁、氢氧化镁、白炭黑、硅酸钙、结晶硫酸铵、铁精矿等。

硫酸铵法处理红土镍矿得到的主要产品有黄铵铁矾及分解的氧化铁、氢氧化铝、硫化镍、碱式碳酸镁、氢氧化镁、白炭黑、硅酸钙、铁精矿等。

碱法处理红土镍矿得到的主要产品有白炭黑、碱式碳酸镁、氢氧化镁、氧化镍、镍铁合金、铁精矿等

1.5.1 黄铵铁矾及分解氧化铁

图 1-11 和表 1-10 给出了黄铵铁矾的 XRD 图谱和 SEM 照片及成分分析。经硫酸焙烧，红土镍矿中的铁部分进入溶液，必须在沉镍之前除去，黄铵铁矾法除铁得到黄铵铁矾结晶性好，颗粒规则，容易过滤。黄铵铁矾晶体由许多小晶体组合而成。成分符合黄铵铁矾的化学计量式，黄铵铁矾中混有氧化铁，这是造矾过程中局部 pH 过高生成氢氧化铁所致，少量的镍在造矾过程中损失，被矾吸附，损失率低于 0.6%。

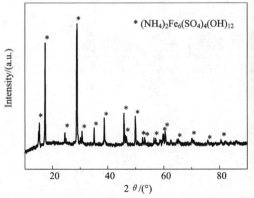

图 1-11 黄铵铁矾的 XRD 图谱和 SEM 照片

表 1-10 黄铵铁矾的成分分析

成分	Fe_2O_3	SO_3	MgO	Al_2O_3	NiO
含量/%	48.86	31.95	0.04	0.08	0.016

图 1-12 和表 1-11 给出了黄铵铁矾碱水解产物的 XRD 图谱和 SEM 照片及成分分析。可见，烘干样品主要成分为 Fe_2O_3，但峰形较平缓。图谱中存在 H_2O 和 $Fe(OH)_3$ 的衍射峰，表明样品中含有未分解的 $Fe(OH)_3$，因而降低了产物中 Fe_2O_3 的含量。煅烧样品中只检测到 Fe_2O_3 的衍射峰，且峰形尖锐，未检测出 $Fe(OH)_3$ 的特征谱线，表明 $Fe(OH)_3$ 煅烧分解完全。Fe_2O_3 样品颗粒规则，为花簇状颗粒，与黄铵铁矾颗粒形貌相近，但表面较黄铵铁矾粗糙。

氧化铁和氢氧化铁可作为炼铁原料，也可作为制备高纯氧化铁产品的原料。

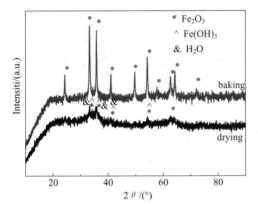 

图 1-12　黄铵铁矾水解产物的 XRD 图谱和 SEM 照片

表 1-11　黄铵铁矾水解产物主要化学成分分析结果

成分	Fe_2O_3	Al_2O_3	SiO_2	其他
100℃干燥/%	87.90	0.07	0.41	11.05
500℃煅烧/%	97.65	0.08	0.43	1.22

1.5.2　粗氢氧化铝及提纯氢氧化铝

表 1-12 给出了粗氢氧化铝的成分分析，图 1-13 和表 1-13 给出了提纯氢氧化铝的 XRD 图谱和 SEM 照片及成分分析。$Al(OH)_3$ 颗粒不规则，表面粗糙，结构松散、多孔。提纯后的 $Al(OH)_3$ 含量达 99.46%，主要杂质为 SiO_2、Na_2CO_3、MgO，Na_2CO_3 来自 $Al(OH)_3$ 沉淀夹带溶液，MgO 是氢氧化铝沉淀夹带溶液中 $MgSO_4$ 引起的，SiO_2 是酸溶过程中形成的超细 SiO_2 溶胶引起的，SiO_2 可与 $NaOH$ 反应生成 Na_2SiO_3，经碳分又可生成 SiO_2。

粗氢氧化铝和提纯的氢氧化铝可作为生产氢氧化铝和铝的原料。

表1-12　除杂铝渣化学成分分析

组分	Al$_2$O$_3$	Fe$_2$O$_3$	SiO$_2$	MgO
含量/%	51.48 ~ 55.47	4.67 ~ 7.38	2.13 ~ 2.97	0.88

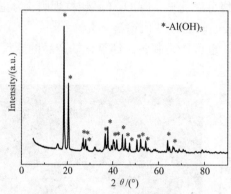

图1-13　提纯的Al(OH)$_3$的XRD图谱和SEM照片

表1-13　提纯的Al(OH)$_3$化学成分分析

组分	Al$_2$O$_3$	CO$_2$	SiO$_2$	MgO	Na$_2$O	其他
含量/%	99.46	0.02	0.20	0.12	0.03	0.17

1.5.3　硫化镍

表1-14　硫化镍产品成分

组分	Ni	MgO	Fe	Al$_2$O$_3$
含量/%	20 ~ 28	1.00 ~ 1.31	3.30 ~ 8.94	1.25 ~ 3.16

硫化钠沉镍后得到产品镍品位为20%~28%，可以用作制备硫酸镍和炼镍的原料。

1.5.4　碱式碳酸镁

图1-14给出了不同形貌碱式碳酸镁产品的XRD图谱和SEM照片，碱式碳酸镁为片状、花状、灯笼状颗粒，形状规则，分散性良好。

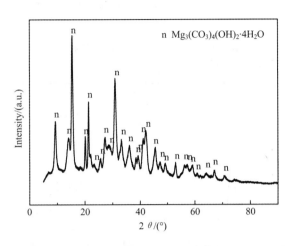

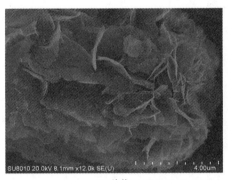

(a)片状

(b)花状

(c)灯笼状

图 1 - 14　碱式碳酸镁的 XRD 图谱和 SEM 照片

表 1 – 15 为采用碳酸氢铵制得的碱式碳酸镁的技术指标。

表 1 – 15 　碱式碳酸镁的技术指标/%

项目	检测结果/%	项目	检测结果/%
氧化镁	41.55	灼烧失重	56.73
氧化钙	0.17	氯化物	—
水分	0.44	锰	—
盐酸不溶物	—	150 μm 筛余物	—
铁	<0.05	堆积密度	0.103
硫酸盐（SO_4^{2-}）	0.16		

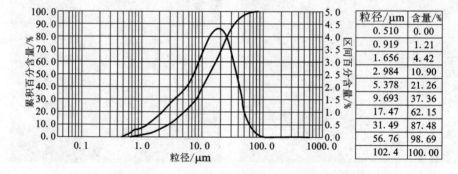

粒径/μm	含量/%
0.510	0.00
0.919	1.21
1.656	4.42
2.984	10.90
5.378	21.26
9.693	37.36
17.47	62.15
31.49	87.48
56.76	98.69
102.4	100.00

图 1 – 15 　碱式碳酸镁的粒度分析结果

表 1 – 16 为由碱式碳酸镁制得的氧化镁的技术指标。

表 1 – 16 　氧化镁的技术指标

项目	检测结果/%	项目	检测结果/%
氧化镁	95.77	灼烧失重	2.8
氧化钙	0.11	氯化物	—
盐酸不溶物	—	锰	—
铁	0.02	150 μm 筛余物	—
硫酸盐（SO_4^{2-}）	0.14	堆积密度	0.16

粒度分析报告

样品名称: 12# - 平均	**SOP名称:**	**测量时间:** 星期五 2012年5月11日 10:47:41
样品来源及类型:	**操作者:** Administrator	**分析时间:** 星期五 2012年5月11日 10:47:42
样品参考批号:	**结果来源:** 平均	

颗粒名称: MgO	**进样器名:** Hydro 2000MU (A)	**分析模式:** 遮压	**灵敏度:** 正常
颗粒折射率: 1.735	**颗粒吸收率:** 0	**粒径范围:** 0.020 to 2000.000 um	**遮光度:** 18.64 %
分散剂名称: Water	**分散折射率:** 1.330	**残差:** 1.020 %	**结果模拟:** 关

浓度: 0.0180 %Vol	**径距:** 1.681	**一致性:** 0.519	**结果类别:** 伍积
比表面积: 0.88 m^2/g	**表面积平均粒径D[3,2]:** 6.822 um	**体积平均粒径D[4,3]:** 10.328 um	

d(0.1): 3.475 um	**d(0.5):** 9.157 um	**d(0.9):** 18.870 um

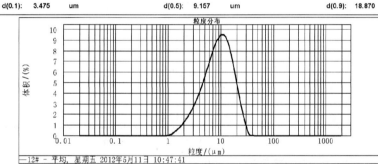

—12# - 平均, 星期五 2012年5月11日 10:47:41

粒度(μm)	范围内体积 %	粒度(μm)	范围内体积 %	粒度(μm)	范围内体积 %	粒度(μm)	范围内体积 %	粒度(μm)	范围内体积 %
0.020	0.00	0.942	0.00	1.002	0.05	7.096	6.22	60.238	0.00	355.656	0.00
0.022	0.00	0.159	0.00	1.125	0.11	7.962	6.70	56.368	0.00	399.352	0.00
0.025	0.00	0.178	0.00	1.262	0.26	8.934	7.03	63.246	0.00	447.744	0.00
0.028	0.00	0.200	0.00	1.416	0.40	10.024	7.17	70.963	0.00	502.377	0.00
0.032	0.00	0.224	0.00	1.589	0.58	11.247	7.06	79.621	0.00	563.677	0.00
0.036	0.00	0.252	0.00	1.783	0.79	12.619	6.69	89.337	0.00	632.456	0.00
0.040	0.00	0.283	0.00	2.000	1.04	14.159	6.07	100.237	0.00	709.627	0.00
0.045	0.00	0.317	0.00	2.234	1.31	15.887	5.24	112.468	0.00	796.214	0.00
0.050	0.00	0.356	0.00	2.518	1.62	17.825	4.26	126.191	0.00	893.367	0.00
0.056	0.00	0.399	0.00	2.825	1.97	20.000	3.26	141.599	0.00	1002.374	0.00
0.063	0.00	0.448	0.00	3.170	2.36	22.440	2.30	168.666	0.00	1124.683	0.00
0.071	0.00	0.502	0.00	3.557	2.61	25.179	1.46	178.250	0.00	1261.915	0.00
0.080	0.00	0.564	0.00	3.99	3.30	28.251	0.18	224.404	0.00	1415.892	0.00
0.089	0.00	0.632	0.00	4.477	3.86	31.698	0.02	251.785	0.00	1589.556	0.00
0.100	0.00	0.710	0.00	5.024	4.43	35.566	0.00	282.508	0.00	1782.502	0.00
0.112	0.00	0.796	0.00	5.637	5.04	39.905	0.00	316.979	0.00	2000.000	0.00
0.126	0.00	0.893	0.00	6.325	5.66	44.774	0.00	356.656	0.00		
0.142	0.00	1.002	0.00	7.096		50.238	0.00				

操作件说明:

Malvern Instruments Ltd.
Malvern, 且
电话: - +[44] (0) 1684-892456 传真 +[44] (0) 1684-892789

Mastersizer 2000 版, 5.12C
序列号: MAL1031062

文件名, cai-1.mea
记录编号, 76
16 五月 2012 10:19:15

图 1-16　碱式碳酸镁煅烧氧化镁的粒度分析结果

表1-17 和表1-18 分别是工业水合碱式碳酸镁化工行业标准 HG/T 2959—2000 和工业轻质氧化镁的化工行业标准 HG/T 2573—2006。

表1-17 工业水合碱式碳酸镁化工行业标准 HG/T 2959—2000

项 目	指 标		
	优等品	一等品	合格品
水分/% ≤	2.0	3.0	4.0
盐酸不溶物/% ≤	0.10	0.15	0.20
氧化钙(CaO)/% ≤	0.43	0.70	1.0
氧化镁(MgO)/%	41.0	40.0	38.0
灼烧失重/%	54～58	54～58	大于52.0
氯化物(以 Cl^- 计) ≤	0.10	0.15	0.30
铁(Fe)/% ≤	0.02	0.05	0.08
锰(Mn)/% ≤	0.04	0.04	—
硫酸盐(以 SO_4^{2-} 计)/% ≤	0.10	0.15	0.30
筛余物 150 μm/% ≤	0.025	0.03	0.05
75 μm/% ≤	1.0		
堆积密度/(g/mL) ≤	0.12	0.14	—

表1-18 工业轻质氧化镁的化工行业标准 HG/T 2573—2006

项 目	指 标		
	I类优等品	I类一等品	I类合格品
氧化镁(MgO)/% ≥	95.0	93.0	92.0
氧化钙(CaO)/% ≤	1.0	1.5	2.0
盐酸不溶物/% ≤	0.10	0.24	—
铁(Fe)/% ≤	0.05	0.06	0.10
硫酸盐(以 SO_4^{2-} 计)/% ≤	0.20	—	—
灼烧失重/%	3.5	5.0	5.5
氯化物(以 Cl^- 计) ≤	0.07	0.20	0.30
锰(Mn)/% ≤	0.003	0.01	—
筛余物 150 μm/% ≤	0	0.03	0.05
堆积密度/(g/mL) ≤	0.16	0.20	0.25

由以上检测结果可见，碱式碳酸镁产品达到优等品指标，氧化镁产品达到 I 类一等品指标。碱式碳酸镁广泛应用于塑料、橡胶、建筑、食品、医疗卫生等诸多领域。由于碱式碳酸镁由片状微晶组成，因此具有高吸油性、高吸水性、大比表面积、低孔隙度和堆积密度，利用其优异的特性和独特的形状，可用作低密度纸填料。碱式碳酸镁具有相对密度小、不燃烧、质轻而松的特点，可用作耐高温、绝热的防火保温材料。氧化镁用途广泛，主要应用于化工、环保、农业等领域。

1.5.5　氢氧化镁

图 1 - 17 给出了氢氧化镁的 XRD 图谱和 SEM 照片，由图可见，镁产品为粒度均匀的单分散球形颗粒，外形规则，颗粒为花状。

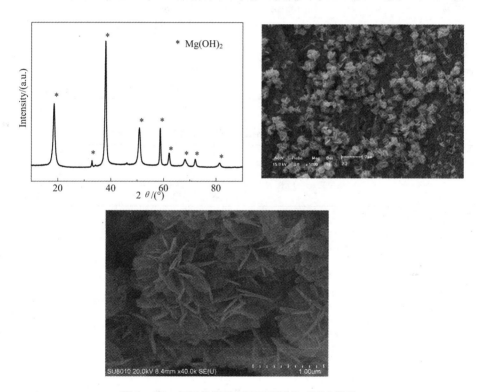

图 1 - 17　氢氧化镁的 XRD 图谱和 SEM 照片

表 1 - 19 为制得的氢氧化镁的技术指标，表 1 - 20 为由氢氧化镁制得的氧化镁的技术指标。表 1 - 21 为工业氢氧化镁化工行业标准 HG/T 3607—2007。

表 1-19　氢氧化镁的技术指标

项目	指标	项目	指标
氢氧化镁[Mg(OH)$_2$]/% ≥	98.5	铁(Fe)/% ≤	微
氧化钙(CaO)/% ≤	0.08	筛余物(75 μm 试验筛)/% ≤	–
盐酸不溶物/% ≤	0.03	激光粒度(D50)/μm≤	1.0
水分/%	0.5	灼烧失重/% ≤	30
氯化物(以 Cl$^-$计)/% ≤	微	白度≥	95

表 1-20　氧化镁的技术指标/%

项目	检测结果/%	项目	检测结果/%
氧化镁	96.44	灼烧失重	2.9
氧化钙	0.12	氯化物	—
盐酸不溶物	—	锰	—
铁	0.02	150 μm 筛余物	—
硫酸盐(SO$_4^{2-}$)	0.12	堆积密度	0.20

表 1-21　工业氢氧化镁化工行业标准 HG/T 3607—2007

项目	I 类	II 类		III 类	
		一等品	合格品	一等品	合格品
氢氧化镁[Mg(OH)$_2$] 质量分数/% ≥	97.5	94.0	93.0	93.0	92.0
氧化钙(CaO) 质量分数/% ≤	0.10	0.05	0.10	0.50	1.0
盐酸不溶物 质量分数/% ≤	0.1	0.2	0.5	2.0	2.5
水分/%	0.5	2.0	2.5	2.0	2.5
氯化物(以 Cl$^-$计) 质量分数/% ≤	0.1	0.4	0.4	0.4	0.5
铁(Fe)质量分数/% ≤	0.005	0.02	0.05	0.2	0.3
筛余物质量分数 (75 μm 试验筛)/% ≤	–	0.02	0.05	0.5	1.0
激光粒度(D50)/μm≤	0.5～1.5	–	–	–	–
灼烧失重/% ≤	30	–	–	–	–
白度≥	95	–	–	–	–

可见，氢氧化镁可达到 I 类产品指标，氧化镁达到优等品指标。氢氧化镁广泛应用于塑料、橡胶、建筑等领域。氢氧化镁由片状微晶组成，利用其优异的特性和独特的形状，可用作低密度纸填料。氢氧化镁不燃烧、质轻而松，可作耐高温、绝热的防火保温材料。氧化镁用途广泛，主要应用于化工、环保、农业等领域。

1.5.6　白炭黑

图 1 - 18 给出了白炭黑的 XRD 图谱和 SEM 照片，表 1 - 22 给出了白炭黑的成分分析和沉淀水合二氧化硅的化工行业标准 HG/T 3061—2009。

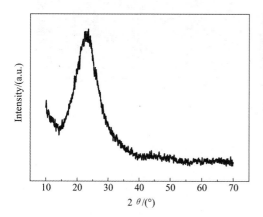

图 1 - 18　白炭黑的 XRD 图谱和 SEM 照片

表 1 - 22　化工行业标准 HG/T 3065—2009 和产品检测结果的比较

项目	标准 HG/T 3065—2009	检测结果
SiO_2含量/%	≥90	93.6
pH	5.0~8.0	7.3
灼烧失量/%	4.0~8.0	5.9
吸油值/$cm^3 \cdot g^{-1}$	2.0~3.5	2.6
比表面积/$m^2 \cdot g^{-1}$	70~200	175

白炭黑产品符合行业标准。白炭黑是无定形粉末，质轻，具有很好的电绝缘性、多孔性和吸水性，还有补强和增黏作用以及良好的分散、悬浮特性。白炭黑是一种硅系列补强材料，广泛应用于橡胶、涂料、塑料、日用化工等行业，以及载体填充和油漆消光等方面。

1.5.7 硅酸钙

苛化硅酸钠溶液得到两种形态硅酸钙粉体,一种是球形颗粒状粉体,一种是针形颗粒状粉体。图 1 - 19 给出了硅酸钙产品的 SEM 照片,表 1 - 23 给出了硅酸钙的成分分析。

图 1 - 19　硅酸钙产品的 SEM 照片

表 1 - 23　水合硅酸钙的化学成分分析

成分	SiO_2	CaO	Fe_2O_3	Al_2O_3	Na_2O
含量/%	45.59	42.56	0.22	0.24	0.03

硅酸钙主要用作建筑材料、保温材料、耐火材料、涂料的体质颜料及载体,针状硅酸钙具有很好的补强性能,在橡胶、造纸领域具有很大的市场。

1.5.8 氧化镍

图 1 - 20 为氧化镍产品的 XRD 图谱和 SEM 照片,表 1 - 24 为氧化镍产品的化学组成,表 1 - 25 为氧化镍的有色金属行业标准 YS/T 277—2009,产品符合牌号 NiO - 750 的标准。氧化镍可用于生产硫酸镍和金属镍。

表 1 - 24　NiO 的化学成分

分析项目	Ni	Co	Cu	Fe	Zn	S	Ca、Mg、Na 总和	盐酸不溶物
含量/%	75.47	0.50	0.002	0.18	0.003	0	1.44	0.38

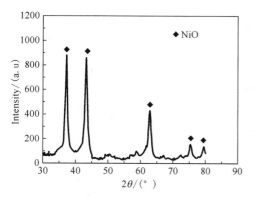

图 1-20　氧化镍的 XRD 图谱与 SEM 照片

表 1-25　氧化镍的有色金属行业标准 YS/T 277—2009

牌号	Ni 不小于	杂质含量, 不大于/%						
		Co	Cu	Fe	Zn	S	Ca、Mg、Na 总和	盐酸不溶物
NiO-770	77.0	0.05	0.01	0.05	0.005	0.01	0.5	0.10
NiO-765	76.5	0.15	0.05	0.10	0.05	0.03	1.0	0.20
NiO-760	76.0	0.20	0.10	0.15	0.10	0.05	1.30	0.30
NiO-750	75.0	0.50	0.20	0.20	0.20	0.15	1.50	0.40

1.5.9　镍铁合金

镍铁合金中镍含量 7% ~ 12%，可用于生产不锈钢。

1.6　环境保护

1.6.1　主要污染源和主要污染物

（1）烟气粉尘

①硫酸焙烧烟气中主要污染物是粉尘和 SO_3；硫酸铵焙烧烟气中主要污染物是粉尘、SO_3 和 NH_3；碳酸钠焙烧烟气中主要污染物是粉尘和 CO_2；

②燃气锅炉，主要污染物是粉尘和 CO_2；

③红土镍矿储存、破碎、筛分、磨细、皮带输送转接点等产生的物料粉尘；

④沉镍过程中产生的 H_2S 气体；

⑤石英粉贮运过程中产生的粉尘;

⑥氨浸、蒸氨、煅烧碱式碳酸镍过程产生的主要污染物是 NH_3 和 CO_2。

(2)水

①生产过程水循环使用,无废水排放;

②生产排水为软水制备工艺排水,水质未被污染。

(3)噪声

红土镍矿磨机、焙烧烟气排烟风机等产生的噪声。

(4)固体

①红土镍矿中的硅制备白炭黑、硅酸钙和石英粉;

②红土镍矿中的镍制备硫化镍产品;

③红土镍矿中铁、铝制备出氧化铁和氧化铝产品;

④红土镍矿中的镁制备成氢氧化镁/碱式碳酸镁产品;

⑤硫酸铵溶液蒸浓结晶得到硫酸铵产品;含硫酸钠溶液蒸浓结晶得到硫酸钠,用于制备硫化钠产品。

生产过程无污染废渣排放。

1.6.2 污染治理措施

(1)焙烧烟气

焙烧烟气经旋风、重力、布袋除尘,粉尘返混料。硫酸焙烧烟气经吸收塔二级吸收,SO_3 和水的混合物经酸吸收塔制备硫酸。硫酸铵焙烧烟气产生 NH_3、SO_3,冷却得到硫酸铵固体,过量 NH_3 回收用于沉镁,碳酸钠焙烧烟气回收用于碳分。尾气经吸收塔进一步净化后排放,满足《工业炉窑大气污染物排放标准》(GB 9078—1996)的要求。

氨浸、蒸氨和煅烧碱式碳酸镍的 NH_3 和 CO_2 回收用于浸出脱硅渣或浸镁渣,循环利用。

(2)通风除尘

产生粉尘设备均带收尘装置。

扬尘:对全厂扬尘点,均实行设备密闭罩集气,机械排风,高效布袋除尘器集中除尘。系统除尘效率均在99.9%以上。

烟尘:回转窑等烟气除尘系统收集的烟尘全部返回系统再利用。

(3)废水治理

需要水源提供新水,生产用水循环,全厂水循环利用率为90%以上。

各工序产生的废水采用不同方法处理,以实现全厂废水“零”排放。蒸浓结晶工序冷凝水循环使用和二次利用。

（4）废渣治理

整个生产过程中，红土镍矿中的主要组分镍、铁、镁、硅、铝均制备成产品，无废渣产生。

（5）噪声治理

本工程的噪声主要由机械动力、流体动力产生。工程设计对高噪声设备采取消声、隔声、基础减振等措施进行处理。球磨机等设备置于单独隔音间内，并设有隔音值班室。

（6）绿化

绿化在防治污染、保护和改善环境方面起到特殊的作用，是环境保护的有机组成部分。绿色植物不仅能美化环境，还具有吸附粉尘、净化空气、减弱噪声、改善小气候等作用，因此在工程设计中对绿化予以了充分重视，通过提高绿化系数改善厂区及附近地区的环境条件。设计厂区绿化占地率不小于20%。

在厂前区及空地等处进行重点绿化，选择树型美观、装饰性强、观赏价值高的乔木与灌木，再适当配以花坛、水池、绿篱、草坪等；在厂区道路两侧种植行道树，同时加配乔木、灌木与花草；在围墙内、外都种以乔木；其他空地植以草坪，形成立体绿化体系。

1.7 结语

1 红土镍矿绿色化、高附加值综合利用新工艺将红土镍矿中的有价组元镍、铁、铝、镁、硅等全部分离提取，实现了资源的高附加值利用。

2 新工艺流程中化工原料硫酸、硫酸铵、硫酸氢铵、碳酸钠、氢氧化钠等或者循环利用，或者形成产品，无废气、废水、废渣的排放，实现了全流程的绿色化。

3 新的工艺流程的建立为处理低品位红土镍矿提供了一个新的途径。

4 新工艺流程的建立为其他难处理复杂矿物的高附加值综合利用提供参考。

参考文献

[1] 翟玉春，申晓毅，王佳东，等. ZL201110002299.0. 一种综合利用红土镍矿的方法[P]. 2013.

[2] 翟玉春，王佳东，申晓毅，等. ZL201110256546.X. 一种综合利用红土镍矿的方法[P]. 2013.

[3] 翟玉春，刘岩，李在元，等. ZL 200710011405.5. 镍红土矿综合利用的冶金方法[P]. 2010.

[4] 牟文宁. 红土镍矿高附加值绿色化综合利用的理论与工艺研究[D]. 2010.

[5] 赵昌明. 红土镍矿中的硅酸盐在碱中的转化行为[D]. 2011.

[6] 常龙娇. 从红土镍矿中提取铁和铝的研究[D]. 2011.

[7] 刘娇. 从红土镍矿中提取二氧化硅的工艺研究[D]. 2008.

[8] 张霞. 以红土镍矿为原料制备纳米二氧化硅[D]. 2009.

[9] 陈家镛. 湿法冶金手册[M]. 北京:冶金工业出版社,2005.

[10] 马荣骏. 湿法冶金原理[M]. 北京:冶金工业出版社,2007.

[11] 赵昌明,翟玉春,刘岩,等. 红土镍矿在 NaOH 亚熔盐体系中的预脱硅[J]. 有色金属学报,2009,19(5):949-954.

[12] 牟文宁,翟玉春,刘岩. 采用熔融碱法从红土镍矿中提取硅[J]. 中国有色金属学报,2009,19(3):570-575.

[13] 牟文宁,翟玉春. 红土镍矿脱硅渣碳化制备碳酸镁[J]. 化工学报,2009,60(5):1332-1336.

[14] 赵昌明,翟玉春. 从红土镍矿中回收镍的工艺研究进展[J]. 材料导报,2009,23(6):73-76.

[15] 赵昌明,翟玉春. 高含量 NaOH 体系中 Mg_2SiO_4 的浸出机理[J]. 中国有色金属学报,2013,23(6):1764-1768.

[16] 刘岩,张霞,申晓毅,翟玉春,徐冬. 红土镍矿有价元素高附加值利用的绿色冶金工艺[J]. 化工学报,2008,59(10):2687-2691.

[17] 刘岩,翟玉春,王虹. 镍生产工艺研究进展[J]. 材料导报,2006,20(3):79-82.

[18] 申晓毅,常龙娇,王佳东,等. 翟玉春黄铵铁矾制备花簇状三氧化二铁[J]. 人工晶体学报,2013,42(4):593-597.

[19] SHEN Xiao-yi, SHAO Hong-mei, WANG Jia-dong, et al. Preparation of ammonium jarosite from clinker digestion solution of nickel oxide ore roasted using(NH_4)$_2SO_4$[J]. Trans. Nonferrous Met. Soc. China, 2013, 23(11):3434-3439.

[20] 申晓毅,常龙娇,王佳东,等. 由除杂铝渣碱溶碳分制备高纯 $Al(OH)_3$[J]. 东北大学学报,2012,33(9):1315-1318.

[21] 刘岩,翟玉春,张纪谦,等. 从镍精矿中提取镍铁合金的还原工艺[J]. 过程工程学报,2005,5(6):626-630.

[22] 李艳军,于海臣,王德全,尹文新,白元生. 红土镍矿资源现状及加工工艺综述[J]. 金属矿山,2010(11):5-15.

[23] 何焕华. 氧化镍矿处理工艺评述[J]. 中国有色冶金,2004(6):12-15.

[24] 徐庆新. 红土矿的过去和未来[J]. 中国有色金属,2005(6):1-8.

[25] 全雄. 氧化镍矿开发工艺技术现状及发展方向[J]. 云南冶金,2005,36(4):33-36.

[26] 蒋继穆,王协邦. 重有色金属冶炼设计手册:铜镍卷[M]. 北京:冶金工业出版社,1996.

[27] 赵天从. 重金属冶金学[M]. 北京:冶金工业出版社,1981.

[28] 赵昌明,翟玉春. 从红土镍矿中回收镍的工艺研究进展[J]. 材料导报,2009,23(6):73-76.

[29] 刘大星. 从红土镍矿中回收镍、钴技术进展[J]. 有色金属(冶炼部分), 2002(3): 6 - 10.

[30] 陈家镛, 杨守志, 柯家骏. 湿法冶金的研究与发展[M]. 北京: 冶金工业出版社, 1998.

[31] Kar B B, Swamy Y V, Murthy B V R. Degin of experiments to study the extraction of nickel from lateriticore by sulpHatization using sulpHuric acid[J]. 2000, 56: 387 - 394.

[32] 刘瑶, 丛自范, 王德全. 对低品位红土矿常压浸出的初步探讨[J]. 有色金属, 2006, 13 (4): 490 ~ 493.

[33] 朱景和. 世界红土镍矿资源开发与利用技术分析[J]. 世界有色金属, 2007, (10): 7 - 12.

[34] 李启厚, 王娟, 刘志宏. 世界红土镍矿资源开发及湿法冶金技术的进展[J]. 湖南有色金属, 2009, 2: 21 - 24.

[35] 程明明. 中国镍铁的发展现状、市场分析与展望[J]. 矿业快报, 2008(47): 1 - 3.

[36] 李建华, 程威, 肖志海, 等. 红土镍矿处理工艺综述[J]. 湿法冶金, 2004(4): 191 - 194.

[37] GUO X Y, SHI W T, LI D, TIAN Q H. Leaching behavior of metals from limonitic laterite ore by high pressure acid leaching [J]. Trans Nonferrous Met Soc China, 2011, 21 (1): 191 - 195.

[38] ZHAI Y C, MU W N, LIU Y, XU Q. A green process for recovering nickel from nickeliferous laterite ores [J]. Trans Nonferrous Met Soc China, 2010, 20(S): 65 - 77.

[39] KAYA S, TOPKAYA Y A. High pressure acid leaching of a refractory lateritic nickel ore [J]. Miner Eng, 2011, 24(11): 1188 - 1197.

[40] MU W N, ZHAI Y C. Desiliconization kinetics of nickeliferous laterite ores in molten sodium hydroxide system [J]. Trans Nonferrous Met Soc China, 2010, 20(2): 330 ~ 335.

[41] MU W N, ZHAI Y C, LIU Y. Leaching of magnesium from desiliconization slag of nickel laterite ores by carbonation process [J]. Trans Nonferrous Met Soc China, 2010, 20(S): 87 - 91.

[42] SOLER J M, CAMA J, GALÍ S, MELÉNDEZ W, RAMÍREZ A, ESTANGA J. Composition and dissolution kinetics of garnierite from the Loma de Hierro Ni - laterite deposit, Venezuela [J]. Chem Geol, 2008, 249(1 - 2): 191 - 202.

[43] BRAND N W, BUTT C R M, ELIAS M. Nickel laterites: classification and features [J]. AGSO Journal of Australian Geology and Geophysics, 1998, 17(4): 81 - 88.

[44] GUO X Y, LI D, PARK K H, TIAN Q H, Wu Z. Leaching behavior of metals from a limonitic nickel laterite using a sulfation - roasting - leaching process [J]. Hydrometallurgy, 2009, 99(3 - 4): 144 - 150.

[45] LI B, WANG H, WEI Y G. The reduction of nickel from low - grade nickel laterite ore using a solid - state deoxidisation method [J]. Miner Eng, 2011, 24(3 - 4): 1556 - 1562.

[46] GIRGIN I, OBUT A, UCYILDIZ A. Dissolution behaviour of a Turkish lateritic nickel ore [J]. Miner Eng, 2011, 24(7): 603 - 609.

[47] LUO W, FENG Q M, OU L M, ZHANG G F, LU Y P. Fast dissolution of nickel from a lizardite - rich saprolitic laterite by sulphuric acid at atmospheric pressure [J]. Hydrometallurgy, 2009,

96(1 - 2): 171 - 175.

[48] MCDONALD R G, WHITTINGTON B I. Atmospheric acid leaching of nickel laterites review part I. sulphuric acid technologies [J]. Hydrometallurgy, 2008, 91(1 - 4): 35 - 55.

[49] SENANAYAKE G, CHILDS J, AKERSTROM B D, PUGAEV D. Reductive acid leaching of laterite and metal oxides - A review with new data for Fe(Ni, Co)OOH and a limonitic ore [J]. Hydrometallurgy, 2011, 110(1 - 4): 13 - 32.

[50] DAS G K, DE LANGE J A B. Reductive atmospheric acid leaching of West Australian smectitic nickel laterite in the presence of sulphur dioxide and copper(II)[J]. Hydrometallurgy, 2011, 105(3 - 4): 264 - 269.

[51] DUTRIZAC J E. The effect of seeding on the rate of precipitation of ammonium jarosite and sodium jarosite [J]. Hydrometallurgy, 1996, 42(3): 293 - 312.

[52] DAS G K, ANAND S, ACHARYA S, DAS R P. Preparation and decomposition of ammoniojarosite at elevated temperatures in H_2O - $(NH_4)_2SO_4$ - H_2SO_4 media [J]. Hydrometallurgy, 1995, 38(3): 263 - 276.

[53] RISTIC' M, MUSIC' S, OREHOVEC Z. Thermal decomposition of synthetic ammonium jarosite [J]. J Mol Struct, 2005, 744 - 747(3): 295 - 300.

第 2 章　氧硫混合镍矿绿色化、高附加值综合利用

2.1.　综述

2.1.1　镍资源概况

镍是重要的战略储备金属，具有良好的机械强度、延展性和很高的化学稳定性，广泛应用于生产不锈钢、高温合金和高性能特种合金、储能材料、磁性材料、电磁屏蔽材料等，已成为兵器、舰船、轨道交通、航空航天、石油化工、医疗器械、机械制造、能源等领域不可或缺的战略物资。

世界上镍资源储量丰富，根据美国地质调查资料显示，全球已探明镍储量约为 7500 万 t，基础储量约为 15000 万 t，镍平均含量接近(或大于)1% 的镍矿资源量为 1.3 亿吨。镍矿床按照地质成因划分，分为风化型红土镍矿、岩浆型硫化镍矿和海底锰结核镍矿。其中海底锰结核中镍储量占全球总镍量的 17%，共伴生矿为铜、钴和锰。由于开采技术和海洋环境影响等因素，目前尚未实际开发。

陆基镍矿床主要是硫化镍矿和红土镍矿。红土镍矿储量约为 126 亿 t，约占陆基镍资源总量的 72.2%，平均品位为 1.28%，共伴生矿主要是铁和钴。主要分布在赤道线南北 30°以内的热带地区，集中分布在环太平洋的热带—亚热带地区的国家，如新喀里多尼亚、印度尼西亚、澳大利亚、菲律宾、古巴等。

岩浆型铜镍硫化矿储量约为 105 亿吨，约占陆基镍资源总量的 27.8%，平均品位为 0.58%，共伴生矿主要有铜、钴、金、银及铂族元素。较集中地分布于加拿大、俄罗斯、澳大利亚、中国、南非、津巴布韦和博茨瓦纳等国。其中，甘肃金川镍矿带、加拿大安大略省萨德伯里(sudbury)镍矿带、俄罗斯西伯利亚诺里尔斯克镍矿带为世界三大硫化铜镍矿床。硫化镍矿床按硫化率，即呈硫化物状态的镍(SNi)与全镍(TNi)之比，又可将矿石分为原生矿石(SNi/TNi > 70%)、混合矿石(SNi/TNi45% ~ 70%)和氧化矿石(SNi/TNi < 45%)。

世界陆基镍资源的分布类型及储量如表 2 - 1 所示。

表 2-1　世界陆基镍资源分布类型及储量

矿物类型	资源/亿 t	镍品位/%	含镍量/万 t	所占比例/%	矿产镍量比例/%
硫化镍矿	105	0.58	6200	27.8	58
红土镍矿	126	1.28	16100	72.2	42
总计	231	0.97	22300	100	100

我国是镍矿资源储量较丰富的国家,但主要为低品位矿物。其中硫化镍矿占全国总镍储量的86%,红土镍矿占9.6%,其他类型镍矿占4.4%。金川镍矿是全国最大的硫化铜镍矿床,已探明镍储量为548.6万 t,占全国总储量的68.5%;其次是新疆,镍金属储量为86万 t;居第三位的是云南的金平和元江,镍矿储量不到70万 t,且元江镍矿是红土镍矿,选冶难度大;陕西的煎茶岭居第四位,镍金矿储量20万 t。

我国低品位镍资源储量虽然较为丰富,但人均占有量很低,分布不均衡,优质资源较少,除金川以外,多为小型贫矿,地下开采比例较大,占保有总量的68%,适合露采的只占13%。此外,我国镍矿经过多年采掘,资源日趋紧缺,自给率不到一半,进口量逐年攀升。这些严重制约了我国镍工业的发展,难以满足国民经济快速增长对镍的需求。目前,采用现有技术难以利用的资源量为638万 t,为高碱性脉石型低品位硫化镍矿和氧化镍矿,同时伴生铜金属量500万 t 左右。根据当前地质工作基础,我国在短期内进一步发现像金川矿区这样大型镍矿资源的可能性不大。因此,在无新的矿产资源支撑情况下,我国镍工业将会加快对低品位硫化镍矿和红土镍矿的经济开发和综合利用。

2.1.2　硫化镍矿冶金工业现状

由于硫化镍矿资源品质好,工艺技术成熟,世界镍工业生产的镍,主要来自硫化镍矿,约占总产量的58%。硫化镍矿的处理一般都经过选矿,仅个别或少量的高品位硫化镍矿不经选矿可以直接进行冶炼。选矿时根据原料的性质、冶炼工艺、环保等要求分别选出镍精矿、铜精矿、镍铜混合精矿和磁黄铁矿。目前世界上所有利用硫化镍生产镍的工厂都是选出镍铜混合精矿。

硫化镍精矿的熔炼主要采用电炉和闪速炉,鼓风炉熔炼仅见于中国的一些小厂。镍精矿熔炼产出的镍锍都须经吹炼处理,大多数工厂采用的是卧式转炉吹炼。20世纪90年代中期奥托昆普公司研究开发出闪速吹炼,取代了转炉富氧吹炼。为满足羰基法精炼镍的要求,必须采用氧气顶吹旋转式转炉吹炼得到铜镍合金,世界上只有INCO铜崖厂采用此吹炼工艺。吹炼得到的产品有金属化高冰镍(含硫6%~8%)和高冰镍(含硫19%~22%)。可分别采用奥托昆普法(硫酸浸出电积工艺)、鹰桥法(盐酸或氯气浸出电积工艺)、舍利特法(加压氨浸或加压酸浸氢还原工艺)和磨浮分离法处理。

奥托昆普法比较适合处理含铜较低的高冰镍,鹰桥法对处理含钴较高的高冰镍较为经济;舍利特法的氨浸工艺只适合于含铜低和不含贵金属或含贵金属很低的高冰镍。磨浮分离法处理高品位镍时,得到 3 个产品,即镍精矿、铜精矿和合金。俄罗斯的主要镍厂、加拿大的 INCO 铜崖厂、中国的主要镍厂都采用这一方法。产出的镍精矿经焙烧得到氧化镍,经氢还原后再用常压羰基法精炼。

2.1.3　工艺技术

由于元素亲氧及亲硫性的差异,在熔融岩浆中,当有硫元素存在时,镍能优先形成硫化矿物,并富集形成硫化物矿床。硫化镍矿主要以镍黄铁矿、紫硫镍铁矿、针镍矿等游离硫化镍形态存在,有相当一部分镍以类质同象赋存于磁黄铁矿中按镍含量不同,原生镍矿可分为三个等级:特富矿 Ni≥3%;富矿 1%≤Ni≤3%;贫矿 0.3%≤Ni≤1%。

由于绝大多数的原生硫化镍矿的镍含量都低于 3%,因此硫化镍矿首先需要进行选矿处理。在含铜的硫化镍矿中,镍主要以镍黄铁矿、紫硫镍铁矿、针硫镍矿等游离硫化镍形态存在,此类硫化镍矿可用丁基或戊基等高级黄药有效浮选,获得含镍 4%~8% 的镍精矿。

硫化镍矿处理工艺有火法与湿法之分。火法处理硫化镍矿约占世界镍生产能 90%,主要步骤为:硫化镍原矿(浮选)→镍精矿(熔炼)→低冰镍(转炉吹炼)→高冰镍(加硫酸常压或高压浸出)→硫酸镍(电解)→电解镍。硫化镍精矿的造锍熔炼方法主要有电炉熔炼、反射炉熔炼、鼓风炉熔炼和闪速熔炼等。湿法处理硫化镍矿的主要方法是加压浸出。

(1)火法工艺

1)电炉熔炼

电炉熔炼广泛应用于低镍锍的生产,世界上一些著名的镍公司,如俄罗斯的北镍、贝辰加、诺里尔斯克,加拿大的鹰桥、汤普森,南非的瓦特瓦尔及中国的金川、磐石等均用矿热电炉处理镍精矿生产低镍锍。电炉熔炼的优点是:可以有效地控制熔池温度,使熔炼产物过热;因为不用燃料,没有燃料燃烧的气体产生,因此电炉烟气量比其他冶金炉少;电炉熔炼炉渣和镍锍分离得比较好;渣含有价金属比较低,金属回收率比较高;电炉在结构上密封得比较好,可以得到含 SO_2 浓度较高的烟气,能达到制取硫酸需要的浓度,解决了硫的利用和环境污染问题。

电炉熔炼的缺点是脱硫率比较低,对炉料的含水量要求严格(不高于 3%)。限制电炉生产的根本原因在于电炉熔炼耗电大,对于电价比较高的火力发电地区,它的生产成本往往比其他冶金炉高。对于具有廉价电力的水力发电地区,电炉在经济上则是有利的。因此,矿热电炉的采用,应根据不同情况通过技术经济比较来确定。

2)鼓风炉熔炼

鼓风炉是一种竖式炉,适用于处理块状物料,炉料从炉子上部分批、分层地加入炉内,空气由风口不断地鼓入炉内使燃料燃烧,热气流自下而上地通过料柱,进入炉料与炉气逆向运动的热交换,从而实现炉料的预热、焙烧、熔化、造锍等一系列物理化学反应。入炉矿石或精矿含镍3%~10%,产品低镍锍含镍和铜共15%~30%,送转炉吹炼产出高镍锍后再分离铜、镍,并精炼产出电解镍或其他镍产品。

鼓风炉熔炼是最早的炼镍方法之一,早期采用该法熔炼镍矿的有加拿大国际镍公司(INCO)的科尼斯顿冶炼厂、鹰桥镍矿业公司的镍鼓风炉熔炼厂、苏联北方镍公司,这些工厂的鼓风炉熔炼现均已被电炉熔炼所取代。日本住友公司四阪岛冶炼厂1971年开始采用料封式密闭鼓风炉直接熔炼镍精矿,称为百田法。中国会理镍矿于1958年开始用烧结和鼓风炉流程熔炼硫化镍精矿和块矿。金川有色金属公司也曾用烧结机鼓风炉流程处理硫化镍精矿和块矿。新疆哈拉通克铜镍厂1989年也建成一座硫化铜镍矿熔炼鼓风炉。

硫化镍矿鼓风炉熔炼工艺过程简单、投资少、热效率高,特别适合处理小规模富块矿。但鼓风炉不能直接大量处理精矿粉,生产能力比较低,烟气制酸条件不理想,消耗焦炭价格高,因而已逐渐被电炉或闪速炉熔炼所取代。然而,20世纪80年代苏联进行了鼓风炉自热熔炼处理硫化精矿工业试验,采用料钟式密闭炉顶、精矿压团后入炉、鼓入富氧空气时,达到自热熔炼,烟气 SO_2 浓度高适于制酸,技术经济指标较好,显示了鼓风炉熔炼硫化镍矿仍具有一定的发展潜力。

3)反射炉熔炼

反射炉是传统的冶炼设备之一,具有结构简单、操作方便、容易控制、对原料和燃料的适应性较强、生产中耗水少、作业率高、适合大规模生产等优点。反射炉生产的主要缺点是燃料消耗量大、热效率较低(一般只有15%~30%)、脱硫率及烟气中二氧化硫浓度低、占地面积大、消耗大量耐火材料。因此为数尚多的工厂对现存的反射炉进行技术改造,采用热风和富氧空气熔炼。目前广泛应用于处理铜、镍、锡等有色金属矿石和精矿,尤其是细粒度粉料。2009年我国金川集团冶炼厂熔铸车间45 m²反射炉开始投料,炼镍的反射炉应用于实际的生产中。

4)闪速熔炼

闪速熔炼是硫化镍精矿造锍熔炼的新工艺,克服了传统熔炼方法未能充分利用粉末状态的大比表面积和硫化矿物燃烧放热的特点,大大减少了能源消耗,提高了硫的利用率,改善了环境。

闪速炉熔炼法入炉精矿一般含镍 3% ~ 10%，产品低镍锍成分（质量分数/%）为：(Ni + Cu) 45 ~ 50，Fe 17 ~ 25，S 25 ~ 26。低镍锍经转炉吹炼产出高镍锍，然后分离铜、镍并精炼产出电解镍或其他镍产品。

闪速熔炼有两种类型，即芬兰奥托昆普公司(Outokumpu 型)富氧竖式炉和加拿大国际镍公司(INCO 型)纯氧卧式炉。前者于 1949 年首先应用熔炼铜精矿，1959 年推广到镍精矿的熔炼。现在采用该法的还有澳大利亚西部矿业有限公司的卡尔古利镍冶炼厂、博茨瓦纳的塞莱比—皮克威冶炼厂、俄罗斯诺里尔斯克镍联合公司、巴西的佛达勒扎的镍矿闪速熔炼厂。我国金川有色金属公司采用的是卡尔古利镍冶炼厂的生产系统。目前，世界上使用氧气闪速炉的厂家只有三家，加拿大铜崖厂(1953 年投产)、美国赫尔利厂(1984 年投产)和美国海登厂(1983 年投产)，推广发展慢。但因镍在锍渣两相分配比较低(约 65%)，故一直未广泛应用。

奥托昆普闪速熔炼法是在闪速熔炼技术基础上优化的一种近年来广泛应用的一项镍冶炼工艺。现有采用奥托昆普工艺的镍闪速熔炼厂，占据冰镍冶炼生产能力 50% 以上。闪速炉由反应塔、沉淀池和上升烟道组成。反应塔为竖炉，干燥精矿(含水 0.3% 以下)通过喷嘴用预热空气或富氧空气作介质喷入反应塔内，精矿和氧在塔内发生强烈的氧化反应并熔化。熔融的颗粒落入沉淀池造锍和造渣并沉淀分离。炉气通过沉淀池上部空间经上升烟道进入废热锅炉，冷却烟气经电收尘后再送硫酸厂制酸。镍锍从沉淀池放出送往转炉吹炼，闪速炉渣含镍较高，尤其是原料中的钴大部分进入炉渣，需要通过电炉贫化，还原回收镍、钴。

闪速炉的主要优点：烟气量相对小，SO_2 浓度高，利于造酸，可减少环境污染；熔炼强度高，生产能力强；节省能源，综合能耗低；过程空气富氧浓度可在 23% ~ 95% 范围内选择，有利于设备选择和控制烟气总量；过程控制简单，容易实现自动化等。但存在渣含有价金属高、烟尘率较大、物料准备要求高等缺点。

5) 转炉熔炼

倾斜式旋转转炉——卡尔多炉技术是由瑞典专家 Bokalling 发明的氧气顶吹转炉熔炼技术，于 20 世纪 70 年代用在有色金属冶炼中，如加拿大国际锡镍公司采用卡尔多转炉处理高镍锍，冶炼铜镍合金。其优点为：操作温度可控制的范围大；具有较好的搅拌条件；借助油枪、氧枪容易控制熔炼过程的反应气氛，从强氧化性气氛到强还原性气氛都可以实现；热效率高，在纯氧吹炼的条件下，热效率可达 60% 或更高；作业率高、炉体体积小、拆卸容易、更换方便。但具有间歇作业、操作频繁，烟气量和烟气成分呈周期变化，炉子寿命较短、设备复杂、造价较高等缺点。我国金川有色金属公司在 20 世纪 80 年代将卡尔多炉技术用于吹炼镍精矿和二次铜精矿，将其熔化吹炼成金属镍和金属铜。现在该技术主要用于铅冶炼。

6)奥斯麦特炉熔炼

奥斯麦特反应炉,基于其独有的顶吹浸没喷枪系统广泛用于有色金属、黑色金属、贵金属和废弃物料的处理。工艺用空气、氧和燃料都通过它而从液态渣池表面下供给,钢制喷枪由一层凝结的渣层保护以耐受作业环境。熔炼反应在高度搅动的渣池中进行从而达到高生产率和高燃料效率。

奥斯麦特顶吹浸没喷枪技术对于很多工艺过程都具有通用性。奥斯麦特炉系统基建投资相对较低,提高喷枪空气中的富氧,就会减少喷枪燃料和空气的需要量,降低处理的烟气量,节省生产费用和基建投资。顶吹浸没喷枪系统产生强烈搅动性能,促进了高反应率,并使渣和烟气达到平衡。奥斯麦特炉是一个密闭系统,烟气排放量最低,并且可以通过对炉子抽力的直接测量和调节来保持负压。另外,因为漏风量低,要处理的烟气量也少。

我国金川有色金属公司于 2008 年首次采用奥斯麦特熔池熔炼工艺用于镍精矿熔炼并成功投入生产,技术水平世界领先。吉林吉恩镍业股份有限公司第一冶炼厂也采用奥斯麦特炉熔炼技术。

(2)湿法工艺

湿法处理是直接浸出硫化镍矿石或硫化镍精矿。由于硫化镍在常压下溶解速度很慢,通常采用加压浸出。加压浸出必须选用合适的浸出剂,利用金属硫化物的氧化顺序,控制溶液的成分、温度、氧分压、浸出时间和物料的粒度等条件,使镍和其他有价元素在不同的阶段选择性地浸出分离,有效地减少浸出液的净化负荷,从而提高金属回收率、降低加工费用和保护环境。硫化镍矿的加压浸出工艺分加压氨浸和加压酸浸两大类。

1)加压氨浸

硫化镍矿加压氨浸是以氨和硫酸铵为浸出剂,在有氧条件下使原料中的硫化镍矿物与氧、氨反应,将镍和伴生的铜、钴转化为稳定的可溶性氨配合物,硫氧化为各种硫氧离子,铁转变为不溶性的含水三氧化二铁,其他脉石保留在渣中。

1954 年加拿大谢里特—高登矿业公司的萨斯喀彻温堡精炼厂首先在工业上采用加压氨浸法从林湖地区的硫化镍精矿中提镍。该法主要过程为:两段逆流加压氨浸出,浸出液蒸氨除铜,高温水解去除不饱和硫,高压氢还原生产镍粉及镍粉压块。所用精矿成分(质量分数/%)为:Ni 10,Co 0.5,Cu 2,Fe 38,S 31,脉石 14。精矿在卧式机械搅拌釜中,于温度 70~90℃、总压 0.7~1MPa 的条件下对精矿进行加压氧化氨浸,使镍、铜、钴和部分硫分解进入溶液。主要化学反应有:

$$NiS + 4FeS + 7O_2 + 10NH_3 + 4H_2O =\!=\!=$$
$$[Ni(NH_3)_6]^{2+} + SO_4^{2-} + 2Fe_2O_3 \cdot H_2O + 2(NH_4)_2S_2O_3$$
$$CoS + 2O_2 + 6NH_3 =\!=\!=[Co(NH_3)_6]^{2+} + SO_4^{2-}$$
$$CuS + 2O_2 + 4NH_3 =\!=\!=[Cu(NH_3)_4]^{2+}SO_4^{2-}$$

$$2(NH_4)_2S_2O_3 + 2O_2 \Longrightarrow (NH_4)_2S_3O_6 + (NH_4)_2SO_4$$

$$(NH_4)_2S_3O_6 + 2O_2 + 4NH_3 + H_2O \Longrightarrow NH_4SO_3 \cdot NH_2 + 2(NH_4)_2SO_4$$

浸出富液的成分 $(g \cdot L^{-1})$ 为: Ni 40~50, Co 0.7~1, Cu 5~10, $(NH_4)_2SO_4$ 120~180, 游离氨 85~100, 不饱和硫 5~10。

在浸出富液蒸发除去过量的游离氨时, 不饱和硫与铜生成硫化铜沉淀而除去大部分铜, 余铜用硫化氢除至小于 $5 \text{ mg} \cdot L^{-1}$。过滤除去沉淀物, 滤液经高温、高压氧化水解后除去不饱和硫及胺基磺酸根后, 进行加压氢还原制取镍粉和副产品硫酸铵。加压氨浸直接处理硫化镍精矿工艺, 有价金属回收率高, 并能综合利用原料中的硫, 省去火法过程, 降低能耗, 改善劳动条件, 消除了对环境的污染。20世纪 70 年代以来, 澳大利亚的 (Kwinana) 镍精炼厂采用此法处理镍锍及镍精矿生产镍粉。

高压浸出法存在的问题有: 不适宜处理含铂族贵金属的物料; 不适宜处理含铜高的硫化镍物料; 钴浸出率较低。

2) 加压酸浸

硫化镍矿加压酸浸通用的浸出剂为硫酸。盐酸、硝酸因对物料的浸出选择性差、腐蚀性强, 因而在使用上受到限制。加压酸浸应用于从高镍锍生产电镍、镍粉、镍盐, 也可用于对含碱性脉石少的低品位含镍磁黄铁矿处理。

从高镍锍生产电镍的工艺由三段常压浸出、一段加压浸出、黑镍除钴、镍电解沉积和铜电解沉积等作业组成。所处理的高镍锍成分 (质量分数/%) 为: Ni 72, Co 0.7, Cu 18, Fe 0.5, S 7。第一段浸出液含镍 99 $g \cdot L^{-1}$、铜和铁各低于 0.01g/L, 由于溶液杂质含量低, 净化系统的除杂负荷很小。在选择性加压浸出段只浸出镍和钴, 常压浸出渣中的铜和硫保留在终渣。加压浸出条件为温度 180℃、氧分压 0.1~0.2MPa、时间 1 h。浸出终渣的主要成分 (质量分数/%) 为: 镍低于 3, 铜 65, 硫 25。送铜冶炼厂回收其中的铜、贵金属及硫。典型的生产厂家是芬兰奥托昆普公司哈贾瓦尔塔冶炼厂。

从高镍锍生产镍粉的工艺是采用三段逆流加压酸浸, 处理富含贵金属的高镍锍, 生产镍粉、电铜和高品位铂族金属精矿。原料成分 (质量分数/%) 为: Ni 44.7~48, Co 1.2, Cu 25, S 22.4, 铂族金属 100~130 $g \cdot t^{-1}$, 其贵金属的价值超过镍、钴和铜。因此采用三段加压逆流浸出镍、钴、铜、铁和硫, 使贵金属富集在残渣中。该工艺第一段可选择性浸出镍、钴; 第二、三段将镍、钴和硫完全浸出, 获得铂族金属精矿。典型的生产厂家为南非因帕拉铂厂。

从高镍锍生产镍盐是用不含铜或含铜低的高镍锍在温度 135~160℃、氧分压 0.1~0.2MPa 条件下加压浸出, 浸出液除铁、铜和钴后送生产镍盐。典型的生产厂家为日本住友金属矿山公司新居滨精炼厂。

2.2 硫酸铵法绿色化、高附加值综合利用氧硫混合镍矿

2.2.1 原料分析

氧硫混合镍矿的化学成分分析结果如表 2-2 所示。由表可知矿石的主要化学组成为硅、铁、硫、镁、镍、铜等，其中镍以氧化镍计含量为 3.68%，铜以氧化铜计含量为 2.23%，具有开采利用价值。

表 2-2 氧硫混合镍矿的化学组成($\omega/\%$)

名称	Fe_2O_3	SO_3	SiO_2	MgO	NiO	CuO	CaO	Al_2O_3
含量	16.24 ~ 27.74	17.59 ~ 29.32	20.94 ~ 34.25	10.89 ~ 17.32	1.02 ~ 3.68	0.68 ~ 2.23	0.66 ~ 1.41	0.98 ~ 3.22

氧硫混合镍矿的矿相组成分析结果如图 2-1 所示。由图可知，氧硫混合镍矿的主要矿相是磁黄铁矿($Fe_{1-x}S$)、黄铁矿(FeS_2)、镍黄铁矿[$(Fe, Ni)_9S_8$]、针镍矿(NiS)、黄铜矿($CuFeS_2$)和蛇纹石($3MgO \cdot 2SiO_2 \cdot 2H_2O$)。

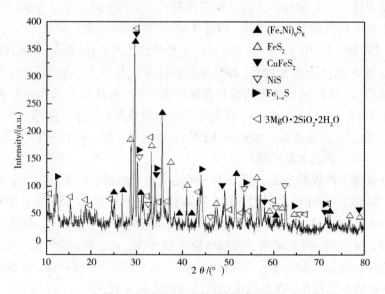

图 2-1 氧硫混合镍矿的 XRD 图

2.2.2 化工原料

硫酸铵法使用的化工原料有硫酸铵、双氧水、硫化钠、浓硫酸、活性氧化钙、X984 萃取剂、氢氧化钠等。

①硫酸铵：工业级。

②双氧水：工业级，含量 27.5%。

③硫化钠：工业级。

④浓硫酸：工业级。

⑤X984：工业级。

⑥氢氧化钠：工业级。

⑦活性氧化钙：工业级。

2.2.3 工艺流程

将氧硫混合镍矿粉碎、磨细后与硫酸铵混合焙烧。矿物中的镍、铜、铁、镁、铝等与硫酸铵反应生成可溶性硫酸盐，加水溶出后，进入溶液，矿物中的二氧化硅不与硫酸铵反应，也不溶于水。焙烧烟气除尘后得到固体硫酸铵，返回混料，循环利用，过量的氨回收用于沉镁。过滤后，二氧化硅与镍、铜、铁、镁、铝分离。向溶液中加双氧水，将二价铁离子氧化成三价铁离子，加氨调控 pH，三价铁离子生成氢氧化铁沉淀除去。再加氨调节 pH，铝生成氢氧化铝沉淀除去。采用 X984 萃取铜，用硫酸反萃，得到硫酸铜溶液，电积得到金属铜。向萃铜后的溶液中通入硫化钠，镍沉淀为硫化镍，用于提炼镍。向溶液中加氨，溶液中的镁生成氢氧化镁沉淀。剩下的硫酸铵溶液蒸发结晶后返回混料工序，循环利用。硅渣碱浸后得到硅酸钠溶液，用石灰乳苛化硅酸钠溶液制备硅酸钙产品和氢氧化钠溶液，氢氧化钠溶液蒸浓后返回碱浸，循环利用。

硫酸铵法的工艺流程如图 2 - 2 所示。

2.2.4 工序介绍

1）干燥磨细

矿山产出的硫、氧混合镍矿原矿为块状，含水较多，干燥使物料含水量小于 5%。将干燥后的矿石破碎、磨细至粒度小于 80 μm。

2）混料

将矿粉与硫酸铵按反应物所需量的摩尔数硫酸铵过量 10% 进行配料，混合均匀。

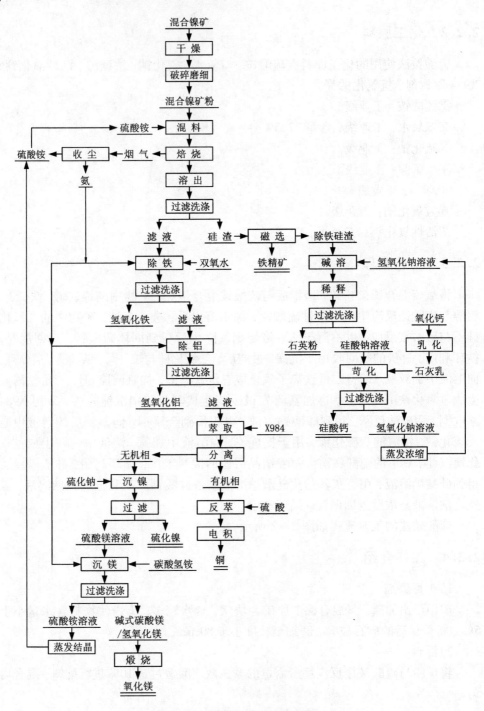

图 2-2 硫酸铵法的工艺流程图

3）焙烧

将混好的物料在 450～550℃下焙烧 2～4 h。发生的主要化学反应为：

$$2(Fe,\,Ni)_9S_8 + 32(NH_4)_2SO_4 + 37.5O_2 \Longrightarrow$$
$$18NH_4(Fe,\,Ni)(SO_4)_2 + 46NH_3\uparrow + 23H_2O\uparrow + 12SO_3\uparrow$$
$$2FeS_2 + 8(NH_4)_2SO_4 + 15O_2 \Longrightarrow 4NH_4Fe(SO_4)_2 + 12NH_3\uparrow + 6H_2O\uparrow + 8SO_3\uparrow$$
$$2Fe_{1-x}S_2 + 4(1-x)(NH_4)_2SO_4 + (11-3x)O_2 \Longrightarrow$$
$$2(1-x)NH_4Fe(SO_4)_2 + 4SO_3 + 6(1-x)NH_3 + 3(1-x)H_2O$$
$$2CuFeS_2 + 8(NH_4)_2SO_4 + 2.5O_2 \Longrightarrow$$
$$2(NH_4)_2Cu(SO_4)_2 + 2NH_4Fe(SO_4)_2 + 10NH_3\uparrow + 5H_2O\uparrow$$
$$NiS + (NH_4)_2SO_4 + 2O_2 \Longrightarrow (NH_4)_2Ni(SO_4)_2$$
$$NiO + 2(NH_4)_2SO_4 \Longrightarrow (NH_4)_2Ni(SO_4)_2 + H_2O\uparrow + 2NH_3\uparrow$$
$$MgO + 2(NH_4)_2SO_4 \Longrightarrow (NH_4)_2Mg(SO_4)_2 + H_2O\uparrow + 2NH_3\uparrow$$
$$2(Ni,\,Fe)_9S_8 + 2(NH_4)_2SO_4 + 33O_2 \Longrightarrow 18(Ni,\,Fe)SO_4 + 4NH_3\uparrow + 2H_2O\uparrow$$
$$2FeS_2 + 4(NH_4)_2SO_4 + 7.5O_2 \Longrightarrow 2NH_4Fe(SO_4)_2 + 6NH_3 + 3H_2O + 4SO_3$$
$$8Fe_{1-x}S + 16(1-x)(NH_4)_2SO_4 + (13-5x)O_2 \Longrightarrow$$
$$2(1-x)FeSO_4 + 4(1-x)Fe_2(SO_4)_3 + 10(1-x)H_2O\uparrow + 20(1-x)NH_3\uparrow + 8SO_2\uparrow$$
$$8CuFeS_2 + 18(NH_4)_2SO_4 + 25O_2 \Longrightarrow$$
$$8CuSO_4 + 2Fe_2(SO_4)_3 + 4FeSO_4 + 36NH_3\uparrow + 16SO_2\uparrow + 18H_2O\uparrow$$
$$NiS + (NH_4)_2SO_4 + 2O_2 \Longrightarrow Ni(SO_4)_2 + 2NH_3\uparrow + SO_3\uparrow + H_2O\uparrow$$
$$NiO + (NH_4)_2SO_4 \Longrightarrow NiSO_4 + H_2O\uparrow + 2NH_3\uparrow$$
$$MgO + (NH_4)_2SO_4 \Longrightarrow MgSO_4 + H_2O\uparrow + 2NH_3\uparrow$$
$$Al_2O_3 + 3(NH_4)_2SO_4 \Longrightarrow Al_2(SO_4)_3 + 6NH_3\uparrow + 3H_2O\uparrow$$
$$Al_2O_3 + 4(NH_4)_2SO_4 \Longrightarrow 2NH_4Al(SO_4)_2 + 6NH_3\uparrow + 3H_2O\uparrow$$
$$(NH_4)_2SO_4 \Longrightarrow SO_3\uparrow + H_2O\uparrow + 2NH_3\uparrow$$

焙烧产生的 SO_3、NH_3 和 H_2O 降温冷却得到硫酸铵固体，过量的氨回收用于除杂、沉镁，硫酸铵返回焙烧工序，循环利用。发生的化学反应为：

$$SO_3 + H_2O + 2NH_3 \Longrightarrow (NH_4)_2SO_4$$

4）溶出

焙烧熟料与水按液固比 3:1 混合，在 60～80℃下溶出 1 h，可溶性硫酸盐进入溶液。过滤得到硅渣和硫酸盐溶液，硅渣送碱浸工序制备硅酸钙产品。

5）除杂

控制溶液温度低于 40℃，根据二价铁离子的含量，向滤液中加入双氧水将二价铁离子氧化成三价铁离子。加氨调控溶液的 pH 在 3 以上，使溶液中的三价铁离子生成羟基氧化铁沉淀。过滤得到滤液和滤渣。滤渣为羟基氧化铁，用于炼铁。发生的主要化学反应为：

$$2H^+ + 2Fe^{2+} + H_2O_2 === 2Fe^{3+} + 2H_2O$$
$$Fe^{3+} + 2H_2O === FeOOH\downarrow + 3H^+$$

向除铁后的溶液中加氨,调节溶液的 pH 至 4.7,生成氢氧化铝沉淀,过滤得到滤液和滤渣,滤渣为氢氧化铝,用于制备氧化铝。发生的主要化学反应为:

$$Al^{3+} + 3OH^- === Al(OH)_3\downarrow$$

6) 萃取铜

采用 X984 萃取除杂后滤液中的铜,萃取液用硫酸反萃后得到硫酸铜溶液,电积制备金属铜。发生的主要化学反应为:

$$Cu^{2+} + 2e^- === Cu$$

7) 沉镍

向萃铜后的溶液中加入硫化钠,温度保持在 $60\sim70℃$,生成硫化镍沉淀,过滤后得到硫化镍产品。沉镍过程的化学反应为:

$$NiSO_4 + Na_2S === NiS\downarrow + Na_2SO_4$$

8) 沉镁

沉镍后的硫酸镁溶液沉镁,采用两种方法。

①向沉镍后的硫酸镁溶液中加氨,保持温度在 $40\sim60℃$,调节溶液 pH 至 11。反应结束后过滤分离,滤渣经洗涤、干燥后为氢氧化镁产品。发生的主要化学反应为:

$$MgSO_4 + 2NH_3\cdot H_2O === Mg(OH)_2\downarrow + (NH_4)_2SO_4$$

②向沉镍后的硫酸镁溶液中加入碳酸氢铵沉镁,温度保持在 $60\sim80℃$,生成碱式碳酸镁沉淀。过滤分离,滤渣经洗涤、干燥后为碱式碳酸镁产品。发生的主要化学反应为:

$$MgSO_4 + 2NH_4HCO_3 === Mg(HCO_3)_2 + (NH_4)_2SO_4$$
$$5Mg(HCO_3)_2 === 4MgCO_3\cdot Mg(OH)_2\cdot 4H_2O\downarrow + 6CO_2\uparrow$$
$$2NH_4HCO_3 + H_2SO_4 === (NH_4)_2SO_4 + 2H_2O + 2CO_2\uparrow$$

滤液经蒸发结晶得到硫酸铵晶体,返回混料工序,循环利用。

9) 煅烧

将氢氧化镁和碱式碳酸镁煅烧制备氧化镁,发生的主要化学反应为:

$$4MgCO_3\cdot Mg(OH)_2\cdot 4H_2O === 5MgO + 4CO_2\uparrow + 5H_2O\uparrow$$
$$Mg(OH)_2 === MgO + H_2O\uparrow$$

10) 碱浸

将硅渣加入到氢氧化钠溶液中,在常压下搅拌并升温,温度达到 120℃ 反应剧烈,浆料温度自行升到 130℃,反应强度减弱后向溶液中加入热水进行稀释,稀释后的浆液温度为 80℃,搅拌后进行固液分离。滤渣为石英粉,滤液为硅酸钠溶液。发生的主要化学反应为:

$$SiO_2 + 2NaOH =\!=\!= Na_2SiO_3 + H_2O$$

11）石灰乳化

将石灰和水按液固比 7∶1 进行混合乳化，得到石灰乳。发生的主要化学反应为：

$$CaO + H_2O =\!=\!= Ca(OH)_2$$

12）苛化

将硅酸钠溶液和石灰乳混合，控制温度90℃以上，反应时间2 h。固液分离得到硅酸钙和氢氧化钠溶液，氢氧化钠溶液蒸发浓缩后送碱浸工序。发生的主要化学反应为：

$$Na_2SiO_3 + Ca(OH)_2 =\!=\!= CaSiO_3\downarrow + 2NaOH$$

2.2.5　主要设备

硫酸铵法工艺的主要设备见表2－3。

表 2 - 3　硫酸铵法工艺的主要设备

工序名称	设备名称	备注
磨矿工序	回转干燥窑	干法
	煤气发生炉	干法
	颚式破碎机	干法
	粉磨机	干法
混料工序	犁刀双辊混料机	
焙烧工序	回转焙烧窑	
	除尘器	
	烟气净化回收系统	
溶出工序	溶出槽	耐酸、连续
	带式过滤机	连续
除杂工序	除铁槽	耐酸、加热
	高位槽	
	板框过滤机	非连续
	除铝槽	耐酸
	高位槽	
	板框过滤机	非连续

续表 2 – 3

工序名称	设备名称	备注
萃铜工序	萃取槽	耐蚀
	萃取液高位槽	
	反萃槽	耐蚀
	硫酸高位槽	连续
电积	高位槽	
	电积槽	
沉镍工序	高位槽	高温
	沉镍槽	
	气体收集系统	
	板框过滤机	非连续
沉镁工序	沉镁槽	耐碱、加热
	氨高位槽	加液
	供氨系统	
	计量给料机	加固
	平盘过滤机	连续
镁煅烧工序	干燥器	
	煅烧炉	
	除尘器	
储液区	酸式储液槽	
	碱式储液槽	
蒸发结晶工序	三效蒸发器	
	五效循环蒸发器	
	冷凝水塔	
碱浸工序	碱浸出槽	耐碱、加热
	稀释槽	耐碱、加热
	平盘过滤机	连续
氧化钙乳化工序	生石灰乳化机	
苛化工序	硅酸钠苛化槽	耐碱、加热
	平盘过滤机	连续

2.2.6 设备连接图

硫酸铵法工艺的设备连接见图 2 – 3。

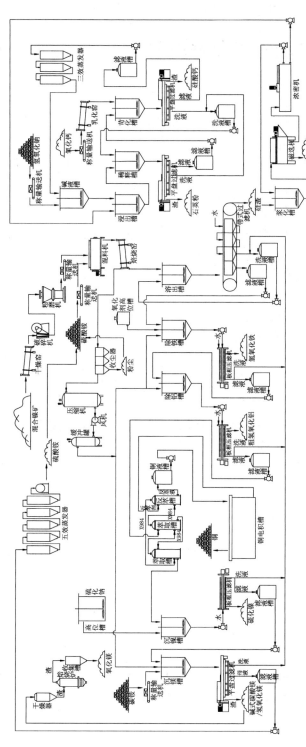

图2-3　硫酸铵法工艺设备连接图

2.3   硫酸法绿色化、高附加值综合利用氧硫混合镍矿

2.3.1   原料分析

同前。

2.3.2   化工原料

硫酸法工艺用的化工原料有浓硫酸、双氧水、硫化氢、氢氧化钠、碳酸氢铵、活性氧化钙、X984等。

①浓硫酸：工业级，含量98%。

②双氧水：工业级，含量27.5%。

③硫化钠：工业级。

④氢氧化钠：工业级。

⑤碳酸氢铵：工业级。

⑥活性氧化钙：工业级。

⑦X984：工业级。

2.3.3   工艺流程

将氧硫混合镍矿破碎、磨细后与硫酸混合焙烧。矿物中的镍、铜、铁、铝、镁等与硫酸反应生成可溶性盐溶解于水，二氧化硅不与硫酸反应，也不溶于水。焙烧烟气除尘后冷凝制酸，返回混料，循环利用。将焙烧物料加水溶出，过滤，二氧化硅被分离出去。向溶液中加氨调控溶液的pH，铁生成羟基氧化铁沉淀、铝生成氢氧化铝沉淀，除去。采用X984萃取铜，用硫酸反萃后电积，得到金属铜。向溶液中通入硫化氢，镍成为硫化镍沉淀，过滤后得到硫化镍，用于炼镍。向溶液中加氨，镁成为氢氧化镁沉淀，过滤分离得到氢氧化镁产品，剩下的硫酸铵溶液蒸发结晶得到硫酸铵产品。

硫酸法的工艺流程如图2-4所示。

2.3.4   工序介绍

1）磨矿

矿山产出的硫氧混合镍矿原矿为块状，含水较多，干燥使物料含水量小于5%。将干燥后的矿石破碎、磨细至粒度小于80μm。

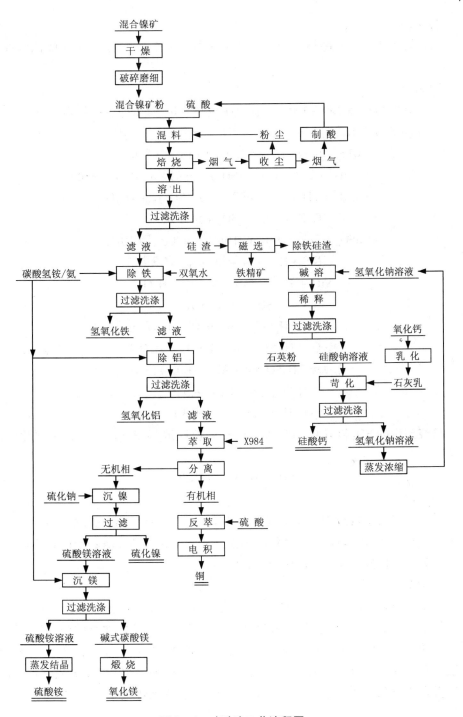

图 2-4　硫酸法工艺流程图

2）焙烧

将混合镍矿与浓硫酸按反应物料所需量的摩尔数硫酸过量 10% 的比例混合均匀。

3）焙烧

将混好的物料在 300～400℃ 的温度下焙烧 4 h。发生的主要化学反应为：

$$2Fe_7S_8 + 21H_2SO_4 + 34.5O_2 === 7Fe_2(SO_4)_3 + 21H_2O\uparrow + 16SO_3\uparrow$$

$$6Fe_{1-x}S + 8(1-x)H_2SO_4 + (13-4x)O_2 ===$$

$$2(1-x)FeSO_4 + 2(1-x)Fe_2(SO_4)_3 + 8(1-x)H_2O\uparrow + 6SO_3\uparrow$$

$$3FeS_2 + 4H_2SO_4 + 11O_2 === FeSO_4 + Fe_2(SO_4)_3 + 4H_2O\uparrow + 6SO_3\uparrow$$

$$4CuFeS_2 + 10H_2SO_4 + 16.5O_2 ===$$

$$4CuSO_4 + Fe_2(SO_4)_3 + 2FeSO_4 + 9SO_3\uparrow + 10H_2O\uparrow$$

$$NiS + H_2SO_4 === NiSO_4 + H_2S\uparrow$$

$$NiO + H_2SO_4 === NiSO_4 + H_2O\uparrow$$

$$CuS + H_2SO_4 === CuSO_4 + H_2S\uparrow$$

$$CuO + H_2SO_4 === CuSO_4 + H_2O\uparrow$$

$$MgO + H_2SO_4 === MgSO_4 + H_2O\uparrow$$

$$Al_2O_3 + 3H_2SO_4 === Al_2(SO_4)_3 + 3H_2O\uparrow$$

$$H_2SO_4 === SO_3\uparrow + H_2O\uparrow$$

$$H_2S + 2O_2 === H_2SO_4$$

焙烧产生的 SO_3 和 H_2O 用吸收得到硫酸返回混料工序。发生的主要化学反应为：

$$SO_3 + H_2O === H_2SO_4$$

4）溶出

焙烧熟料与水按液固比 3:1 混合，在 60～80℃ 搅拌溶出，铁、铝、铜、镍、镁的可溶性硫酸盐进入溶液，二氧化硅不溶于水，过滤得到硅渣和硫酸盐溶液。硅渣主要为二氧化硅，碱浸后苛化制备硅酸钙。

5）除杂

保持溶液温度低于 40℃，根据二价铁离子的含量，向滤液中加入适量双氧水将其氧化成三价铁离子。保持溶液温度高于 40℃，向溶液中加氨调控 pH 大于 3，溶液中的三价铁离子生成羟基氧化铁沉淀。过滤得到滤液和滤渣，滤渣为羟基氧化铁，用于炼铁。向滤液中加氨调节 pH 至 5.1，溶液中的铝生成氢氧化铝沉淀，过滤得到滤液和滤渣，滤渣为氢氧化铝，用于制备氧化铝。发生的主要化学反应为：

$$2Fe^{2+} + 2H^+ + H_2O_2 === 2Fe^{3+} + 2H_2O$$

$$Fe^{3+} + 2H_2O \Longrightarrow FeOOH \downarrow + 3H^+$$
$$Al^{3+} + 3H_2O \Longrightarrow Al(OH)_3 \downarrow + 3H^+$$

6）萃取铜

采用 X984 萃取除铁后滤液中的铜，萃后液送沉镍，萃取液用硫酸反萃得到硫酸铜，电积制备金属铜。发生的主要化学反应为：

$$Cu^{2+} + 2e^- \Longrightarrow Cu$$

7）沉镍

向萃沉铜后的溶液中加入硫化氢气体，温度保持在 60～90℃，生成硫化镍沉淀，过滤后得到硫化镍产品。发生的主要化学反应为：

$$NiSO_4 + Na_2S \Longrightarrow NiS \downarrow + Na_2SO_4$$

8）沉镁

沉镍后的硫酸镁溶液采用两种方法沉镁。

①向沉镍后的硫酸镁溶液中加氨，在 40～60℃搅拌，反应，调节溶液 pH 至 11，生成氢氧化镁沉淀，过滤，滤渣干燥为氢氧化镁产品。发生的主要化学反应为：

$$MgSO_4 + 2NH_3 + 2H_2O \Longrightarrow Mg(OH)_2 \downarrow + (NH_4)_2SO_4$$

②向沉镍后的硫酸镁溶液中加入碳酸氢铵，在 60～80℃反应，生成碱式碳酸镁沉淀。过滤分离，滤渣经洗涤、干燥为碱式碳酸镁产品。滤液经蒸发结晶得到硫酸铵晶体，可做化肥。

沉镁过程发生的主要化学反应为：

$$MgSO_4 + 2NH_4HCO_3 \Longrightarrow Mg(HCO_3)_2 + (NH_4)_2SO_4$$
$$5Mg(HCO_3)_2 \Longrightarrow 4MgCO_3 \cdot Mg(OH)_2 \cdot 4H_2O \downarrow + 6CO_2 \uparrow$$
$$2NH_3HCO_3 + H_2SO_4 \Longrightarrow (NH_4)_2SO_4 + H_2O + CO_2 \uparrow$$

9）煅烧

将氢氧化镁和碱式碳酸镁煅烧制备氧化镁，发生的主要化学反应为：

$$4MgCO_3 \cdot Mg(OH)_2 \cdot 4H_2O \Longrightarrow 5MgO + 4CO_2 \uparrow + 5H_2O \uparrow$$
$$Mg(OH)_2 \Longrightarrow MgO + H_2O \uparrow$$

10）碱浸

将硅渣加入到氢氧化钠溶液中，在常压下搅拌并升温，温度达到 120℃反应剧烈，浆料温度自行升到 130℃，反应强度减弱后向溶液中加入热水进行稀释，稀释后的浆液温度为 80℃，搅拌后进行固液分离。滤渣为石英粉，滤液为硅酸钠溶液。发生的主要化学反应为：

$$SiO_2 + 2NaOH \Longrightarrow Na_2SiO_3 + H_2O$$

11）石灰乳化

将石灰和水按液固比 7:1 进行混合乳化，得到石灰乳。发生的主要化学反应为：

$$CaO + H_2O \rule{1.5em}{0.4pt} Ca(OH)_2$$

12）苛化

将硅酸钠溶液和石灰乳混合，控制温度 90℃ 以上，反应时间 2 h。固液分离得到硅酸钙和氢氧化钠溶液。氢氧化钠溶液蒸发浓缩后送碱浸工序。发生的主要化学反应为：

$$Na_2SiO_2 + Ca(OH)_2 \rule{1.5em}{0.4pt} CaSiO_2 \downarrow + 2NaOH$$

2.3.5 主要设备

硫酸法处理氧硫混合矿的主要设备见表 2 - 4。

表 2 - 4 硫酸法工艺的主要设备

工序名称	设备名称	备注
磨矿工序	回转干燥窑	干法
	煤气发生炉	干法
	颚式破碎机	干法
	粉磨机	干法
混料工序	犁刀双辊混料机	
焙烧工序	回转焙烧窑	
	除尘器	
	冷凝制酸系统	
溶出工序	溶出槽	耐酸、连续
	带式过滤机	连续
除杂工序	除铁槽	耐酸、加热
	高位槽	
	板框过滤机	非连续
	除铝槽	耐酸
	高位槽	
	板框过滤机	非连续
萃铜工序	萃取槽	耐蚀
	萃取液高位槽	
	反萃槽	耐蚀
	硫酸高位槽	连续

续表 2 − 4

工序名称	设备名称	备注
电积	高位槽	
	电积槽	
沉镍工序	高位槽	高温
	沉镍槽	
	板框过滤机	非连续
沉镁工序	沉镁槽	耐碱、加热
	氨高位槽	加液
	供氨系统	
	计量给料机	加固
	平盘过滤机	连续
镁煅烧工序	干燥器	
	煅烧炉	
	除尘器	
储液区	酸式储液槽	
	碱式储液槽	
蒸发结晶工序	三效蒸发器	
	五效循环蒸发器	
	冷凝水塔	
碱浸工序	碱浸出槽	耐碱、加热
	稀释槽	耐碱、加热
	平盘过滤机	连续
氧化钙乳化工序	生石灰乳化机	
苛化工序	硅酸钠苛化槽	耐碱、加热
	平盘过滤机	连续

2.3.6　设备连接图

硫酸法工艺的设备连接如图 2 − 5 所示。

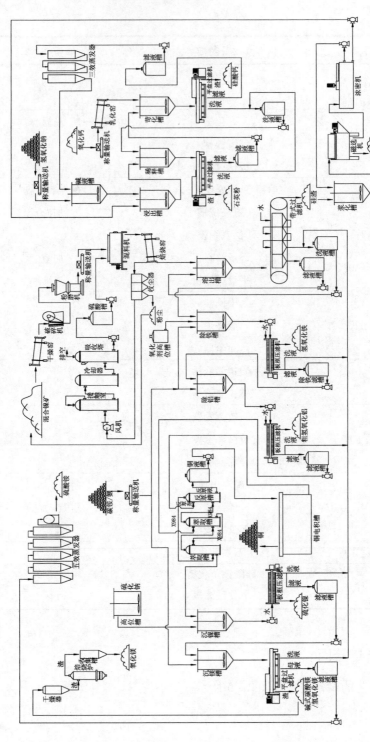

图2-5 硫酸法工艺的设备连接图

2.4　产品

硫酸铵法和硫酸法绿色化、高附加值综合利用氧硫混合镍矿得到的产品主要有硫化镍、氢氧化镁、碱式碳酸镁、氢氧化铁、氢氧化铝、硅酸钙、结晶硫酸铵及石英粉等。

2.4.1　硅酸钙

图 2 – 6 为硅酸钙产品的 SEM 照片。表 2 – 5 为硅酸钙产品的化学成分分析结果。碳酸钙产品可用作填料、保温材料等。

图 2 – 6　硅酸钙的 SEM 照片

表 2 – 5　硅酸钙产品的化学成分

成分	SiO_2	CaO	Fe_2O_3	Al_2O_3	Na_2O
含量/%	45.19	42.14	0.27	0.32	0.12

2.4.2　羟基氧化铁产品

图 2 – 7 为羟基氧化铁产品的 XRD 图谱和 SEM 照片，表 2 – 6 为其成分分析结果。羟基氧化铁可以用来炼铁，也可深加工成高附加值的铁红产品。

表 2 – 6　羟基氧化铁产品的化学成分

成分	Fe_2O_3	Al_2O_3	SiO_2	其他
100℃ 干燥/%	87.94	0.08	0.40	11.58

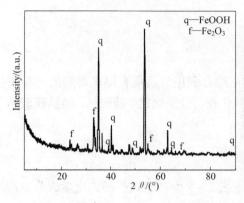

图 2 – 7 羟基氧化铁产品的 XRD 图谱 SEM 照片

2.4.3 硫化镍产品

表 2 – 7 为硫化镍产品的成分分析结果。

表 2 – 7 硫化镍产品化学成分

组分	Ni	MgO	Fe	Al$_2$O$_3$
含量/%	20 ~ 28	1.00 ~ 1.31	3.30 ~ 8.94	1.25 ~ 3.16

硫化钠沉镍后得到产品镍品位为 20% ~ 28%，可制备硫酸镍和炼金属镍。

2.4.4 氢氧化镁产品

图 2 – 8 为氢氧化镁产品的 XRD 图谱和 SEM 照片，其化学组成见表 2 – 8，与表 2 – 9 国家化工行业标准 HG/T 3607—2007 进行对比，可知产品符合 Ⅱ 类一等品标准的指标。氢氧化镁不燃烧、质轻而松，可作耐高温、绝热的防火保温材料。氧化镁用途广泛，主要应用于化工、环保、农业等领域。

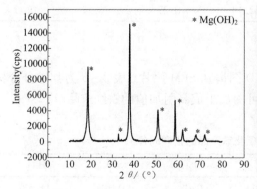

图 2 – 8 氢氧化镁的 XRD 图谱和 SEM 照片

表 2 - 8　氢氧化镁的化学分析成分

项目	指标
氢氧化镁[Mg(OH)₂]质量分数/%	96.5
氧化钙(CaO)质量分数/%	0.01
盐酸不溶物质量分数/%	0.1
水分质量分数/%	1.2
氯化物(以 Cl⁻ 计)质量分数/%	0.1
铁(Fe)质量分数/%	0.02
筛余物质量分数(75 μm 试验筛)/%	0.02
激光粒度(D50)/ μm	—
灼烧失量/%	—
白度	95

表 2 - 9　工业氢氧化镁的化工行业标准 HG/T 3607—2007

项目	I 类	II 类		III 类	
		一等品	合格品	一等品	合格品
氢氧化镁[Mg(OH)₂]质量分数/% ≥	97.5	94.0	93.0	93.0	92.0
氧化钙(CaO)质量分数/% ≤	0.1	0.05	0.1	0.5	1.0
盐酸不溶物质量分数/% ≤	0.1	0.2	0.5	2.0	2.5
水分质量分数/% ≤	0.5	2.0	2.5	2.0	2.5
氯化物(以 Cl⁻ 计)质量分数/% ≤	0.1	0.4	0.5	0.4	0.5
铁(Fe)质量分数/% ≤	0.005	0.02	0.05	0.2	0.3
筛余物质量分数(75 μm 试验筛)/% ≤	—	0.02	0.05	0.5	1.0
激光粒度(D50)/μm	0.5 ~ 1.5	—	—	—	—
灼烧失量/% ≥	30.0	—	—	—	—
白度 ≥	95	—	—	—	—

2.4.5 碱式碳酸镁产品

图 2 - 9 为碱式碳酸镁产品的 XRD 图谱和 SEM 照片,其成分分析结果见表 2 - 10。与表 2 - 11 国家化工行业标准 HG/T 2959—2010 进行对比,碱式碳酸镁产品符合工业水合碱式碳酸镁产品国家标准一等品的指标。碱式碳酸镁具有相对密度小、不燃烧、质轻而松的特点,可用作耐高温、绝热的防火保温材料。氧化镁用途广泛,主要应用于化工、环保、农业等领域。

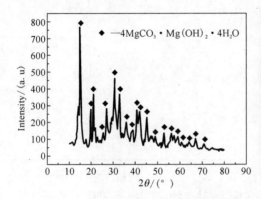

图 2 - 9 碱式碳酸镁产品的 XRD 图谱和 SEM 照片

表 2 - 10 碱式碳酸镁产品的化学成分

项目		指标
氧化镁(MgO)/%		40.87
氧化钙(CaO)/%		0.2
盐酸不溶物/%		0.08
水分(H_2O)/%		2.95
灼烧失重/%		56.1
氯化物(以 Cl^- 计)/%		0.1
铁(Fe)/%		0.04
锰(Mn)/%		0.002
硫酸盐(以 Cl^- 计)/%		0.12
细度	0.15 mm/% ≤	0
	0.075 mm/% ≤	—
堆积密度/(g·ml^{-1})		0.12

表 2 – 11　工业水合碱式碳酸镁产品化工行业标准 HG/T 2959—2010

项目	指标	
	优等品	一等品
氧化镁(MgO)/%	40.0 ~ 43.5	
氧化钙(CaO)/% ≤	0.2	0.7
盐酸不溶物/% ≤	0.1	0.15
水分(H₂O)/% ≤	2.0	3.0
灼烧失重/%	54 ~ 58	
氯化物(以 Cl⁻ 计)质量分数/% ≤	0.1	
铁(Fe)/% ≤	0.01	0.02
锰(Mn)/% ≤	0.004	0.004
硫酸盐(以 Cl⁻ 计)质量分数/% ≤	0.10	0.12
细度　0.15mm 质量分数/% ≤	0.025	0.03
0.075mm 质量分数/% ≤/%	1.0	—
堆积密度/(g·ml⁻¹) ≤	0.12	0.2

2.5　环境保护

2.5.1　主要污染源和主要污染物

(1)烟气

①硫酸铵焙烧烟气中主要污染物是粉尘、SO_3 和 NH_3，硫酸焙烧烟气中主要污染物是粉尘和 SO_3。

②燃气锅炉，主要污染物是粉尘和 CO_2。

③氧硫混合镍矿储存、破碎、磨细、筛分、输送等产生的粉尘。

(2)水

①生产过程中的水实现循环使用，无废水排放。

②生产排水为软水制备工艺排水，水质未被污染。

(3)固体

①氧硫混合镍矿中的硅制成白炭黑、硅酸钙、硅微粉。

②氧硫混合镍矿中的镍制成硫化镍产品。

③氧硫混合镍矿中的铁制成氧化铁产品。

④氧硫混合镍矿中的铝制成氧化铝产品。

⑤氧硫混合镍矿中的镁制成碱式碳酸镁或氢氧化镁产品。

⑥硫酸钠铵溶液蒸浓结晶得到硫酸铵产品。

生产过程无废渣排放。

2.5.2 污染治理措施

(1)焙烧烟气

焙烧烟气经旋风、重力、布袋除尘，粉尘返混料。硫酸焙烧烟气经过吸收塔二级吸收，SO_3和水的混合物经酸吸收塔制备硫酸。硫酸铵焙烧产生的 NH_3、SO_3 经冷却得到硫酸铵固体，过量 NH_3 回收用于沉镁。尾气经吸收塔净化后排放，满足《工业炉窑大气污染物排放标准》(GB 9078—1996)的要求。

(2)通风除尘

产生粉尘设备均带收尘装置。

扬尘：对全厂扬尘点，均实行设备密闭罩集气，机械排风，高效布袋除尘器集中除尘。系统除尘效率均在99.9%以上。

烟尘：窑炉等烟气除尘系统收集的烟尘全部返回系统再利用。

(3)废水治理

需要水源提供新水，生产用水循环，全厂水循环利用率为90%以上。

各工序产生的废水采用不同方法处理，以实现全厂废水"零"排放。蒸浓结晶工序冷凝水循环使用和二次利用。

(4)废渣治理

整个生产过程中，氧硫混合镍矿中的主要组分硅、镁、铁、铝、镍均制备成产品，无废渣产生。

(5)噪声治理

本工程的噪声主要由机械动力、流体动力产生。工程设计对高噪声设备采取消声、隔声、基础减振等措施进行处理。

(6)绿化

绿化在防治污染、保护和改善环境方面起到特殊作用，是环境保护的有机组成部分。绿色植物不仅能美化环境，还具有吸附粉尘、净化空气、减弱噪声、改善小气候等作用，因此本工程设计中对绿化予以了充分重视，通过提高绿化系数改善厂区及附近地区的环境条件。设计厂区绿化占地率不小于20%。

2.6 结语

本工艺针对硫化矿和氧化矿的特性，结合冶金的前沿技术，建立处理氧硫混合镍矿硫酸铵或硫酸焙烧处理的新工艺，矿物中的有价组元铜、铁、镍、硫、镁、硅都提取分离加工成为产品。工艺过程中化工原料成为产品或循环利用。无废渣、废水、废气的排放，实现了全流程的绿色化，符合发展循环经济，建设资源节约型和环境友好型社会的要求。

该工艺适合处理各种品位的硫化镍矿资源，具有良好的应用前景，为低品位氧硫混合镍矿资源的开发和综合利用提供有价值的工艺路线，并为其他低品位、难处理矿物资源的综合利用提供新的开发思路和途径。

参考文献

[1] 杨学善，郭远生，陈百友，等. 世界红土型镍矿的资源分布及勘查、开发利用现状[J]. 地球学报，2013，34(S1)：193 – 201.

[2] 李建华，程威，肖志，等. 红土矿处理工艺综述[J]. 湿法冶金，2004，(4)：191 – 194.

[3] 国土资源部信息中心. 世界矿产资源年评[M]. 北京：地质出版社，2006.

[4] 曹异生. 国内外镍工业现状及前景展望[J]. 世界有色金属，2005，(10)：67 – 71.

[5] 刘明宝，印万忠. 中国硫化镍矿和红土镍矿资源现状及利用技术研究[J]. 有色金属工程，2011，(3)：25 – 28.

[6] 李志茂，朱彤，吴家正. 镍资源的利用及镍铁产业的发展[J]. 中国有色冶金，2009，(1)：29 – 32.

[7] 江源，侯梦溪. 全球镍资源供需研究[J]. 有色矿冶，2008，24(2)：55 – 57.

[8] 王瑞廷，毛景文，柯洪，等. 我国西部地区镍矿资源分布规律、成矿特征及勘查方向[J]. 矿产与地质，2003，(17)：266 – 269.

[9] 彭亮，李俊，袁浩涛，等. 我国镍资源现状及可持续发展[J]. 矿业工程，2004，2(6)：1 – 2.

[10] 黄其兴，王立川，朱鼎元. 镍冶金学[M]. 北京：中国科学技术出版社，1990.

[11] 何焕华，蔡乔方. 中国镍钴冶金[M]. 北京：冶金工业出版社，2000.

[12] 有色冶金炉设计手册编委会. 有色冶金炉设计手册[M]. 北京：冶金工业出版社，2000.

[13] 重有色金属冶炼设计手册编委会. 重有色金属冶炼设计手册(铜镍卷)[M]. 北京：冶金工业出版社，1996.

[14] 赵天从. 重金属冶金学[M]. 北京：冶金工业出版社，1981.

[15] 邱竹贤. 有色金属冶金学[M]. 北京：冶金工业出版社，1988.

[16] 彭容秋. 重金属冶金学[M]. 长沙：中南工业大学出版社，1994.

[17] 彭容秋. 镍冶金[M]. 长沙：中南大学出版社，2005.

[18] 肖安雄. 当今最先进的镍冶炼技术——奥托昆普直接熔炼技术[J]. 中国有色冶金，2009(3)：1 – 7.

[19] 张振民，陆志方. 金川镍闪速炉的技术发展[J]. 有色金属(冶炼部分)，2003(1)：6 – 8.

[20] 袁永发，刘安宇. 金川合成闪速熔炼技术的生产实践[J]. 有色冶炼，2000(5)：15 – 17.

[21] 吴东升. 镍火法熔炼技术发展综述[J]. 湖南有色金属，2011，27(1)：17 – 19.

[22] 王成彦，邰伟，尹飞，等. 铅冶炼技术现状及我国第一台铅闪速熔炼炉试产情况[J]. 有

色金属(冶炼部分), 2010(1): 9 - 17.

[23] 俞集良. 奥斯麦特技术在镍、钴工业中的应用[J]. 有色冶炼, 2000(3): 31 - 36.

[24] 姚素能. 用澳斯麦特技术回收渣中的铜镍和钴[J]. 有色冶炼, 2003(3): 57 - 61.

[25] 周民, 万爱东, 李光. 镍精矿富氧顶吹熔池熔炼技术的研发与工业化应用[J]. 中国有色冶金, 2010(1): 9 - 14.

[26] 杨松青, 蒋汉瀛, 郭炳焜, 等. 镍硫化物湿法冶金基础研究[J]. 中南矿冶学院学报, 1989, 20(4): 458 - 464.

[27] 李忠国. 硫化镍矿的湿法冶金应用基础研究[D]. 沈阳: 东北大学, 2006.

[28] 李忠国, 翟秀静, 邱竹贤, 等. 硫化镍精矿常压浸出研究[J]. 有色矿冶, 2005, 21(5): 28 - 30.

[29] R. Bredenhann, C. P. J. Van Vuuren. The leaching behaviour of a nickel concentrate in an oxidative sulphuric acid solution [J]. Minerals Engineering, 1999, 12(6): 687 - 692.

[30] A. O. Filmer, P. E. L. Balestra. The non - oxidative dissolution of nickel concentrate inaqueous acidic solutions [J]. The Journal of The South African Institute of Mining and Metallurgy, 1981, (1): 26 - 32.

第 3 章　氧化锌矿绿色化、高附加值综合利用

3.1　综述

锌是重要的有色金属，其用量仅次于铝、铜，在国民经济和国防工业中占有重要地位。我国是世界上进行锌冶炼最早的国家，后来将锌冶炼方法传到了欧洲。到 15 世纪，欧洲有了一定的锌冶炼规模。目前，锌冶炼比较发达的国家有加拿大、日本、美国、俄罗斯、比利时、澳大利亚等。

我国的锌冶炼是在新中国成立后才发展起来的。新中国建立初期，国家对湖南水口山矿务局、沈阳冶炼厂和葫芦岛锌厂进行技术改造，锌冶炼逐步发展。此后又相继建立了株洲冶炼厂、西北冶炼厂、韶关冶炼厂等一批炼锌厂。目前，中国已成为世界第一产锌和耗锌大国。

3.1.1　资源概况

按原矿中所含的矿物种类，锌矿可分为硫化矿和氧化矿两类。在硫化矿中，锌的主要矿物是闪锌矿（ZnS）和高铁闪锌矿（nZnS·mFeS），它们经选矿后得到硫化锌精矿。冶炼锌的矿物原料 95% 以上是闪锌矿，含锌品位在 40%~60%。而氧化矿以菱锌矿（$ZnCO_3$）和异极锌矿 [$Zn_4Si_2O_7(OH)_2$·$2H_2O$] 为主，其他还有少量的红锌矿等。

锌主要以硫化物形态存在于自然界，氧化物形态其次。在自然界中，锌的氧化矿是硫化锌矿长期风化的产物，故氧化锌矿常与硫化锌矿伴生。但是也有大型独立的氧化锌矿，如泰国的 Padaeng 矿、巴西的 Vazante 矿、澳大利亚的 Beltan 矿、伊朗的 Angouan 矿等。氧化锌矿在自然界的形成过程大致如下：

硫化锌（闪锌矿）→硫酸锌→碳酸锌（菱锌矿）→硅酸锌（硅锌矿）→水化硅酸锌（异极矿）。

在世界范围内，锌资源丰富。除南极洲外，全球大陆已知锌资源在其他六大洲 50 余个国家都有分布。据美国地调局统计，2004 年世界已查明的锌资源有22 亿 t，锌储量 22000 万 t，锌基础储量为 46000 万 t。世界铅锌储量多的国家有中

国、澳大利亚、美国、加拿大、墨西哥、秘鲁、哈萨克斯坦、南非、摩洛哥和瑞典等，共占世界储量的81.9%，基础储量占世界基础储量的70%以上。表3-1给出了世界主要锌矿储量分布。

表3-1 世界锌储量分布

国家或地区	储量/万t	占世界储量/%	储量基础/万t	占世界储量基础/%
澳大利亚	4200	23.08	10000	20.75
中国	3300	18.13	9200	19.09
秘鲁	1800	9.89	2300	4.77
美国	1400	7.69	9000	18.67
哈萨克斯坦	1400	7.69	3500	7.26
加拿大	500	2.75	3000	6.26
墨西哥	700	3.85	2500	5.19
其他	4900	26.92	8700	18.05
世界总计	18200	100	48200	100

由表3-1可知，我国的锌资源丰富，储量居世界第二位，资源分布广泛，遍及全国各省、市、自治区。目前全国已探明的锌矿床778处。我国锌资源的总体特征是富矿少、低品位矿多、大型矿少、中小型矿多、开采难度较大。

我国的锌矿资源有较好的开发。由于炼锌成本低于世界平均水平，所以有盈利的空间。因此，国内各大冶炼厂都在提高锌生产能力，扩大规模。2002年到2003年全国净增加产能15.8万t，2005年国内新增冶炼产能比较多，大约有38万t。2007年我国锌产量为374万t，2008年为390万t。我国近年来的锌产量见表3-2。

表3-2 我国的锌产量

年份	2002	2003	2004	2005	2006	2007	2008
锌产量/万t	216	230	272	274	295	374	390

数十年生产能力的提升，使国内锌资源的消耗巨大，而锌矿已开采多年，产量难以提高。目前，我国锌矿山储量的开发强度为0.6%~0.8%，远达不到我国锌冶炼的发展速度。在自然界中，锌常和铅伴生，形成铅锌共生矿，即使锌矿也含有一些铅。国内大的铅锌矿山如凡口铅锌矿、黄沙坪铅锌矿、水口山铅锌矿等，产量难以维持，品位也有所降低。据统计，我国的铅锌储量中已开发的占54.54%，而未开发利用的矿床中，大量是在条件不好的偏远地区。2005年国内

铅锌矿山投资虽然有较大幅度增长，但投资总额和增长幅度仍远比不上冶炼业。造成精矿供应继续紧张，精矿价格持续上涨。2008 年全年我国生产锌精矿 318 万 t 左右，比 2007 年下降了 1.9% 左右。我国铅锌行业所面临的无矿可采与原料供应短缺的矛盾已日益突出。中国锌金属可采量的需求比例见表 3-3。

表 3-3　中国锌金属可采量需求预测

年份	金属需求量/万 t	采储比	可采储量/万 t
1996—2000	408	1:2	813
2000—2010	1058	1:2	2116
2010—2020	1411	1:2	2822
合计	2877		5754~8800

随着锌产量的不断增大，硫化矿物在不断减少，产品需求增加与原料供应紧张的矛盾越来越突出。在保证不影响需求和质量的情况下尽可能地寻找和开采利用硫化矿物的替代品已势在必行。而在自然界中锌往往以硫化矿物和氧化矿物形态存在，因此氧化矿物必然成为炼锌的另一原料来源。

氧化锌矿是锌的次生矿，是一类重要的含锌矿物。主要以菱锌矿($ZnCO_3$)、异极矿[$Zn_4(Si_2O_7)(OH)_2 \cdot H_2O$]、硅锌矿($ZnSiO_4$)等形态存在，含有大量的金属杂质，如铅、铁、镉、铜等，其中的脉石矿物主要为方解石、白云石、石英、黏土、氧化铁和氢氧化铁。氧化锌矿矿相复杂，不易选别。

我国的氧化锌矿资源储量十分丰富，分布集中，主要分布在西南和西北地区，如云南氧化锌矿物储量占全国氧化锌矿资源的 1/4。其他省份，如甘肃、四川、广西、辽宁，也都拥有较多的氧化锌矿资源。其中，云南兰坪氧化铅锌矿是我国最大的铅锌矿床。在目前已发现的世界大型铅锌矿床中，兰坪铅锌矿名列第四位。

云南锌矿资源储量共 2028.93 万 t，居全国第一。我国在 1999 年底探明资源总量 9212 万 t，资源量 6047 万 t，基础储量 3165 万 t。2002 年探明锌储量 3300 万 t，基础储量 9200 万 t，到 2003 年探明锌储量 3600 万 t，基础储量仍然为 9200 万 t，储量增加度不大。

3.1.2　工业现状

锌是重要的有色金属，在国民经济和国防工业中占有重要地位。我国是锌工业生产和消费大国，但是随着高品位锌矿资源的日渐枯竭，锌已成为我国静态保障年限最低的有色金属。氧化锌矿是重要的锌矿资源，成分复杂，其中主要的含锌矿相为硅酸锌(Zn_2SiO_4)、异极矿[$Zn_4(Si_2O_7)(OH)_2 \cdot H_2O$]、水锌矿

$[3Zn(OH)_2 \cdot 2ZnCO_3]$ 和菱锌矿（$ZnCO_3$）等。氧化锌矿中含有大量的铁、镁、钙等金属的氧化物、硅酸盐等。

我国氧化锌矿资源的特点是富矿少、低品位矿多，大型矿少、中小型矿多，而且多伴生矿，矿石类型复杂，选矿困难。加上近年来锌冶炼产能的扩张，导致国内锌资源严重不足，进口量逐年增加。

含锌大于30%的氧化锌矿石经选矿进一步富集后可以采用现行的火法或湿法工艺处理，而储量最大的含锌在20%以下的中低品位氧化锌矿尚未得到合理开发利用，这主要是因为中低品位氧化锌矿物相复杂、相互掺杂伴生，嵌布粒度细、易泥化，选矿难度大、成本高。如果直接进入冶炼工序，利用难度大，回收率低。

如何有效利用中低品位氧化锌矿是世界性难题。多年来，各国在中低品位氧化锌矿的利用方面开展了很多研究，其方法主要分为火法和湿法两类。

火法冶炼中低品位氧化锌矿物是在 $1000 \sim 1200℃$ 的高温条件下，用碳（主要是煤、焦炭等）还原，使其中的氧化锌被还原成金属锌蒸气挥发出来，再经冷凝得到粗锌。粗锌经浓硫酸浸出、除杂、电解得到电锌。火法冶炼工艺主要有韦氏炉法、回转窑法、电炉法、金属浴熔融还原法等。高温还原设备主要有竖炉、回转炉、电炉、熔态还原炉等。现行的火法炼锌工艺普遍存在工序多、工艺流程长、设备庞大、能耗高、回收率低、环境不友好等问题。

在能源日益紧张和环境保护要求日益严格的形势下，火法炼锌工艺逐渐被湿法炼锌工艺取代。湿法工艺处理中低品位氧化锌矿可分为酸法和碱法两种，碱法又可分为氨法和氢氧化钠法。

酸法工艺处理氧化锌矿是研究较多、生产中应用也最为广泛的方法。酸浸工艺主要有常压酸浸和加压酸浸，即采用硫酸浸出氧化锌矿石，再经净化除杂得到洁净的硫酸锌溶液，然后采用电积得到金属锌。酸法工艺存在的不足主要是：硫酸消耗量大；在浸出过程中二氧化硅易形成硅胶，造成矿浆过滤困难；铁、镁、铝都形成硫酸盐进入浸出液，为除去浸出液中的铁、镁、铝等杂质导致消耗增加；浆料对设备腐蚀严重，对设备要求高。而采用硝酸、盐酸产生的问题更多。

氧化锌是两性氧化物，既溶于酸，又与碱反应，锌离子还可与氨形成络合物。近年来，对于氧化锌矿及其他含锌物料的处理，氨浸法受到重视。

氨法工艺利用锌离子与氨形成锌氨络离子的特性，采用铵盐和添加氨 $[(NH_4)_2CO_3 、(NH_4)_2SO_4 、NH_4Cl 、NH_3 \cdot H_2O]$ 浸出氧化锌矿石，主要包括碳酸铵法、硫酸铵法、氯化铵法等。碳酸铵法以氨和碳酸铵为浸出剂，经浸出、锌粉净化、蒸氨后得到碱式碳酸锌，再经烘干、煅烧制备活性 ZnO 粉；硫酸铵法以氨和硫酸铵为浸出剂，经浸出、净化、沉锌制备碱式碳酸锌，再经烘干、煅烧制得活性 ZnO 粉，也可以电积制备电锌。氯化铵法以氨和氯化铵为浸出剂，经浸出、净化后电积制备电锌。氨法工艺存在的不足主要是铵盐易析出结疤，碳酸锌制备氧化锌能耗高，而经电沉积制备金属锌则由于溶液中含有大量的氨，造成电积时氨挥发损失，电耗高、生产环境恶劣。

氢氧化钠法浸出氧化锌矿成本低，氢氧化钠可循环利用，避免了因形成硅胶所造成的物料固液分离困难。但是，在浸出锌的同时，铅和硅也被浸出，如何有效分离锌、铅、硅尚未解决。

微生物浸出法尚处于实验室研究阶段，距离工业化还有很长的路要走。

火法和湿法炼锌一般都仅着眼于提取金属锌，有的也回收了铅，而其他的有价组元没得到利用，成为废弃物排放。每生产 1t 金属锌，产生数十吨的废弃物。提锌渣中富含铅、锶、硅等资源。堆放提锌废渣，既占用了土地，污染了环境，又浪费了资源。因而，充分合理地利用中低品位氧化锌矿，研究氧化锌矿中有价组元的综合利用，构建绿色化、高附加值综合利用中低品位氧化锌矿的新体系，对我国锌工业的可持续发展、对国民经济的发展和国防安全都具有重要意义。

3.1.3　工艺技术

锌的冶炼方法按其工艺流程特点主要分为火法和湿法两种。根据原料中矿物种类存在方式（硫化矿和氧化矿）的不同，冶炼方法也有所区别。

（1）火法炼锌

火法炼锌的方法有平罐、竖罐、电热法和密闭鼓风炉法等。其共同的原理为用还原剂将锌从其氧化物中还原成金属锌，利用锌沸点较低（906℃）的特点，将锌挥发进入冷凝系统中冷凝成金属锌，从而与脉石和其他杂质分开，其工艺流程如图3－1所示。硫化锌精矿通常经过焙烧和烧结氧化为氧化物，然后进行还原、冷凝得到粗锌，粗锌经精馏得精锌。火法炼锌因还原设备的不同分为如下几种方法。

1）土法炼锌

这是一种古老原始的炼锌工艺，主要有马槽炉、爬坡炉、马鞍炉等。这些方法的主要优点是工艺设备简单、投资少、上马快、操作容易，适宜于交通不便和边远地区分散的小矿源，便于单家独户和个体经营。但存在很多不足，如金属回收率低、煤耗高，且劳动条件差、环境污染严重，直接危害人体健康，属淘汰工艺。

2）平罐炼锌

平罐炼锌是一种简单而又古老的炼锌方法，始于 1800 年。在 1916 年电解法发明以前，平罐炼锌是一种主要的炼锌方法。该法是将锌焙砂配入过量还原煤充分混合后，装入蒸馏炉的平罐中，罐外燃烧煤或煤气，间接供热使温度升至1000℃左右，使料中氧化锌还原成锌蒸汽，锌蒸汽在冷凝器内冷凝为液体锌，待氧化锌差不多全部被还原后，从罐内卸出蒸馏残渣。该法具有投资少、设备简单、容易建设等优点，但是此法由于需间歇作业、劳动强度大、操作条件差、锌的回

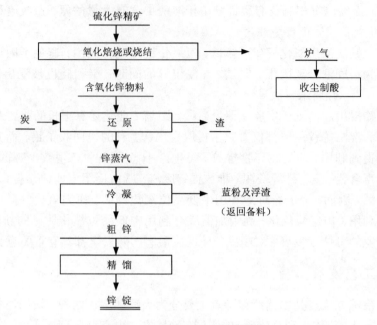

图 3 - 1 火法炼锌工艺流程图

收率低、燃料消耗大、耐火材料消耗多、劳动生产率低等缺点，目前基本上已被淘汰。

3）竖罐炼锌

1929 年 New Jersey 锌公司发明了连续竖罐蒸馏法炼锌。它主要包括制团、蒸锌和冷凝三个部分。竖罐炼锌所用原料要先进行焙烧，焙烧矿应与还原剂煤充分混合。由于大面积的竖罐不适于松散的料，因此混合后的料不能直接装入竖罐内而要先制团。团矿装入炉内进行蒸馏，蒸馏所得蒸馏罐气仍是锌蒸汽和一氧化碳，将锌蒸汽先导入冷凝器，冷凝得液锌，再进入洗涤器，得到蓝粉。蒸馏完后的团矿仍保持团矿形状，自罐下部排出，成为蒸馏残渣。该法与平罐炼锌法相比前进了一大步，其优点是：过程连续程度化，生产率高，机械化程度高；锌回收率高；燃料消耗较少。其缺点是：用碳化硅材料做的竖罐和还原剂焦炭是消耗品，价格贵，炉料制备复杂，费用高，粗锌需要精炼；由于外部加热，限制了设备容量的扩大，因而目前正在被淘汰。

4）烟化富集

烟化富集法是目前生产中处理氧化锌铅矿较多的一类，主要有回转窑烟化、烟化炉烟化、鼓风炉熔炼烟化、还原沸腾焙烧烟化、电炉熔炼烟化和漩涡熔炼烟化等。这些烟化富集方法基本上都是高温还原挥发过程，在高温条件下，锌、铅及其他能够挥发的金属都以一定的形态由炉料中挥发出来，并富集在烟尘中，不易挥发的金属，通过造渣以锍的形态集中回收，同时炉料内的脉石则形成弃渣。

该法不仅适于处理低品位物料提取锌，有价金属也可得到综合回收。但是不能直接得到金属锌，而只能得到品位较高的氧化锌粉。

5）直接还原生产氧化锌

针对以菱锌矿（$ZnCO_3$）形态存在的氧化锌矿，采用回转窑或还原蒸馏炉直接进行还原蒸馏，生产化工原料氧化锌。当焙砂中铅含量小于0.05%、镉含量小于0.02%时，可产出一级氧化锌，锌的回收率约90%。当氧化锌矿品位低且含铅、镉等杂质多时，根据这些杂质的含量，可生产等级氧化锌或次级氧化锌，锌的回收率为75%~85%。

6）电热法炼锌

电热法炼锌的特点是利用电能直接加热炉料连续蒸馏出锌。该法是将经过严格分级的焙烧矿和与之同体积的颗粒焦炭装入炉内，利用装入炉内的物料电阻加热，达到氧化锌的还原温度，还原后的固态残渣和剩余焦炭一起经由炉底的回转排矿机排出，还原所得的含锌蒸汽从炉上部进入装满熔融锌的"U"形冷凝器，在通过液态锌的过程中冷凝。将冷凝的锌从冷凝熔池中抽出。每生产1 t粗锌电能消耗约3000 kWh，与电解法炼锌电耗相接近。与平罐炼锌和竖罐炼锌相比，该法对原料成分要求宽，适于处理含铜、铁高的原料，金属回收率高，但消耗焦炭、电极材料和耐火材料，生产能力不能满足大规模炼锌的生产要求。

7）鼓风炉炼锌

鼓风炉炼锌是英国帝国熔炼公司（Imperial Smelting Corp）开发的技术，将铅雨凝器应用于鼓风炉炼锌，获得成功，故称ISP法。目前世界上有12个公司采用这种方法，年产粗锌1100万t，占世界总产量的14%左右。我国韶关冶炼厂现有两台密闭鼓风炉，年产锌13万t，占全国产量的14%，该厂所采用的ISP冶炼法具有同时冶炼铅锌的特点，炉体基本上与铅鼓风炉相同，但炉顶部利用双层料钟密封装置加料，以保持高温和防止炉气逸出。烧结块趁热加入，同时加入的焦炭也必须预热到530℃。炉顶还设有若干炉顶风口，以便鼓入热风使炉气中的CO部分燃烧，确保离开炉顶时的炉气温度不低于1000℃。离开炉顶进入冷凝器时的炉气成分为Zn 6%、CO_2 10%、CO 20%，其余为N_2。炉气进入铅雨冷凝器，锌冷凝形成Pb-Zn合金，以防被CO_2氧化成ZnO。该法优点：生产能力大、燃料消耗少、建设投资费用少、生产维修及操作技术均较竖罐简单，对冶炼精矿的要求不如蒸馏法、电解法等严格；有价金属综合回收率高，锌回收率高达90%以上等。但该法在烧结时有二氧化硫和铅蒸汽及粉尘产生，对环境造成污染，且鼓风炉在熔炼时消耗冶金焦炭和有清理炉结的麻烦，但它仍是当代锌冶金的重要方法之一。

（2）湿法炼锌

湿法炼锌是1915年在美国蒙大拿州的Anacond锌厂首先工业化应用。此后，湿法炼锌的产量稳步上升。相比火法工艺，湿法炼锌工艺节能，对环境污染小。

主要的湿法工艺有：酸法工艺、碱法工艺等。

1) 酸法工艺

酸法处理氧化锌矿是目前研究较多，生产中也是应用最为广泛的方法，主要包括提取、净化、电积锌或转化制取其他锌产品等工序。如我国的京南和黄木冶炼厂直接酸浸处理锌品位大于30%的氧化锌矿，经过提取、中和、净化、电积得到电锌，锌的总回收率为86%左右。株州冶炼厂则把氧化锌矿与焙砂混合处理，锌金属品位可低至20%左右，提取液经过净化生产电锌，锌提取率达90%以上。

但是氧化锌矿一般都含有较高的硅酸盐和一部分可溶于稀硫酸的硅酸锌矿和异极矿。采用常规的湿法工艺，容易生成硅胶，影响矿浆的固液分离。为此国内外开发出了一些很好的工艺流程。主要有：①由我国昆明冶金研究院和澳大利亚电解锌公司分别发明的连续提取中和絮凝法（简称 EZ 法）。②比利时老山公司提出的结晶除硅法。③巴西的三分之一法。

我国昆明冶金研究院研制的中和凝聚法和澳大利亚电锌公司创造的顺流连续浸出法工艺相近，均是在氧化矿酸浸后再进一步进行中和凝聚的。

中和凝聚工艺由浸出阶段和硅酸凝聚阶段组成。矿浆在常温下反应 $2 \sim 3$ h，终点 pH 达到 $1.8 \sim 2.0$ 时，浸出过程就可以结束。之后，加热矿浆以适应中和剂的反应性能，并迅速将矿浆中和至 pH 为 $4 \sim 5$。保持搅拌，控制凝聚时间为2 h左右，期间加入 Fe^{3+} 或 Al^{3+} 聚沉剂，以改善矿浆的过滤性能。凝聚结束后，硅酸以蛋白石（$SiO_2 \cdot nH_2O$）、硅灰石（$Ca_3SiO_2O_7$）和 β - 石英等易于沉降和过滤的形式存在。其工艺流程如图 3 - 2 所示。

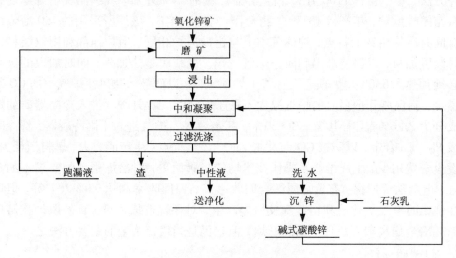

图 3 - 2　中和凝聚工艺流程图

　　结晶除硅法是比利时老山公司发明的专利，其特点是：将浸出槽串联起来，浸出温度控制在 70～90℃，在不断搅拌的情况下，向中性的矿浆中缓慢地加入硫酸溶液，以逐步提高矿浆酸度，至 pH 为 1.5 左右，达到浸出终点。这个过程需要 8～10 h，之后，保持温度，继续搅拌 2～4 h。浸出结束时，SiO_2 以结晶形态悬浮在易于沉降和过滤的矿浆中。其工艺流程如图 3-3 所示。

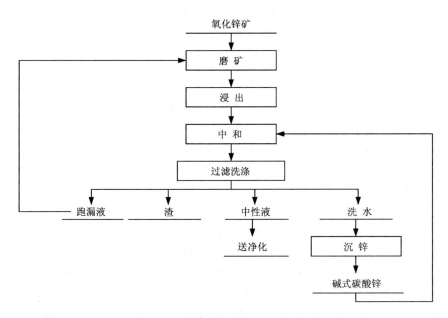

图3-3　结晶除硅法工艺流程图

　　巴西三分之一法是在浸出过程中胶质 SiO_2 浓度低时，用已沉淀的 SiO_2 做晶种，在凝聚剂硫酸铝的协助下，促使较低浓度的 SiO_2 胶质沉淀下来。工艺流程如图 3-4 所示。该工艺采用间断操作，程序比较复杂，设备比较庞大，但浸出过程中，SiO_2 的凝聚是缓慢进行的，所以容易获得稳定的浸出结果。

　　这几种方法的共同之处是都采用稀硫酸溶液（或废电解液）直接提取高硅氧化锌矿，使锌和硅分别以 $ZnSO_4$ 和 H_4SiO_4 形态进入溶液。所不同的是在解决矿浆的过滤问题上方法各异：EZ 法和结晶法都是使 SiO_2 和 Zn 一道进入提取液后，通过控制不同条件，防止硅胶的生成，EZ 法使 SiO_2 中和絮凝沉淀，而结晶法使 SiO_2 形成结晶状沉淀。三分之一法提取时由于有预先沉淀的硅做晶种，能促使 SiO_2 沉淀析出。结晶法与三分之一法提取结晶时间长达 8～10 h，使用原矿作中和剂，提取中和渣含锌较高，锌提取率较低。EZ 法提取絮凝时间较短，使用石灰作中和剂，提取中和渣含锌较低，但提取过程酸耗增加。

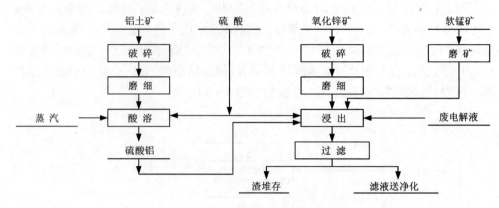

图 3 - 4 巴西三分之一法工艺流程图

直接酸浸处理氧化锌矿与烟化挥发流程相比，金属回收率有较大程度的提高，而且工艺简化，建设投资降低。但该法适合处理锌品位较高和钙镁含量较低的氧化锌矿，否则存在溶剂耗量大、渣率大、金属回收率低等问题。

2) 碱法工艺

碱法工艺相比酸法工艺，可以避免硅胶的生成，不会影响到后面的液固分离过程。按使用提取剂的不同，又分为氨法和 NaOH 法。

近年来，对于氧化锌矿及其他含锌物料的处理，氨浸法越来越受到人们的重视。波兰、罗马尼亚、俄罗斯、日本和美国等都有这方面的专利和报道，国内也有很多这方面的报道和研究，并先后开发了氨水法、碳铵法、氯化铵法和硫酸铵法等工艺。

氨水法：用氨水浸出含锌物料，生产锌的氨配合物进入溶液，再经调 pH 使锌沉淀制备碱式碳酸锌。

碳酸铵法：以氨和碳酸铵为浸出剂浸出氧化锌矿，经浸出、锌粉净化、蒸氨后制备碱式碳酸锌，再烘干、煅烧制备氧化锌。

氯化铵法：以氯化铵 - 氨配合浸出氧化锌矿，经浸出、净化、电积可得电锌。

硫酸铵法：用氨和硫酸铵浸出氧化锌矿，经浸出、净化、沉锌后制备碱式碳酸锌。再经烘干、煅烧可得活性氧化锌，净化液也可电积得锌粉。

总的来说，氨法具有除杂过程简单、流程短、溶剂可循环利用、原料适应性强等优点。但该法生产的氧化锌比间接法生产的氧化锌质量差。经碳酸锌制备氧化锌能耗高，而经电积制备金属锌则由于溶液中存在大量氨造成电积时氨挥发损失严重，电耗高、环境差。

氢氧化钠法工艺：以 NaOH 为浸出剂处理氧化锌矿，矿石中的锌、铅和硅分别生产锌酸钠、铅酸钠和硅酸钠进入溶液，但如何实现锌、硅、铅的净化分离尚待解决。

3) 微生物提取

微生物法处理氧化锌矿还处于实验室研究阶段，需要驯化出合适的细菌，提高提取率，缩短反应时间。离实现工业化应用还有很长的路要走。

3.2　硫酸法绿色化、高附加值综合利用氧化锌矿

3.2.1　原料分析

氧化锌矿的化学成分分析见表 3 - 4。氧化锌矿的 XRD 图谱和 SEM 照片见图 3 - 5。

表 3 - 4　氧化锌矿主要成分分析

元素	锌	铁	二氧化硅	碳	硫
含量/%	7.10~30.35	10.14~24.14	20.84~36.36	3.98~7.17	2.13~4.32

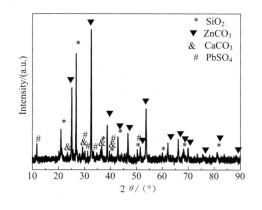

图 3 - 5　氧化锌矿 XRD 分析图谱和 SEM 照片

由表可见，氧化锌矿主要成分为锌、铁、硅等，还含有硫、铝、钙、钡等元素，杂质种类较多，成分复杂。氧化锌矿的主要物相为 SiO_2、$ZnCO_3$、$CaCO_3$、$PbSO_4$ 等，物相复杂，体现在 XRD 图谱中为许多波动小峰。氧化锌矿颗粒外形多样，粒度不均匀、不规则。

3.2.2 化工原料

硫酸法处理氧化锌矿的化工原料主要有浓硫酸、双氧水、碳酸氢铵、碳酸铵、活性氧化钙、氢氧化钠等。

①浓硫酸：工业级，含量98%。

②双氧水：工业级，含量27.5%。

③碳酸氢铵：工业级。

④碳酸铵：工业级。

⑤活性氧化钙：工业级。

⑥氢氧化钠：工业级。

3.2.3 工艺流程

将硫酸和破碎、磨细的氧化锌矿混合焙烧，矿物中的锌、铁、铝和硫酸反应生成可溶性硫酸盐，铅、锶和硫酸反应生成不溶于水的硫酸盐，二氧化硅不反应，也不溶于水。产生的烟气除尘后制酸，返回混料。焙烧熟料加水溶出，锌和铁、铝进入溶液，过滤与硅、铅、锶分离。溶出液除杂得到羟基氧化铁和粗氢氧化铝。净化后的溶液电积制备电锌，也可采用铵盐或氨沉锌得到碱式碳酸锌或氢氧化锌，煅烧得到氧化锌；溶液蒸发结晶制备硫酸铵产品。滤渣含有二氧化硅、硫酸铅和硫酸锶，经氨浸、酸浸后分步制得 $SrCO_3$、$PbCl_2$ 产品。硅渣碱浸后得到硅酸钠溶液，碳分制备白炭黑和碳酸钠溶液，苛化碳酸钠溶液制备碳酸钙沉淀和氢氧化钠溶液；也可以苛化硅酸钠溶液制硅酸钙产品和氢氧化钠溶液，氢氧化钠溶液蒸浓后返回碱浸，循环利用。整个工艺实现了氧化锌中有价组元锌、铁、硅、铝、铅、锶的综合提取利用，化工原料氢氧化钠循环利用。

图 3-6 为硫酸法工艺流程图。

3.2.4 工序介绍

1)磨矿

将氧化锌矿干燥至含水量小于5%，破碎、磨细至粒度小于80 μm 的矿粉。

2)混料

将磨细的氧化锌矿和硫酸按比例1∶1.05(反应物质完全反应的化学计量计为1)配料，混合均匀。

3)焙烧

将混好的物料在500~550℃焙烧。发生的化学反应为：

$$H_2SO_4 + ZnO =\!\!=\!\!= ZnSO_4 + H_2O \uparrow$$

$$H_2SO_4 + ZnCO_3 =\!\!=\!\!= ZnSO_4 + H_2O \uparrow + CO_2 \uparrow$$

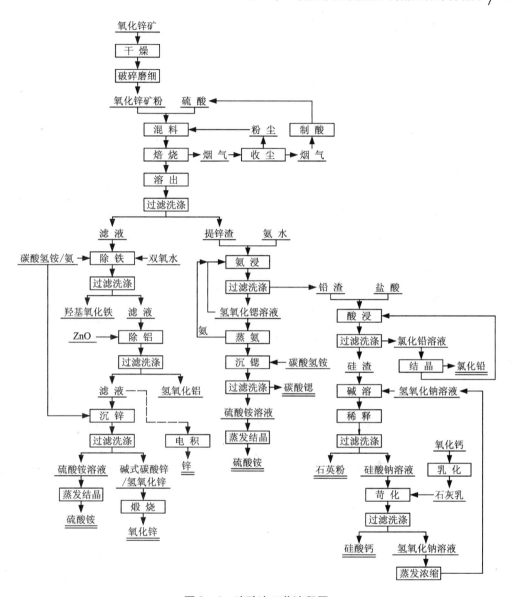

图 3-6　硫酸法工艺流程图

$$2H_2SO_4 + Zn_2SiO_4 \Longrightarrow 2ZnSO_4 + 2H_2O\uparrow + SiO_2$$
$$3H_2SO_4 + Fe_2O_3 \Longrightarrow Fe_2(SO_4)_3 + 3H_2O\uparrow$$
$$3H_2SO_4 + Al_2O_3 \Longrightarrow Al_2(SO_4)_3 + 3H_2O\uparrow$$
$$H_2SO_4 + PbO \Longrightarrow PbSO_4 + H_2O\uparrow$$
$$H_2SO_4 + SrO \Longrightarrow SrSO_4 + H_2O\uparrow$$

用硫酸吸收焙烧产生的 SO_3 和 H_2O，得到的硫酸返回混料工序，循环使用。尾气经碱吸收塔吸收后排放，排放的尾气达到国家环保标准。

4）溶出

焙烧熟料按液固比 3∶1 加水溶出，溶出温度 60～80℃，溶出时间 0.5～1 h。锌、铁、铝等进入溶液，二氧化硅、硫酸铅、硫酸锶留在渣中。

5）过滤

溶出后过滤，滤渣为二氧化硅、硫酸铅、硫酸锶渣，滤液送除杂。

6）除铁

保持温度在 40℃以下，向滤液中加入双氧水，将二价铁离子氧化成三价铁离子。保持溶液温度在 40℃以上，加入铵或氨调控溶液的 pH 大于 3，溶液中的三价铁离子生成羟基氧化铁沉淀。发生的主要的化学反应为：

$$2Fe^{2+} + H_2O_2 + 2H^+ = 2Fe^{3+} + 2H_2O$$
$$Fe^{3+} + 2H_2O = FeOOH \downarrow + 3H^+$$

7）除铝

向除铁的滤液中加入粗氧化锌调节 pH 至 5.1，溶液中的三价铝离子生成沉淀，过滤得到粗氢氧化铝，用于制备氧化铝。发生的主要化学反应为：

$$Al^{3+} + 3OH^- = Al(OH)_3 \downarrow$$

8）沉锌

向净化除杂后的硫酸锌溶液中加入碳酸氢铵或氨沉锌。反应结束后过滤得到碱式碳酸锌或氢氧化锌固体和硫酸铵溶液。硫酸铵溶液蒸发结晶得到硫酸铵产品。发生的主要化学反应为：

$$3ZnSO_4 + 6NH_4HCO_3 = ZnCO_3 \cdot 2Zn(OH)_2 \cdot H_2O \downarrow + 5CO_2 \uparrow + 3(NH_4)_2SO_4$$
$$ZnSO_4 + 2NH_3 \cdot H_2 = Zn(OH)_2 \downarrow + (NH_4)_2SO_4$$

9）煅烧

将制备的碱式碳酸锌或氢氧化锌煅烧，得到氧化锌，发生的化学反应为：

$$ZnCO_3 \cdot 2Zn(OH)_2 \cdot H_2O = 3ZnO + CO_2 \uparrow + 3H_2O \uparrow$$
$$Zn(OH)_2 = ZnO + H_2O \uparrow$$

10）电积

也可将净化的硫酸锌溶液电积制备电锌。

$$Zn^{2+} + 2e^- = Zn$$

11）氨浸

用过量氨水浸出提锌渣，硫酸铅和硫酸锶与氨反应生成氢氧化铅沉淀和溶于水的氢氧化锶。反应结束后过滤得到含二氧化硅和氢氧化铅的硅渣，滤液含氨、锶和硫酸铵，发生的化学反应为：

$$PbSO_4 + 2NH_3 \cdot H_2O = Pb(OH)_2 \downarrow + (NH_4)_2SO_4$$

$$SrSO_4 + 2NH_3 \cdot H_2O =\!=\!= Sr(OH)_2 + (NH_4)_2SO_4$$

12）酸浸

将滤渣用盐酸浸出，氢氧化铅与盐酸反应生成可溶性的氯化铅，二氧化硅不与盐酸反应，反应结束后过滤，滤渣主要为二氧化硅，滤液为含氯化铅的盐酸溶液。发生的主要化学反应为：

$$Pb(OH)_2 + 2HCl =\!=\!= PbCl_2 + 2H_2O$$

13）冷却结晶

将含氯化铅的盐酸溶液冷却结晶，过滤得到氯化铅，滤液为盐酸溶液，返回酸浸，循环利用。

14）蒸氨

将含氨、锶和硫酸铵的溶液返氨浸，经多次循环，当溶液中硫酸铵浓度接近饱和时，蒸氨回收用于氨浸。

15）沉锶

将碳酸氢铵加入蒸氨后的溶液中[含有 $Sr(OH)_2$]，反应结束后过滤，得到硫酸铵溶液和碳酸锶沉淀，发生的主要化学反应为：

$$Sr(OH)_2 + NH_4HCO_3 =\!=\!= SrCO_3\downarrow + NH_3 + 2H_2O$$

16）蒸发结晶

将滤液蒸发结晶，得到硫酸铵晶体，做化肥，也可以不蒸发，做液体肥料。

17）碱浸

用氢氧化钠溶液浸出二氧化硅渣，二氧化硅与碱反应生成硅酸钠。反应结束后过滤，滤液为硅酸钠溶液，滤渣为石英粉。发生的主要化学反应为：

$$SiO_2 + 2NaOH \rightarrow Na_2SiO_3 + H_2O$$

向硅酸钠溶液中通入二氧化碳调节 pH 至 11，除杂，过滤分离。滤液返回再通二氧化碳调节 pH 至 9.5，得到白色二氧化硅沉淀，过滤烘干得白炭黑，滤液为碳酸钠溶液。发生的主要化学反应为：

$$Na_2SiO_3 + CO_2 + xH_2O =\!=\!= Na_2CO_3 + SiO_2 \cdot xH_2O\downarrow$$

18）乳化

将石灰石煅烧，得到二氧化碳和活性石灰。将煅烧得到的活性石灰加水乳化，得到活性石灰乳。

$$CaCO_3 =\!=\!= CaO + CO_2\uparrow$$
$$CaO + H_2O =\!=\!= Ca(OH)_2$$

19）苛化

将氢氧化钙乳液加入到碳酸钠溶液中反应，反应结束后过滤，得到碳酸钙产品和氢氧化钠溶液。氢氧化钠溶液返回浸出硅渣，循环利用。发生的主要化学反应为：

$$Ca(OH)_2 + Na_2CO_3 = CaCO_3\downarrow + 2NaOH$$

20）制备硅酸钙

也可以将活性石灰乳加入到硅酸钠溶液中，反应得到硅酸钙和氢氧化钠溶液。发生的主要化学反应为：

$$Na_2SiO_3 + Ca(OH)_2 = CaSiO_3\downarrow + 2NaOH$$

浆料过滤分离、洗涤，滤渣为硅酸钙产品。滤液为氢氧化钠溶液，返回碱溶，循环利用。

3.2.5 主要设备

硫酸法工艺的主要设备见表 3 - 5：

表 3 - 5　硫酸法处理氧化锌矿主要设备

工序名称	设备名称	备注
磨矿工序	回转干燥窑	干法
	煤气发生炉	干法
	颚式破碎机	干法
	粉磨机	干法
混料工序	双辊犁刀混料机	
焙烧工序	回转焙烧窑	
	除尘器	
	烟气冷凝制酸系统	
溶出工序	溶出槽	耐酸、连续
	带式过滤机	连续
除杂工序	除铁槽	耐酸、加热
	高位槽	
	板框过滤机	非连续
	除铝槽	耐酸
	高位槽	
	板框过滤机	非连续
沉锌工序	沉锌槽	耐蚀
	氨高位槽	
	平盘过滤机	连续

续表 3 - 5

工序名称	设备名称	备注
电积	电积槽	
煅烧工序	干燥器	
	焙烧炉	高温
储液区	酸式储液槽	
	碱式储液槽	
蒸发结晶工序	五效循环蒸发器	
	三效循环蒸发器	
	冷凝水塔	
氨浸工序	氨浸槽	耐蚀
	氨高位槽	耐蚀
	平盘过滤机	连续
酸浸工序	酸浸槽	耐蚀
	酸高位槽	耐蚀
	平盘过滤机	连续
冷却工序	冷却槽	耐蚀
	板框过滤机	非连续
沉锶工序	沉锶槽	耐蚀
	板框过滤机	非连续
	蒸氨搅拌槽	
碱浸工序	碱浸槽	耐碱、加热
	稀释槽	耐碱、加热
	平盘过滤机	连续
乳化系统	生石灰乳化机	
苛化系统	苛化槽	耐碱、加热
	平盘过滤机	连续

3.2.6　设备连接图

硫酸法工艺设备连接见图 3 - 7。

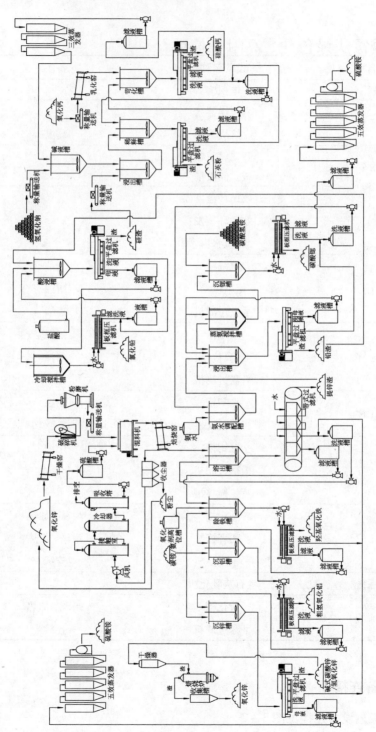

图3-7 硫酸法工艺设备连接图

3.3 硫酸铵法绿色化、高附加值综合利用氧化锌矿

3.3.1 原料分析

同前。

3.3.2 化工原料

硫酸铵法工艺的化工原料主要有硫酸铵、双氧水、碳酸氢铵、碳酸铵、活性氧化钙、氢氧化钠等。

①硫酸铵:工业级。

②双氧水:工业级,含量27.5%。

③碳酸氢铵:工业级。

④碳酸铵:工业级。

⑤活性氧化钙:工业级。

⑥氢氧化钠:工业级。

3.3.3 工艺流程

将硫酸铵和破碎、磨细的氧化锌矿混合焙烧,矿物中的锌、铁、铝和硫酸铵反应,生成可溶性硫酸盐,铅、锶和硫酸铵反应生成不溶于水的硫酸铅和硫酸锶,二氧化硅不反应,也不溶于水。产生的烟气除尘后冷却得到硫酸铵固体,返回混料。过量的氨气回收氨用于除杂、沉锌。焙烧熟料加水溶出,锌、铁和铝进入溶液,过滤与硅、铅、锶分离,溶出液除杂得到羟基氧化铁和粗氢氧化铝。净化后的溶液用铵盐或氨沉锌得到碱式碳酸锌或氢氧化锌,煅烧得到氧化锌。硫酸铵溶液蒸发结晶制备硫酸铵,返回混料,循环利用。滤渣含有二氧化硅、硫酸铅和硫酸锶,经氨浸、酸浸分步制得 $SrCO_3$、$PbCl_2$ 产品。硅渣碱浸后得到硅酸钠溶液,碳分得到白炭黑和碳酸钠溶液,苛化碳酸钠溶液制备碳酸钙沉淀和氢氧化钠溶液;也可以苛化硅酸钠溶液制备硅酸钙产品和氢氧化钠溶液,氢氧化钠溶液蒸浓后返回浸出硅渣,循环利用。实现了氧化锌中有价组元锌、铁、硅、铝、铅、锶的综合提取利用,实现了化工原料硫酸铵、氢氧化钠的循环利用。硫酸铵法工艺流程见图3-8。

3.3.4 工序介绍

1)磨矿

将氧化锌矿干燥至含水量小于5%,破碎、磨细至粒度小于 80 μm。

2）混料

将磨细的氧化锌矿和硫酸铵按比例1:1.1（反应物质完全反应的化学计量计为1）混料，混料均匀后送焙烧工序。

也可以用硫酸氢铵与氧化锌矿混合，将氧化锌矿和硫酸氢铵按比例1:1.1（恰好完全反应的化学计量计为1）混料，混料均匀后送焙烧工序。

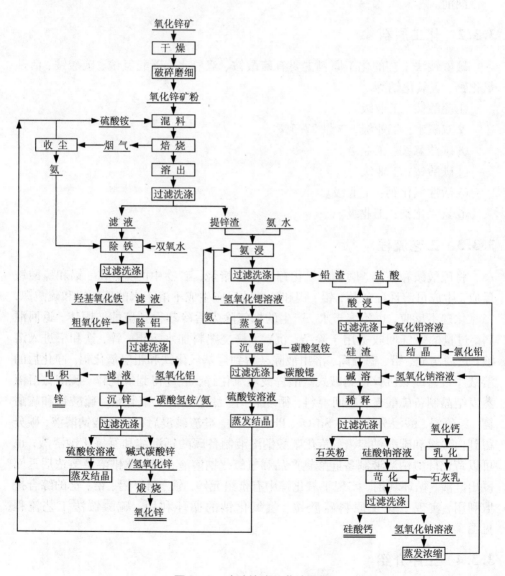

图3-8 硫酸铵法工艺流程图

3）焙烧

将混好的物料在 450~500℃ 焙烧 2 h。发生的主要化学反应为：

$$2(NH_4)_2SO_4 + ZnO \longrightarrow (NH_4)_2Zn(SO_4)_2 + 2NH_3\uparrow + H_2O\uparrow$$

$$(NH_4)_2SO_4 + ZnO \longrightarrow ZnSO_4 + 2NH_3\uparrow + H_2O\uparrow$$

$$(NH_4)_2SO_4 + ZnCO_3 \longrightarrow ZnSO_4 + H_2O\uparrow + CO_2\uparrow + 2NH_3\uparrow$$

$$2(NH_4)_2SO_4 + ZnCO_3 \longrightarrow (NH_4)_2Zn(SO_4)_2 + H_2O\uparrow + CO_2\uparrow + 2NH_3\uparrow$$

$$2(NH_4)_2SO_4 + Zn_2SiO_4 \longrightarrow 2ZnSO_4 + 2H_2O\uparrow + SiO_2 + 2NH_3\uparrow$$

$$Al_2O_3 + 3(NH_4)_2SO_4 \longrightarrow Al_2(SO_4)_3 + 6NH_3\uparrow + 3H_2O\uparrow$$

$$Fe_2O_3 + 3(NH_4)_2SO_4 \longrightarrow Fe_2(SO_4)_3 + 6NH_3\uparrow + 3H_2O\uparrow$$

$$Al_2O_3 + 4(NH_4)_2SO_4 \longrightarrow 2NH_4Al(SO_4)_2 + 6NH_3\uparrow + 3H_2O\uparrow$$

$$Fe_2O_3 + 4(NH_4)_2SO_4 \longrightarrow 2NH_4Fe(SO_4)_2 + 6NH_3\uparrow + 3H_2O\uparrow$$

$$(NH_4)_2SO_4 + PbO \longrightarrow PbSO_4 + H_2O\uparrow + 2NH_3\uparrow$$

$$(NH_4)_2SO_4 + SrO \longrightarrow SrSO_4 + H_2O\uparrow + 2NH_3\uparrow$$

焙烧烟气中的 SO_3、NH_3 和 H_2O 降温冷却得到硫酸铵晶体，返回混料，过量的 NH_3 回收用于除杂、沉锌。排放的尾气应达到国家环保标准。

用硫酸氢铵和氧化锌矿混合焙烧，发生的主要化学反应为：

$$NH_4HSO_4 + ZnO \longrightarrow ZnSO_4 + NH_3\uparrow + H_2O\uparrow$$

$$NH_4HSO_4 + ZnO \longrightarrow ZnSO_4 + NH_3\uparrow + H_2O\uparrow$$

$$NH_4HSO_4 + ZnCO_3 \longrightarrow ZnSO_4 + H_2O\uparrow + CO_2\uparrow + NH_3\uparrow$$

$$2NH_4HSO_4 + Zn_2SiO_4 \longrightarrow 2ZnSO_4 + 2H_2O\uparrow + SiO_2 + 2NH_3\uparrow$$

$$Al_2O_3 + 3NH_4HSO_4 \longrightarrow Al_2(SO_4)_3 + 3NH_3\uparrow + 3H_2O\uparrow$$

$$Fe_2O_3 + 3NH_4HSO_4 \longrightarrow Fe_2(SO_4)_3 + 3NH_3\uparrow + 3H_2O\uparrow$$

$$Al_2O_3 + 4NH_4HSO_4 \longrightarrow 2NH_4Al(SO_4)_2 + 2NH_3\uparrow + 3H_2O\uparrow$$

$$Fe_2O_3 + 4NH_4HSO_4 \longrightarrow 2NH_4Fe(SO_4)_2 + 2NH_3\uparrow + 3H_2O\uparrow$$

$$NH_4HSO_4 + PbO \longrightarrow PbSO_4 + H_2O\uparrow + NH_3\uparrow$$

$$NH_4HSO_4 + SrO \longrightarrow SrSO_4 + H_2O\uparrow + NH_3\uparrow$$

焙烧烟气中的 SO_3、NH_3 和 H_2O 降温冷却得到硫酸铵晶体，加硫酸调成硫酸氢铵，返回混料，过量的 NH_3 回收用于除杂、沉锌。排放的尾气达到国家环保标准。

4）溶出

焙烧熟料按液固比 3∶1 加水溶出，溶出温度 60~80℃，溶出时间 0.5~1 h。锌、铁、铝等进入溶液，二氧化硅、硫酸铅、硫酸锶留在渣中。

5）过滤

将溶出液过滤，得到含二氧化硅、硫酸铅、硫酸锶的硅渣和滤液。

6)除铁

保持温度40℃以下，向滤液中加入双氧水将二价铁离子氧化成三价铁离子。保持溶液温度60~80℃，加入铵或氨调控溶液的pH大于3，溶液中的三价铁离子生成羟基氧化铁沉淀。发生的主要化学反应为：

$$2Fe^{2+} + 2H^+ + H_2O_2 =\!=\!= 2Fe^{3+} + 2H_2O$$

$$Fe^{3+} + 2H_2O =\!=\!= FeOOH\downarrow + 3H^+$$

7)除铝

向除铁后的滤液中加入粗氧化锌调节pH到5.1，溶液中的铝生成氢氧化铝沉淀，发生的主要化学反应为：

$$Al^{3+} + 3OH^- =\!=\!= Al(OH)_3\downarrow$$

8)沉锌

向除杂净化的硫酸锌溶液中加入碳酸氢铵或氨沉锌。发生的主要化学反应为：

$$3ZnSO_4 + 6NH_4HCO_3 =\!=\!= ZnCO_3 \cdot 2Zn(OH)_2 \cdot H_2O\uparrow + 5CO_2\uparrow + 3(NH_4)_2SO_4$$

$$ZnSO_4 + 2NH_3 \cdot H_2O =\!=\!= Zn(OH)_2\downarrow + (NH_4)_2SO_4$$

反应结束后，过滤得到碱式碳酸锌或氢氧化锌固体和硫酸铵溶液。

9)蒸发结晶

硫酸铵溶液蒸发结晶得到硫酸铵，返回混料。

如果用硫酸氢铵焙烧，须将硫酸铵加硫酸，制成硫酸氢铵，返回混料。

10)煅烧

将制备的碱式碳酸锌或氢氧化锌煅烧，得到氧化锌产品，发生的主要化学反应为：

$$ZnCO_3 \cdot 2Zn(OH)_2 \cdot H_2O =\!=\!= 3ZnO + CO_2\uparrow + 3H_2O\uparrow$$

11)电积

也可以将硫酸锌溶液电积制备金属锌：

$$Zn^{2+} + 2e^- =\!=\!= Zn$$

12)氨浸

用过量氨水浸出提锌渣，硫酸铅和硫酸锶与氨反应生成氢氧化铅沉淀和溶于水的氢氧化锶。反应结束后过滤得到含二氧化硅和氢氧化铅的硅渣，滤液含氨、锶和硫酸铵，发生的化学反应为：

$$PbSO_4 + 2NH_3 \cdot H_2O =\!=\!= Pb(OH)_2\downarrow + (NH_4)_2SO_4$$

$$SrSO_4 + 2NH_3 \cdot H_2O =\!=\!= Sr(OH)_2 + (NH_4)_2SO_4$$

13)酸浸

将滤渣用盐酸浸出，氢氧化铅与盐酸反应生成可溶性的氯化铅，二氧化硅不与盐酸反应，反应结束后过滤，滤渣主要为二氧化硅，滤液为含氯化铅的盐酸溶液。发生的主要化学反应为：

$$Pb(OH)_2 + 2HCl =\!=\!= PbCl_2 + 2H_2O$$

14）冷却结晶

将含氯化铅的盐酸溶液冷却结晶，过滤得到氯化铅，滤液为盐酸溶液，返回酸浸，循环利用。

15）蒸氨

将含氨、锶和硫酸铵的溶液返氨浸，经多次循环，当溶液中硫酸铵浓度接近饱和时，蒸氨回收用于氨浸。

16）沉锶

将碳酸氢铵加入蒸氨后的溶液中（含有 $Sr(OH)_2$），反应结束后过滤，得到硫酸铵溶液和碳酸锶沉淀，发生的主要化学反应为：

$$Sr(OH)_2 + NH_4HCO_3 =\!=\!= SrCO_3\downarrow + NH_3 + 2H_2O$$

17）碱浸

用氢氧化钠溶液浸出二氧化硅渣，二氧化硅与碱反应生成硅酸钠。反应结束后过滤，滤液为硅酸钠溶液，滤渣为石英粉。发生的主要化学反应为：

$$SiO_2 + 2NaOH \longrightarrow Na_2SiO_3 + H_2O$$

向硅酸钠溶液中通入二氧化碳调节 pH 至 11，除杂，过滤分离。滤液返回再通二氧化碳调节 pH 至 9.5，得到白色二氧化硅沉淀，过滤烘干得白炭黑，滤液为碳酸钠溶液。发生的主要化学反应为：

$$Na_2SiO_3 + CO_2 + xH_2O =\!=\!= Na_2CO_3 + SiO_2 \cdot xH_2O\downarrow$$

18）乳化

将石灰石煅烧，得到二氧化碳和活性石灰。将煅烧得到的活性石灰加水乳化、过筛，得到活性石灰乳。

$$CaCO_3 =\!=\!= CaO + CO_2\uparrow$$
$$CaO + H_2O =\!=\!= Ca(OH)_2$$

19）苛化

将氢氧化钙乳液加入到碳酸钠溶液中反应，反应结束后过滤，得到碳酸钙产品和氢氧化钠溶液。氢氧化钠溶液返回浸出硅渣，循环利用。发生的主要化学反应为：

$$Ca(OH)_2 + Na_2CO_3 =\!=\!= CaCO_3\downarrow + 2NaOH$$

20）制备硅酸钙

也可以将活性石灰乳加入到硅酸钠溶液中，反应得到硅酸钙和氢氧化钠溶液。发生的主要化学反应为：

$$Na_2SiO_3 + Ca(OH)_2 \overline{} CaSiO_3\downarrow + 2NaOH$$

浆料过滤分离、洗涤，滤渣为硅酸钙产品。滤液为氢氧化钠溶液，返回碱溶，循环利用。

3.3.5 主要设备

硫酸铵法工艺的主要设备见表 3-6。

表 3-6 硫酸铵法工艺的主要设备

工序名称	设备名称	备注
磨矿工序	回转干燥窑	干法
	煤气发生炉	干法
	颚式破碎机	干法
	粉磨机	干法
混料工序	双辊犁刀混料机	
焙烧工序	回转焙烧窑	
	除尘器	
	烟气净化回收系统	
溶出工序	溶出槽	耐酸、连续
	带式过滤机	连续
除杂工序	除铁槽	耐酸、加热
	高位槽	
	板框过滤机	非连续
	除铝槽	耐酸
	高位槽	
	板框过滤机	非连续
沉锌工序	沉锌槽	耐蚀
	氨高位槽	
	平盘过滤机	连续
电积	电积槽	
煅烧工序	干燥器	
	焙烧炉	高温
储液区	酸式储液槽	
	碱式储液槽	

续表 3-6

工序名称	设备名称	备注
蒸发结晶工序	五效循环蒸发器	
	三效循环蒸发器	
	冷凝水塔	
氨浸工序	氨浸槽	耐蚀
	氨高位槽	耐蚀
	平盘过滤机	连续
酸浸工序	酸浸槽	耐蚀
	酸高位槽	耐蚀
	平盘过滤机	连续
冷却工序	冷却槽	耐蚀
	板框过滤机	非连续
沉锶工序	沉锶槽	耐蚀
	板框过滤机	非连续
	蒸氨搅拌槽	
碱浸工序	碱浸槽	耐碱、加热
	稀释槽	耐碱、加热
	平盘过滤机	连续
乳化系统	生石灰乳化机	
苛化系统	苛化槽	耐碱、加热
	平盘过滤机	连续

3.3.6　设备连接图

硫酸铵法工艺设备连接见图 3-9。

3.4　产品分析

硫酸法和硫酸铵法处理氧化锌矿得到的主要产品有羟基氧化铁、粗氢氧化铝、碱式碳酸锌、氢氧化锌、氧化锌、白炭黑、硅酸钙、石英粉、结晶硫酸铵、氯化铅、碳酸锶等。

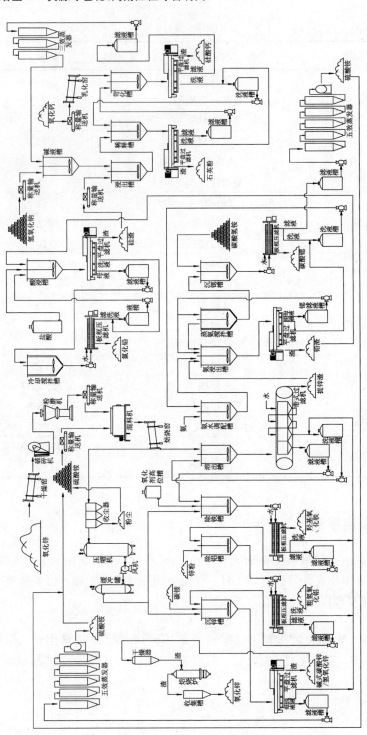

图3-9 硫酸铵法工艺设备连接图

3.4.1 羟基氧化铁

图 3 – 10 和表 3 – 7 给出了羟基氧化铁的 XRD 图谱和 SEM 照片及成分分析。

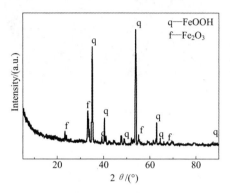

图 3 – 10　羟基氧化铁的 XRD 图谱和 SEM 照片

表 3 – 7　羟基氧化铁的成分分析

成分	Fe₂O₃	H₂O
含量/%	87.22	10.66

羟基氧化铁为条状结构，成分基本符合羟基氧化铁的化学式计算成分，氧化铁略低于理论含量，是其中含有水合氧化铁所致。羟基氧化铁可用作炼铁原料或制备其他产品。

3.4.2 粗氢氧化铝

表 3 – 8 给出了粗氢氧化铝的成分分析，图 3 – 11 给出了粗氢氧化铝的 XRD 图谱和 SEM 照片及成分分析。Al(OH)₃ 颗粒不规则，表面粗糙。粗氢氧化铝和提纯氢氧化铝可作为铝厂生产氢氧化铝和铝的原料。

表 3 – 8　除杂铝渣化学成分分析

组分	Al₂O₃	Fe₂O₃	SiO₂	MgO	CaO	Cr₂O₃
含量/%	51.48 ~ 55.47	4.67 ~ 7.38	2.13 ~ 2.97	0.88	0.82	0.38

图 3 - 11　Al(OH)₃ 的 XRD 图谱和 SEM 照片

3.4.3　碱式碳酸锌及氧化锌

图 3 - 12 给出了碱式碳酸锌和煅烧氧化锌的 XRD 图谱和 SEM 照片。表 3 - 9 给出了碱式碳酸锌的化工行业标准 HG/T 2523—2007 和产品成分分析结果，表 3 - 10 给出了氧化锌的化工行业标准 HG/T 2572—2006 和产品成分分析结果。

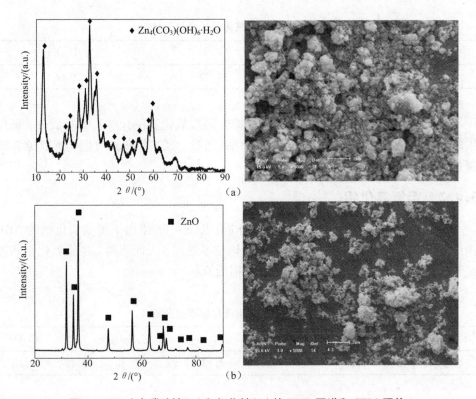

图 3 - 12　碱式碳酸锌(a)和氧化锌(b)的 XRD 图谱和 SEM 照片

表 3 – 9 碱式碳酸锌化工行业标准 HG/T 2523—2007 和产品成分分析结果

项目	指标/%			碱式碳酸锌产品/%
	优等品	一等品	合格品	
碱式碳酸锌质量分数≥	57.5	57.0	56.5	57.3
灼烧失量	25.0 ~ 28.0	25.0 ~ 30.0	25.0 ~ 32.0	27.0
铅质量分数≤	0.03	0.05	0.05	0.01
水分≤	2.5	3.5	5.0	3.0
硫酸盐质量分数≤	0.60	0.80	—	无
细度≥	95.0	94.0	93.0	94.6
镉质量分数≤	0.02	0.05	—	0.01

表 3 – 10 氧化锌化工行业标准 HG/T 2572—2006 和产品化学成分分析结果

成分	ZnO	PbO	MnO	灼烧失量	45μm 筛残余物	HCl 不溶物	水溶物	105℃挥发分
检测值/%	97.86	0.005	–	2.46	0	0	0.10	0.44
HG/T 2572 —2006/%	95 ~ 98	≤0.01	≤0.001	1 ~ 4	≤0.10	≤0.04	≤0.5	≤0.5

由表 3 – 9 和表 3 – 10 可见，碱式碳酸锌可达到一等品指标要求。ZnO 粉体为近球形颗粒，粒度均匀、外形规则，氧化锌粉体各项指标符合 HG – T 2572 – 2006 行业标准。氧化锌是工业上最重要的锌化合物之一，是重要的无机活性剂。广泛应用于橡胶、医药、涂料、印染、陶瓷等行业。在橡胶工业中，用作天然胶、合成胶及胶乳的活性剂，还用作补强剂和着色剂。在印染业，氧化锌常被用于制作白色颜料。氧化锌因其白度和高折光率，被广泛用作户内外的油漆涂料。氧化锌能吸收紫外光，可用作配制防晒化妆品或乳液。

3.4.4 白炭黑

图 3 – 13 为白炭黑产品的 XRD 图谱和 SEM 照片。表 3 – 11 为白炭黑化工行业标准和产品检测结果。

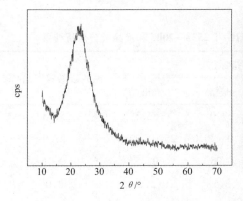

图 3 – 13 白炭黑的 XRD 图谱和 SEM 照片

表 3 – 11 国标 HG/T 3065—1999 和产品检测结果的比较

项目	HG/T 3065—1999	检测结果
SiO_2 含量/%	≥90	93.6
pH	5.0 ~ 8.0	7.3
灼伤失重/%	4.0 ~ 8.0	6.3
吸油值/$cm^3 \cdot g^{-1}$	2.0 ~ 3.5	2.7
比表面积/$m^2 \cdot g^{-1}$	70 ~ 200	165

所得白炭黑产品符合行业标准。白炭黑是无定形粉末，质轻，具有很好的电绝缘性、多孔性和吸水性，还有补强和增黏作用以及良好的分散、悬浮和振动液化特性。白炭黑是一种硅系列补强材料，广泛应用于橡胶、涂料、胶鞋、塑料、日用化工等行业，以及载体填充和油漆消光等方面。

3.4.5 硅酸钙

图 3 – 14 为硅酸钙产品的 SEM 照片，硅酸钙为类球形颗粒状粉体。表 3 – 12 为硅酸钙产品成分分析结果。

图 3 – 14 硅酸钙产品的 SEM 照片

表 3 – 12　水合硅酸钙的化学成分分析

成分	SiO$_2$	CaO	Fe$_2$O$_3$	Al$_2$O$_3$	Na$_2$O
含量/%	45.51	42.50	0.23	0.22	0.04

硅酸钙主要用作建筑材料、保温材料、耐火材料、涂料的体质颜料及载体。

3.4.6　氯化铅

图 3 – 15 给出了制得的氯化铅的 XRD 图谱和 SEM 照片。氯化铅可于制备其他铅盐或作助溶剂。

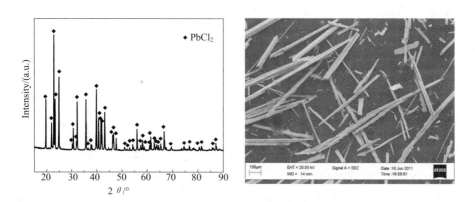

图 3 – 15　氯化铅的 XRD 图谱和 SEM 照片

3.4.7　碳酸锶

图 3 – 16 给出了制得的碳酸锶的 XRD 图谱和 SEM 照片。

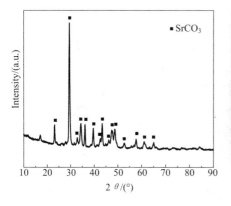

图 3 – 16　碳酸锶的 XRD 图谱和 SEM 照片

3.5 环境保护

3.5.1 主要污染源和主要污染物

（1）烟气粉尘

1）硫酸焙烧烟气中主要污染物是粉尘和 SO_3；硫酸铵焙烧烟气中主要污染物是粉尘、SO_3 和 NH_3。

2）燃气锅炉，主要污染物是粉尘和 CO_2。

3）氧化锌矿储存、破碎、筛分、磨细、输送等产生的物料粉尘。

4）碱式碳酸锌、氢氧化锌、硅酸钙贮运过程中产生的粉尘。

5）碱式碳酸锌、氢氧化锌煅烧产生的粉尘。

（2）水

1）生产过程水循环使用，无废水排放。

2）生产排水为软水制备工艺排水，水质未被污染。

（3）噪声

氧化锌矿磨机、焙烧烟气排烟风机等产生的噪声。

（4）固体

1）氧化锌矿中的硅制备白炭黑、硅酸钙和石英粉。

2）氧化锌矿中铁、铝制备出羟基氧化铁和氢氧化铝。

3）硫酸铵溶液蒸浓结晶得到硫酸铵产品；硫酸钠溶液蒸浓结晶得到硫酸钠，用于制备硫化钠。

4）氧化锌矿中锌制成碱式碳酸锌、氢氧化锌、氧化锌、电锌产品。

生产过程无废渣排放。

3.5.2 污染治理措施

（1）焙烧烟气

焙烧烟气经旋风、重力、布袋除尘，粉尘返混料。硫酸焙烧烟气经吸收塔二级吸收，SO_3 和水的混合物经酸吸收塔制备硫酸。硫酸铵焙烧烟气产生 NH_3、SO_3 冷却得到硫酸铵固体，过量 NH_3 回收用于除杂、沉锌，尾气经吸收塔进一步净化后排放，满足《工业炉窑大气污染物排放标准》（GB 9078—1996）的要求。

（2）通风除尘

产生粉尘设备均带收尘装置。

扬尘：对全厂扬尘点，均实行设备密闭罩集气，机械排风，高效布袋除尘器集中除尘。系统除尘效率均在99.9%以上。

烟尘：窑炉等烟气除尘系统收集的烟尘全部返回系统再利用。

（3）废水治理

需要水源提供新水，生产用水循环，全厂水循环利用率为90%以上。

各工序产生的废水采用不同方法处理，以实现全厂废水"零"排放。蒸浓结晶工序冷凝水循环使用和二次利用。

（4）废渣治理

整个生产过程中，氧化锌矿中的主要组分硅、锌、铁、铝、铅、锶均制备成产品，无废渣产生。

（5）噪声治理

本工程的噪声主要由机械动力、流体动力产生。工程设计对高噪声设备采取消声、隔声、基础减振等措施进行处理。球磨机等设备置于单独隔音间内，并设有隔音值班室。

（6）绿化

绿化在防治污染、保护和改善环境方面起到特殊的作用，是环境保护的有机组成部分。绿色植物不仅能美化环境，还具有吸附粉尘、净化空气、减弱噪声、改善小气候等作用，因此在工程设计中应对绿化予以充分重视，通过提高绿化系数改善厂区及附近地区的环境条件。设计厂区绿化占地率不小于20%。

在厂前区及空地等处进行重点绿化，选择树型美观、装饰性强、观赏价值高的乔木与灌木，再适当配以花坛、水池、绿篱、草坪等；在厂区道路两侧种植行道树，同时加配乔木、灌木与花草；在围墙内、外都种以乔木；其他空地植以草坪，形成立体绿化体系。

3.6　结语

（1）新的工艺流程为处理低品位氧化锌矿提供了一个途径。

（2）实现了氧化锌矿资源的综合利用，实现了氧化锌、氧化铅、氧化锶、氧化铁、氧化铝、二氧化硅等有价组元的有效分离提取，实现了资源的高附加值利用。

（3）新工艺流程中化工原料硫酸制成硫酸铵，硫酸铵、氢氧化钠循环利用，无废气、废水、废渣的排放，实现了全流程的绿色化。

参考文献

［1］翟玉春，孙毅，申晓毅，等. CN201210093594.6 一种利用中低品位氧化锌矿和氧化锌、氧化铅共生矿制备氯化铅和硫酸锌的方法［P］. 2012.

［2］翟玉春，孙毅，王乐，等. CN201210093614.X 一种利用中低品位氧化锌矿和氧化锌、氧化

铅共生矿的方法［P］. 2012.

［3］申晓毅, 常龙娇, 王佳东, 等. 黄铵铁矾制备花簇状三氧化二铁［J］. 人工晶体学报, 2013, 42(4): 593 – 597.

［4］申晓毅, 孙毅, 宋继强, 等. 硫酸铵低温焙烧中低品位氧化锌矿［J］. 材料研究学报, 2012, 26(4): 396 – 401.

［5］孙毅, 申晓毅, 翟玉春. 氧化锌矿硫酸铵焙烧法提锌的研究［J］. 材料导报, 2012, 26(11): 1 – 4.

［6］SunYi, Shen Xiaoyi, Zhai Yunchun. Preparation of ultrafine ZnO powder by precipitation method［J］. Advanced Materials Research, 2011, 284 – 286: 880 – 883.

［7］Shao Hongmei, Shen Xiaoyi, Wang Zhimeng, et al. Preparation of ZnO powder from clinker digestion solution of Zinc oxide ore［J］. Advanced Materials and Technologies, 2014, 1004 – 1005: 665 – 669.

［8］《铅锌冶金学》编委会, 铅锌冶金学［M］. 北京: 科学出版社, 2003.

［9］陈爱良, 赵中伟, 贾希俊, 等. 高硅难选氧化锌矿中锌及伴生金属碱浸出研究［J］. 有色金属(冶炼部分), 2009(4): 6 – 9.

［10］张保平, 唐谟堂. $NH_4Cl – NH_3 – H_2O$ 体系浸出氧化锌矿［J］. 中南工业大学学报, 2001, 32(5): 483 – 486.

［11］张元福, 梁杰, 李谦. 铵盐法处理氧化锌矿的研究［J］. 贵州工业大学学报, 2002, 31(1): 37 – 41.

［12］杨大锦, 朱华山, 陈加希, 等. 湿法提锌工艺与技术. 北京: 冶金工业出版社, 2010.

［13］王吉昆, 周延熙. 硫化锌精矿加压酸浸技术及产业化［M］. 北京: 冶金工业出版社, 2005.

［14］彭容秋. 铅锌冶金学［M］. 北京: 科学出版社, 2003: 318.

［15］《化工出版社》编写. 中国化工产品大全/上卷［M］. 北京: 化工出版社, 1994.

［16］《化工出版社》编写. 中国化工产品大全/下卷［M］. 北京: 化工出版社, 1994.

［17］梅光贵, 王德润, 周敬元等. 湿法炼锌学［M］. 长沙: 中南大学出版社, 2001: 183.

［18］夏志美, 陈艺峰, 王宇菲, 等. 低品位氧化锌矿的湿法冶金研究进展［J］. 湖南工业大学学报, 2010, 24(6): 9 – 13.

［19］戴自希, 张家睿. 世界铅锌资源和开发利用现状［J］. 世界有色金属, 2004(3): 22 – 23.

［20］葛振华. 我国铅锌资源现状及未来的供需形式［J］. 世界有色金属, 2003(9): 4 – 7.

［21］Moradi S., Monhemius A. J.. Mixed sulphide oxide lead and zinc ores Problems and solutions［J］. Minerals Engineering, 2011, 24(10): 1062 – 1076.

［22］Kumar V., Sahu S. K., Pandey B. D.. Prospects for solvent extraction processes in the Indian context for the recovery of base metals. A review［J］. Hydrometallurgy, 2010, 103(1 – 4): 45 – 53.

［23］李勇, 王吉坤, 任占誉, 等. 氧化锌矿处理的研究现状［J］. 矿冶, 2009, 18(2): 57 – 63.

［24］贺山明, 王吉坤. 氧化锌矿冶金处理的研究现状［J］. 矿冶, 2010, 19(3): 58 – 65.

［25］葛振华. 我国铅锌资源现状及未来的供需形式［J］. 世界有色金属, 2003, (9): 4 – 7.

［26］冯君从. 今后五年中国的锌工业及市场前景［J］. 世界有色金属, 2000, (5): 4 – 8.

[27] 雷桂萍. 锌工业近十年的统计与发展趋势分析[J]. 上海有色金属, 2001, 22(4): 175 – 180.

[28] 陈爱良, 赵中伟, 贾希俊, 等. 氧化锌矿综合利用现状与展望[J]. 矿业工程, 2008, 28 (6): 62 – 66.

[29] Jha M. K., Kumar V. Singh R. J.. Review of hydrometallurgical recovery of zinc from industrial wastes [J]. Resources, Conservation and Recycling, 2001, 33(1): 1 – 22.

[30] 蒋继穆. 我国锌冶炼现状及近年来的技术进展[J]. 中国有色冶金, 2006(5): 19 – 23.

[31] 孙德堃. 国内外锌冶炼技术的进展[J]. 中国有色冶金, 2004(3): 1 – 4.

[32] 王志法, 彭志辉. 氧化锌矿火法炼锌的工艺特点[J]. 吉首大学学报(自然科学版), 1992, 13(6): 116 – 118.

[33] 陈家镛. 湿法冶金手册[M]. 北京: 冶金工业出版社, 2005: 60.

[34] Li Cunxiong, Xu Hongsheng, Deng Zhigan, et al. Pressure leaching of zinc silicate ore in sulfuric acid medium [J]. Trans Nonferrous Met Soc China, 2010, 20(5): 918 – 923.

[35] He Shanming, Wang Jikun, Yan Jiangfeng. Pressure leaching of synthetic zinc silicate in sulfuric acid medium [J]. Hydrometallurgy, 2011, 108(3 – 4): 171 – 176.

[36] Babu M. N., Sahu K. K., Pandey B. D.. Zinc recovery from sphalerite concentrate by direct oxidative leaching with ammonium, sodium and potassium persulphates [J]. Hydrometallurgy, 2002, 64(2): 119 – 129.

[37] Fu Weng, Chen Qiyuan, Wu Qian, et al. Solvent extraction of zinc from ammoniacal/ ammonium chloride solutions by a sterically hindered β – diketone and its mixture with tri – n – octylphosphine oxide [J]. Hydrometallurgy, 2010, 100(3 – 4): 116 – 121.

[38] Moghaddam J., Sarraf – Mamoory R., Abdollahy M., et al. Purification of zinc ammoniacal leaching solution by cementation Determination of optimum process conditions with experimental design by Taguchi's method [J]. Separation and Purification Technology, 2006, 51(2): 157 – 164.

[39] Chen Qiyuan, Li Liang, Bai Lan, et al. Synergistic extraction of zinc from ammoniacal ammonia sulfate solution by a mixture of a sterically hindered beta – diketone and tri – n – octylphosphine oxide(TOPO)[J]. Hydrometallurgy, 2011, 105(34): 201 – 206.

[40] Yin Zhoulan, Ding Zhiying, Hu Huiping, et al. Dissolution of zinc silicate(hemimorphite)with ammonia – ammonium chloride solution [J]. Hydrometallurgy, 2010, 103(1 – 4): 215 – 220.

[41] Feng Linyong, Yang Xianwan, Shen Qingfeng, et al. Pelletizing and alkaline leaching of powdery low grade zinc oxide ores [J]. Hydrometallurgy, 2007, 89(3 – 4): 305 – 310.

[42] Zhang Chenglong, Zhao Youcai, Guo Cuixiang, et al. Leaching of zinc sulfide in alkaline solution via chemical conversion with lead carbonate [J]. Hydrometallurgy, 2008, 90(1): 19 – 25.

[43] Chen Ailiang, Zhao Zhongwei, Jia Xijun, et al. Alkaline leaching Zn and its concomitant metals from refractory hemimorphite zinc oxide ore [J]. Hydrometallurgy, 2009, 97(3 – 4): 228 – 232.

[44] 刘三军, 欧乐明, 冯其明, 等. 低品位氧化锌矿石的碱法浸出[J]. 湿法冶金, 2005, 24 (1): 23 – 25.

[45] 张保平, 唐谟堂. $NH_4Cl - NH_3 - H_2O$ 体系浸出氧化锌矿[J]. 中南工业大学学报, 2001, 32(5): 483 – 386.

[46] 唐谟堂, 杨声海. $Zn(II) - NH_3 - NH_4Cl - H_2O$ 体系电积锌工艺及阳极反应机理[J]. 中南工业大学学报, 1999, 30(2): 153 – 156.

[47] 张元福, 梁杰, 李谦. 铵盐法处理氧化锌矿的研究[J]. 贵州工业大学学报, 2002, 31(1): 37 – 41.

[48] 曹华珍, 郑国渠, 支波. 氨络合物体系电积锌的阴极过程[J]. 中国有色金属学报, 2005, 15(4): 655 – 659.

[49] 慕思国, 彭长宏, 黄虹, 等. 298 K 时二元体系 $MeSO_4 - (NH_4)_2SO_4 - H_2O$ 的相平衡[J]. 过程工程学报, 2006, 6(1): 32 – 36.

[50] 赵廷凯, 唐谟堂, 梁晶. 制取活性锌粉的 $Zn(II) - NH_3 \cdot H_2O - (NH_4)_2SO_4$ 体系电解法[J]. 中国有色金属学报, 2003, 13(3): 774 – 777.

第 4 章　氧化铜矿绿色化、高附加值综合利用

4.1　综述

4.1.1　资源概况

自然界中纯氧化铜矿和纯硫化铜矿都很少见，通常铜矿中既含有铜的硫化物又含有铜的氧化物。在冶金行业，按铜矿中氧化铜所占百分比将铜矿划分为硫化矿、混合矿和氧化矿。

硫化矿：氧化铜在 30% 以下；混合矿：氧化铜在 30% ~ 70%；氧化矿：氧化铜在 70% 以上。

目前世界已发现的铜矿床中，氧化铜矿和混合铜矿占 10% ~ 15%，其储量约占铜金属总储量的 25%。

自然界中已发现的含铜矿物有 200 多种，除少见的自然铜外，主要有原生硫化铜矿和次生氧化铜矿物。常见的有工业价值的铜矿物见表 4 - 1。

表 4 - 1　铜矿中铜的主要矿物

矿床	矿物	分子式
氧化区（次生）	自然铜	Cu
	孔雀石	$Cu_2(OH)_2CO_3$
	水胆矾	$Cu_4(OH)_6SO_4$
	块铜矾	$Cu_3(OH)_4SO_4$
	氯铜矾	$Cu_2(OH)_3Cl$
	蓝铜矾	$Cu_3(OH)_2(CO_3)_2$
	硅孔雀石	$CuSiO_3 \cdot 2H_2O$
	赤铜矿	Cu_2O
	黑铜矿	CuO
浅成矿床（次生）	辉铜矿	Cu_2S
	铜蓝	CuS

续表 4 - 1

矿床	矿物	分子式
深成矿床(原生)	黄铜矿	$CuFeS_2$
	斑铜矿	Cu_5FeS_4
	硫砷铜矿	Cu_3AsS_4
	黑黝铜矿	$Cu_{12}Sb_4S_{13}$
	砷黝铜矿	$Cu_{12}As_4S_{13}$

根据矿石类型特征,可将氧化铜矿分为如表 4 - 2 中所列类型。

表 4 - 2　氧化铜矿矿石主要类型特征表

类型	矿物成分	粒度	工艺类型
孔雀石型	主要:孔雀石 次要:蓝铜矿、赤铜矿、黑铜矿 少量:硅孔雀石、矾类矿物、结合式铜矿次生含铜硫化物	中粗粒为主,大于 10 μm	易选型
硅孔雀石型	主要:硅孔雀石 次要:蓝铜矿、孔雀石、结合式铜矿、含铜多水高岭土 少量:次生硫化物	中细粒为主,大于 10 μm	难选型
赤铜矿型	主要:赤铜矿、孔雀石、自然铜 少量:次生硫化物、蓝辉铜矿、斑铜矿、自然金等	中细粒为主,大于 10 μm	易选型 - 难选型
水胆矾型	主要:矾类矿物 次要:孔雀石、蓝铜矿、赤铜矿	细粒为主,大于 10 μm	易选型 - 难选型
自然铜型	主要:自然铜、赤铜矿、孔雀石 少量:蓝铜矿、黑铜矿、结合式铜矿、次生硫化物、自然金/银	中细粒为主,大于 10 μm	易选型
结合型	主要:结合式铜矿或含铜多水高岭土 次要:孔雀石、蓝铜矿、赤铜矿、矾类矿物	极细的包体,小于 10 μm	难选型 - 复杂型
氧化铜混合型	孔雀石、赤铜矿、自然铜、硅孔雀石、结合式铜矿、矾类矿物各占一定比例,硫化物含量少	粒度相差悬殊	难选型 - 复杂型
氧化 - 硫化矿物混合型	孔雀石、赤铜矿、自然铜、硅孔雀石、次生硫化物	中细粒大于 10 μm 为主	难选型 - 复杂型

虽然氧化铜矿在化学组成、矿物结构等方面存在差异，但其具有共同特点：

①有价元素种类多。已知铜矿中大多含有多种有价组元，因此在开发利用氧化铜矿时需要考虑有价组元的综合利用。

②矿石中含铜矿物种类多。大部分氧化铜矿中包含五种以上含铜氧化物，如孔雀石、硅孔雀石、赤铜矿、蓝铜矿等，且均含有硫化物、次生硫化物等矿物，仅含有一种铜矿物的矿石较少。

③矿石结构形态多样。氧化铜矿具有多种形态，如胶状、放射状、多孔状等，增加了选矿工艺的难度。

④亲水性强。氧化铜矿中铜氧化物亲水性强，如硅孔雀石和孔雀石。

⑤含泥量大。氧化铜矿中含泥量大，因此在选矿过程中须考虑脱泥问题。

世界铜矿资源较为丰富，分布广泛，共有 150 多个国家有铜矿资源。据美国矿业局在 2005 年的调查统计，世界铜金属的可开采储量为 4.7 亿 t，基础储量为 9.4 亿 t。

从地区分布看，全球铜储量最丰富的的 5 个地区是：南美洲秘鲁和智利境内的安第斯山脉西麓、美国西部洛杉矶和大坪谷地区、非洲刚果和赞比亚、哈萨克斯坦、加拿大的东部和中部地区。

从国家分布看，世界铜矿资源主要集中在美国、智利、中国、秘鲁、赞比亚、俄罗斯、印度尼西亚、波兰、墨西哥、澳大利亚、加拿大、哈萨克斯坦、刚果(金)和菲律宾等国家。这些国家的铜矿资源总量约占全球铜矿资源总量的 87.2%。其中，美洲国家的铜矿储量最大，约占世界铜矿储量的 60%。智利是世界上铜矿资源最为丰富的国家，居世界第一位，目前已探明铜金属储量高达 1.5 亿 t，约占世界铜金属储量的 25%。美国的铜金属探明储量为 9100 万 t，居世界第二位。赞比亚和中国的铜储量分别居世界第三和第四位。全球铜矿的平均品位仅为 1%，其中，南美洲和非洲的铜矿品位较高，智利铜矿品位约 1.5%，赞比亚铜矿品位约 3%。

可开采铜金属储量最多的国家是美国和智利。据 2004 年统计，两国铜储量和基础储量分别占世界的 46% 和 37%。

截至 2007 年，我国共查明铜矿区 1248 个，其中大型矿区 37 个。著名的大型铜矿有江西德兴铜矿、西藏玉龙铜矿、驱龙铜矿及近年来新发现的云南普朗铜矿。全国累计查明铜金属储量为 8531 万 t。我国铜矿资源分布很不均匀，主要分布在西南三江、长江中下游、东南沿海、秦祁昆成矿带以及辽吉黑东部、西藏冈底斯成矿带，即江西、云南、湖北、西藏、甘肃、安徽、山西、黑龙江等地区，这些省份的基础储量约占全国总储量的 76.02%。我国氧化铜矿主要分布情况如表 4 - 3 所示。

表 4 – 3　我国氧化铜矿主要分布情况

类型	矿物产地
孔雀石	主要是由岩石中铜矿物的氧化产生铜绿而生成，主要产地是湖北
赤铜矿	主要存在于铜矿床氧化带中，主要产地是云南、江西、甘肃等
胆矾	主要生成于铜矿的次生氧化带中，主要分布于云南、山西、江西、广东、陕西、甘肃等
蓝铜矿	生成于铜矿床氧化带、铁帽及近矿围岩的裂隙中，常与孔雀石共生或伴生，其形成一般稍晚于孔雀石，主要产地在云南

4.1.2　工业现状及工艺技术

进入 20 世纪，随着铜的需求量日益增加，人们开始重视氧化铜矿的开发利用，湿法提取铜逐渐成为处理氧化铜矿的主要冶金方法，生产规模也逐渐扩大。

由于氧化铜矿和混合铜矿的组成复杂，因此处理氧化铜矿和混合铜矿的技术方案种类繁多，按工艺方法可分为浮选得到铜精矿工艺和化学法提取铜工艺。

(1) 浮选得到铜精矿工艺

对于较易浮选的氧化铜矿和混合铜矿，工业上采用如下几种浮选方法：

1) 硫化浮选法

此工艺先加硫化剂使氧化矿硫化，后用硫化铜浮选机进行浮选。此法适用于处理孔雀石、蓝铜矿、氯铜矿等为主的氧化铜矿。

2) 脂肪酸浮选法

该法又被称为氧化矿浮选法，只适用于孔雀石为主、脉石品种简单、原矿品位高的矿石。此法的缺点是选择性差，若矿石中含有碱土金属和重金属，则易使石英活化，且矿泥也易使脂肪酸失效。

3) 胺类浮选法

此法适用于孔雀石、蓝铜矿和氯铜矿。对于含大量矿泥的矿石，需要特殊的脉石抑制剂。

4) 乳浊液浮选法

乳浊液浮选法使用具有选择性的脉石抑制剂加选择性有机铜络合剂。有机铜络合剂使矿物表面形成稳定的略微疏水而非常亲油的薄膜，再添加非极性油乳浊液以提高矿物与起泡的黏附力。

5) 螯合剂加中性油浮选法

螯合剂加中性油浮选法是使用某种螯合剂及中性油两种药剂组成捕收剂进行浮选氧化铜的方法。

(2) 化学法提取铜工艺

对于亲水性强、难硫化、嵌布细、含铜低、结构与组成复杂的氧化铜矿，难以采用浮选法处理。必须采用溶剂直接浸出，即化学法处理。

化学法是用浸出剂从矿石中提取铜的方法。在浸出过程中，矿石中主要的氧化铜矿物硅孔雀石、蓝铜矿、孔雀石、赤铜矿、黑铜矿、自然铜等被溶解。根据溶解后得到的浸出液的具体情况采用不同的方法分离提取其中的有价组元。常用的浸出剂有硫酸、氨水、碳酸氢铵等。此外，还有细菌加硫酸。

化学浸出有以下几种方法：

1) 浸出 - 置换 - 浮选法（LPF 法）

此工艺的主要过程为：①用稀硫酸浸出氧化铜矿或混合铜矿；②向浸出液中加比铜活泼的金属置换铜；③浮选铜。

2) 磨矿 - 浸出 - 置换 - 浮选法（GLPF 法）

此法是将磨矿 - 浸出 - 置换 - 浮选的前三个工序在一个设备中实现，然后将矿浆送浮选处理。缩短了工艺流程，提高了选矿指标。采用的设备是振动磨矿机，将粒状生铁作为磨矿介质和置换剂。

与 LPF 法相比，该法获得同样品位铜精矿，铜的回收率提高了约 7%。

3) 浸出 - 置换 - 磁选法

浸出 - 置换 - 磁选法主要针对含氯化物的氧化铜矿。

含有氯化物的氧化铜矿，在浸出的过程中，氯离子进入溶液。氯离子使铁置换铜所生成的铜颗粒结构松散或呈胶粒状，造成铜颗粒再被氧化而难以浮选。

为了消除这种不利影响，在用铁置换铜前，向含铜溶液中加入硫脲，使铜与铁团聚成致密的结构。这种结构可以用磁选法回收，得到含铜 6% ~8% 的磁性产品，铜的回收率为 80% ~98%。这种半成品，经磨矿再磁选和分级后，得到品位为 50% ~70% 的铜精矿。

4) 磨矿 - 浸出 - 浮选法

该法可以从氧化矿、硫化矿、炉渣中回收铜。该法先在含硫酸盐和亚硫酸盐的溶液中磨矿，磨矿过程中加入硫，将物料磨细一步浸出，浸出过程中溶液 pH 为 1 ~9，产物为 CuS 沉淀，最后采用浮选法将黏有 S 的 CuS、天然铜和铜化合物进行分选。

5) 哈儿兰法（直接电解法）

哈儿兰法是美国哈儿兰金属公司研制的处理氧化铜矿的工艺。该工艺对矿石成分要求见表 4 - 4。

表 4 - 4　哈儿兰法对矿石成分要求

成分	Cu	Fe 可溶物	CaO 活性	Al_2O_3	SiO_2	Cl^- + Zn + Sb	Pb + Mo	F
含量/%	≥2	≤5	≤5	≤20	≤80	≤1.0	≤0.1	≤0.02

该法采用废电解液浸出。废电解液中含硫酸 8% ~9%、Cu 15 g/L，浸出温度

43~54℃，液固比1∶1。将浸出后的矿泥过滤，所得滤液用于电解。

该法所用设备简单、紧凑、可移动，生产效率高，从矿石处理到最终产品，其周期约为4 h。

6)氯化焙烧 - 浮选法

该法先把矿石加热到470~510℃，通入Cl_2使氧化铜矿物转变为氯化铜，然后通入还原气体CH_4或H_2，将氯化铜还原成金属铜。得到的焙砂排入水中，进行浮选。

该法适合处理含碳酸盐量大的矿石、细粒浸染氧化矿或混合矿。

7)离析 - 浮选法

离析 - 浮选法先将氧化铜矿或混合矿破碎磨细至一定粒度，与加少量食盐的煤或焦炭等还原剂混合。加热至650℃以上，矿石中的铜矿物与盐发生反应生成氯化铜。氯化铜被炭还原为金属铜，金属铜沉积在炭的表面。最后采用浮选法将铜回收，得到高品位铜精矿。采用离析 - 浮选法处理难选氧化铜矿已有成功的实例。此法工艺简单，回收率高，但是设备投资大、能耗大、环境污染严重。

8)还原焙烧 - 氨浸法

该法是先将矿石破碎、还原焙烧，使氧化铜还原成金属铜及单体氧化铜，再用氨水和碳酸氢铵浸出，铜以铜氨络合物$Cu(NH_3)_4CO_3$形式进入溶液；将浸出液经加热蒸氨，络合物分解生成黑色氧化铜沉淀；过滤得到氧化铜；将氧化铜还原得到金属铜。该法在技术上可行，但是从经济上考虑，有待进一步改进。

9)酸浸 - 萃取 - 电积法

酸浸 - 萃取 - 电积法是用稀硫酸浸出以酸性脉石为主的矿石，得到贫铜液；用LIX萃取剂萃取富集，与铁等杂质分离，反萃得到纯净的富铜液，电积提铜。该法可以处理低品位氧化铜矿，得到的铜含杂质少、质量好，但酸浸耗酸量大且难以过滤。

利用酸浸 - 萃取 - 电积提铜工艺处理氧化铜矿。我国已有200多个生产厂，年产铜2万t左右。

处理氧化铜矿和混合铜矿方法种类繁多，其中，酸浸 - 萃取 - 电积工艺已成为从氧化矿中提取铜的主导技术。但单一的氧化矿较少，大部分均为混合矿，对混合矿采用酸浸法处理，由于硫化物浸出困难，浸出率不高。

(3)其他工艺

除上述方法外，近年还研发出处理难选冶氧化铜矿的一些新工艺。

1)加压氨浸硫化沉淀 - 浮选法

该法将氧化铜矿浆与硫粉混合，加压浸出。用氨、二氧化碳将矿石中的氧化铜浸出，浸出液经蒸氨、浮选得到硫化铜精矿。该工艺同还原焙烧 - 氨浸提铜法相比具有氨浓度低、氨损失少和回收率较高等优点，但存在设备投资大，须加压、加热等不足。

2）水热硫化－浮选法

该法将氧化铜矿浆与硫粉混合，加压浸出。硫发生歧化反应生成的 S^{2-} 和 $S_2O_3^{2-}$ 离子与氧化铜发生硫化作用生成硫化铜，再浮选得到硫化铜精矿。该法具有工艺简单、回收率较高等优点，但同样存在设备投资大，须加压、加热等不足。

由以上两种方法得到的硫化铜精矿可采用火法、湿法或湿法火法联合工艺进行处理得到铜或铜产品。氨浸硫化沉淀浮选法铜回收率大于 86％，水热硫化浮选法铜回收率大于 80％。

3）细菌浸出法

细菌浸铜技术是将微生物学与湿法冶金技术相结合，不仅能提取低品位、难处理的矿石及炉渣中的铜，而且还具有对环境友好、投资少、能耗低等优点，近年来已得到了迅速发展。

细菌浸铜适合处理硅酸盐型或碳酸盐含量较少的含硫化铜的氧化铜矿和含铜炉渣等。该法利用铁硫杆菌发生生物化学反应时产生的硫酸高铁和硫酸作浸出剂，把矿物中的铜溶解得到硫酸铜溶液，再用铁置换得到海绵铜，或经萃取－电积得到阴极铜。我国德兴铜矿采用细菌浸出技术已建成了年产 2000t 阴极铜的实验工厂。

虽然细菌浸出具有许多优点，但也存在菌种选择及培养困难、浸出周期长、对环境要求高、浸出率不高等缺点。

氧化铜矿和混合铜矿工艺的选择既要从技术方面考虑，又要从经济方面考虑，还需要考虑对环境的影响。氧化铜矿和混合矿中除含有铜外，还含有其他有价组元。现有技术方案大多只提取铜，这就造成提取铜的过程产生大量的废弃物，严重污染环境。因此，研发清洁、高附加值综合利用氧化铜矿和混合矿工艺技术具有重要意义。

4.2　硫酸法绿色化、高附加值综合利用氧化铜矿

硫酸铵法绿色化、高附加值综合利用氧化铜矿工艺原理基本同硫酸法，现以硫酸法为例进行阐述。

4.2.1　原料分析

图 4－1 给出了氧化铜矿的 XRD 图谱和 SEM 照片，表 4－5 给出了化学成分分析结果。可见，氧化铜矿中主要矿相为石英、白云母、歪长石、针铁矿、赤铜矿和辉铜矿等。其中，硫化铜矿相以辉铜矿为主，氧化铜矿主要以赤铜矿形式存在。

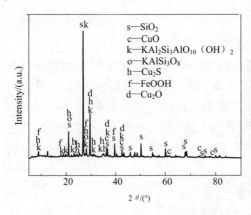 

图 4–1   氧化铜矿的 XRD 图谱和 SEM 照片

表 4–5   氧化铜矿化学成分

成分	Cu	S	Al_2O_3	Fe	MgO	CaO	SiO_2
含量/%	1.60 ~ 5.12	0.28 ~ 0.65	10.21 ~ 12.56	7.34 ~ 9.17	3.49 ~ 5.87	0.25 ~ 1.32	53.21 ~ 58.73

4.2.2   化工原料

硫酸法处理氧化铜矿所用的化工原料有浓硫酸、双氧水、碳酸氢铵、碳酸铵、X984 萃取剂、活性氧化钙、氢氧化钠等。

①浓硫酸：工业级。

②双氧水：工业级。

③碳酸氢铵：工业级。

④碳酸铵：工业级。

⑤X984 萃取剂：工业级。

⑥氢氧化钙：工业级。

⑦氢氧化钠：工业级。

4.2.3   工艺流程

将磨细的氧化铜矿与硫酸混合焙烧，氧化铜矿中的铜、镁、铁、铝等与硫酸反应生成可溶性硫酸盐，二氧化硅不与硫酸反应。焙烧烟气除尘后用硫酸吸收烟气中的 SO_3 和 H_2O，得到硫酸和粉尘返混料。熟料加水溶出，二氧化硅不溶于水，与溶于水的硫酸盐分离。得到的滤液经萃取、反萃得到硫酸铜溶液，电积制备铜。萃取铜后的溶液为铁、铝、镁的硫酸盐溶液。用碳酸氢铵调控溶液的 pH 沉铁过滤得到羟基氧化铁和滤液。用碳酸氢铵调节滤液 pH 沉铝，过滤得到氢氧化铝。沉铝后的溶液中镁离子浓度低于 15 g/L 时，返回溶出熟料；当溶液中镁离子浓度高于 15 g/L 时，向溶液中加入碳酸氢铵调节溶液的 pH 沉镁，过滤得到碱式碳酸镁。沉镁后的溶液经蒸发结晶得到硫酸铵。对于铁铝含量高的溶液可以先沉铁、铝，再萃取铜，工艺条件不变，只是调换工序。碱浸二氧化硅得到硅酸钠溶液，向硅酸钠溶液中加入石灰乳制备硅酸钙。硫酸法工艺流程图如 4 - 2 所示。

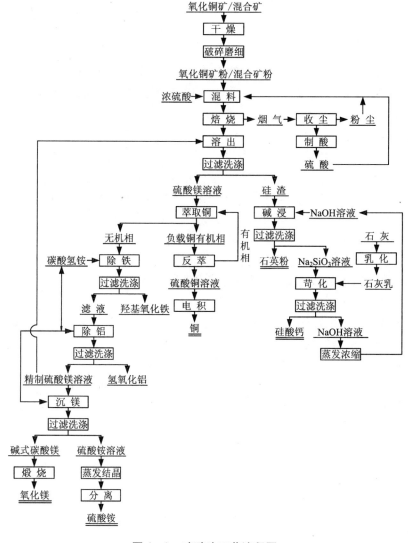

图 4 - 2　硫酸法工艺流程图

4.2.4 工序介绍

1）干燥磨细

矿山开采的氧化铜矿经干燥后含水量小于 5%。将干燥后的氧化铜矿破碎、破碎后的矿磨细至 80 μm 以下。

2）混料

将磨细的氧化铜矿与硫酸混合，氧化铜矿与硫酸的比例为：氧化铜矿中的铜、铁、镁、铝等按与硫酸完全反应生成盐所消耗的硫酸物质的量计为 1，硫酸过量 10%。

3）焙烧

将混好的物料在 350 ~ 450℃焙烧 1 ~ 2 h。焙烧产生的烟气经除尘后，将其中含有的 SO_3 和 H_2O 用硫酸吸收，得到的硫酸和粉尘一起返回混料工序。发生的主要化学反应有：

$$CuO + H_2SO_4 \Longrightarrow CuSO_4 + H_2O \uparrow$$

$$Fe_2O_3 + 3H_2SO_4 \Longrightarrow Fe_2(SO_4)_3 + 3H_2O \uparrow$$

$$MgO + H_2SO_4 \Longrightarrow MgSO_4 + H_2O \uparrow$$

$$Al_2O_3 + 3H_2SO_4 \Longrightarrow Al_2(SO_4)_3 + 3H_2O \uparrow$$

$$H_2SO_4 \Longrightarrow SO_3 \uparrow + H_2O \uparrow$$

$$SO_3 + H_2O \Longrightarrow H_2SO_4$$

4）溶出

焙烧熟料加水溶出，液固比 3:1，溶出温度为 60 ~ 80℃。

5）过滤

把熟料溶出后的浆液过滤，滤渣为硅渣，用于深加工制备硅酸钙。滤液主要为含铁、铝、铜、镁的硫酸盐。

6）萃取、反萃铜

用 X984 萃取滤液中的铜，分离后得到无机相和负载铜的有机相，再用硫酸反萃有机相得到硫酸铜溶液，电积制备铜。发生的主要化学反应有：

$$Cu^{2+} + 2e^- \Longrightarrow Cu$$

7）沉铁

保持溶液温度在 40℃以下，向萃取铜后的溶液中加双氧水将二价铁离子氧化成三价铁离子。用碳酸氢铵调控溶液 pH 在 3 以上，温度高于 40℃，溶液中的铁生成羟基氧化铁沉淀。发生的主要化学反应为：

$$2Fe^{2+} + 2H^+ + H_2O_2 \Longrightarrow 2Fe^{3+} + 2H_2O$$

$$Fe^{3+} + 2H_2O \Longrightarrow 3H^+ + FeOOH \downarrow$$

对沉铁后的溶液进行过滤，得到滤液和羟基氧化铁。

8）沉铝

向沉铁后的滤液中加入碳酸氢铵，调节溶液 pH 至 5.1，溶液中的铝生成氢氧化铝沉淀。发生的主要化学反应为：

$$Al^{3+} + 3OH^- =\!=\!= Al(OH)_3\downarrow$$

对沉铝后的溶液进行过滤，得到滤液和氢氧化铝。

9）沉镁

当沉铝得到的滤液中镁离子浓度小于 $15\ g\cdot L^{-1}$ 时，滤液返回溶出熟料；当镁离子浓度达到 $15\ g\cdot L^{-1}$ 时，向溶液中加入碳酸氢铵沉镁，过滤后得到碱式碳酸镁，滤液返回溶出熟料。发生的主要化学反应为：

$$MgSO_4 + 2NH_4HCO_3 =\!=\!= Mg(HCO_3)_2 + (NH_4)_2SO_4$$
$$Mg(HCO_3)_2 + 2H_2O =\!=\!= MgCO_3\cdot 3H_2O\downarrow + CO_2\uparrow$$
$$5[MgCO_3\cdot 3H_2O] =\!=\!= 4MgCO_3\cdot Mg(OH)_2\cdot 8H_2O\downarrow + 6H_2O + CO_2\uparrow$$
$$4MgCO_3\cdot Mg(OH)_2\cdot 5H_2O =\!=\!= 4MgCO_3\cdot Mg(OH)_2\cdot 3H_2O\downarrow + 2H_2O$$

10）硫酸铵结晶

沉镁后的滤液蒸发结晶得到硫酸铵产品。

11）碱溶

将硅渣用氢氧化钠溶液浸出，反应结束后过滤分离。滤液为硅酸钠溶液，滤渣为石英粉。发生的主要化学反应为：

$$SiO_2 + 2NaOH =\!=\!= Na_2SiO_3 + H_2O$$

12）制备硅酸钙

向硅酸钠溶液中加入石灰乳，控制温度高于 90℃。搅拌，反应后过滤、烘干得到硅酸钙。滤液为氢氧化钠溶液，氢氧化钠溶液返回浸出硅渣，循环利用。发生的主要化学反应为：

$$Na_2SiO_3 + Ca(OH)_2 =\!=\!= CaSiO_3\downarrow + 2NaOH$$

4.2.5　主要设备

硫酸法工艺的主要设备见表 4-6。

表 4-6　硫酸法工艺的主要设备

工序名称	设备名称	备注
磨矿工序	回转干燥窑	干法
	煤气发生炉	干法
	颚式破碎机	干法
	粉磨机	干法
混料工序	犁刀双辊混料机	

续表 4 - 6

工序名称	设备名称	备注
焙烧工序	回转焙烧窑	
	除尘器	
	冷凝制酸系统	
溶出工序	溶出槽	耐酸、连续
	带式过滤机	连续
萃取工序	萃取槽	
	高位槽	
	反萃槽	
	高位槽	
电积工序	电积槽	
	高位槽	
除铁工序	铁除杂槽	耐酸、加热
	高位槽	
	计量给料机	
	板框过滤机	非连续
除铝工序	计量给料机	
	铝除杂槽/釜	耐酸
	板框过滤机	非连续
沉镁工序	沉镁槽	耐蚀、加热
	计量给料机	
	平盘过滤机	连续
煅烧工序	干燥器	
	煅烧炉	
储液区	酸式储液槽	
	碱式储液槽	
蒸发结晶工序	五效循环蒸发器	
	冷凝水塔	
硅渣碱溶	碱溶槽	耐碱、加热
	稀释槽	耐碱、加热
	平盘过滤机	连续
氧化钙乳化工序	生石灰乳化机	
苛化工序	硅酸钠苛化槽	耐碱、加热
	平盘过滤机	连续

4.2.6 设备连接图

硫酸法工艺的设备连接如图 4 - 3 所示。

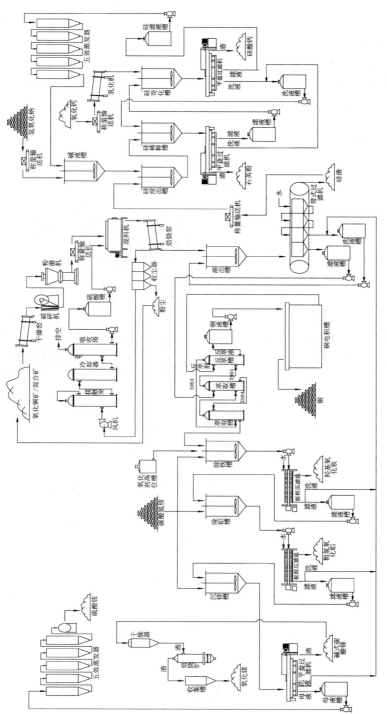

图4-3　硫酸法工艺设备连接图

4.3 产品

硫酸铵法和硫酸法处理氧化铜矿得到的主要产品有针铁矿、氢氧化铝、碱式碳酸镁和硅酸钙等。

4.3.1 羟基氧化铁

图 4-4 给出了羟基氧化铁的 XRD 图谱和 SEM 照片，表 4-7 给出了其成分分析结果，表 4-8 给出了行业标准 YB/T 4267-2011。

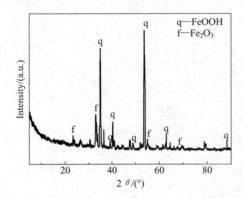

图 4-4 羟基氧化铁的 XRD 图谱和 SEM 照片

表 4-7 羟基氧化铁的化学成分

组成	TFe	SiO$_2$	Al$_2$O$_3$	P	S	水分	粒度
含量 / %	56.7	3.6	1.7	痕量	0.47	3.5	-0.075mm 粗度≤75 μm

表 4-8 行业标准 YB/T 4267-2011

牌号	登记	指标						
		TFe	SiO$_2$	Al$_2$O$_3$	P	S	水分	粒度
JKC I	一级	≥66.0	≤4.5	≤0.8	≤0.05	≤0.08		
II	二级	64.0~66.0	≤6.0	≤1.0	≤0.10	≤0.12		-0.075mm ≥60.0
III	三级	62.0~64.0	≤7.0	≤1.2	≤0.10	≤0.20	≤10.0	
IV	四级	60.0~62.0	≤8.0	≤1.2	≤0.10	≤0.20		
V	五级	54.0~60.0	≤9.0	≤1.5	≤0.10	≤0.50		

沉铁产物的化学成分分析结果表明，沉淀产物全铁含量高达 56.7%，可作为炼铁原料。

4.3.2　硅酸钙

图 4-5 给出了硅酸钙的 SEM 照片，表 4-9 给出了其成分分析结果。

图 4-5　硅酸钙的 SEM 照片

表 4-9　水合硅酸钙的化学成分

成分	SiO_2	CaO	Fe_2O_3	Al_2O_3	Na_2O
含量/%	45.44	42.36	0.25	0.27	0.07

硅酸钙主要用作建筑材料、保温材料、耐火材料、涂料的体质颜料及载体，针状硅酸钙具有很好的补强性能，在橡胶、造纸领域具有很大的市场。

4.3.3　氢氧化铝

图 4-6 给出了氢氧化铝的 XRD 图谱，表 4-10 给出了其成分分析结果，表 4-11 给出了氢氧化铝国家标准 GB/T 4294—2010。

表 4-10　氢氧化铝的化学成分

检测项目	SiO_2	Fe_2O_3	Na_2O	灼烧减量	水分
结果/%	0.09	0.02	痕量	34.9	10

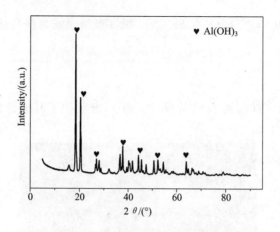

图 4 - 6　氢氧化铝 XRD 图谱

表 4 - 11　氢氧化铝国家标准 GB/T 4294—2010

牌号	化学成分(质量分数)/%					物理性能
	Al_2O_3	杂质含量,不大于			烧失量	水分(附着水)/%
	不小于	SiO_2	Fe_2O_3	Na_2O	(灼减)	不大于
AH - 1	余量	0.02	0.02	0.40	34.5 ± 0.5	12
AH - 2	余量	0.04	0.02	0.40	34.5 ± 0.5	13

氢氧化铝可生产氧化铝,用于铝冶炼,也可作为生产无机铝盐、阻燃填料及其他特种氧化铝制品用原料。

4.3.4　水合碱式碳酸镁

图 4 - 7 给出了碱式碳酸镁的 XRD 图谱和 SEM 照片,表 4 - 12 给出了其成分分析结果,表 4 - 13 给出了工业水合碱式碳酸镁化工行业标准 HG/T 2959—2010。

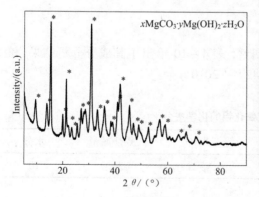

图 4 - 7　碱式碳酸镁 XRD 图谱和 SEM 照片

表 4 – 12　水合碱式碳酸镁的化学成分

项目		结果
氧化镁(MgO)/%		41.3
氧化钙(CaO)/%		0.31
盐酸不溶物/%		0.12
水分/%		2.5
灼烧减量/%		6
氯化物(以 Cl$^-$计)/%		痕量
铁(Fe)/%		0.02
锰(Mn)/%		痕量
硫酸盐(以 SO$_4^{2-}$计)/%		0.14
细度	0.15 mm/%	0.027
	0.075mm /%	1.3
堆积密度/(g·mL^{-1})		0.17

表 4 – 13　工业水合碱式碳酸镁化工行业标准 HG/T 2959—2010

项目		指标	
		优等品	一等品
氧化镁(MgO)/%		40.0 ~ 43.5	
氧化钙(CaO)/% ≤		0.20	0.70
盐酸不溶物/% ≤		0.10	0.15
水分 ω/% ≤		2.0	3.0
灼烧减量/%		54 ~ 58	
氯化物(以 Cl$^-$计)/% ≤		0.10	
铁(Fe)/% ≤		0.01	0.02
锰(Mn)/% ≤		0.004	0.004
硫酸盐(以 SO$_4^{2-}$计)/% ≤		0.10	0.15
细度	0.15 mm/% ≤	0.025	0.03
	0.075 mm/% ≤	1.0	–
堆积密度/(g·mL^{-1}) ≤		0.12	0.2

　　所得产品符合化工行业标准一等品指标，工业水合碱式碳酸镁主要用于橡胶、保温材料、塑胶和颜料等工业中，可以作填充剂和补强剂。

4.3.5 氢氧化镁

图 4 – 8 给出了氢氧化镁的 XRD 图谱和 SEM 照片，由图可见，镁产品为粒度均匀的单分散球形颗粒，外形规则，颗粒为片状。

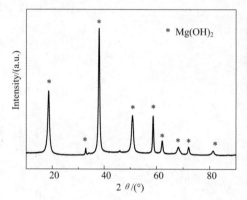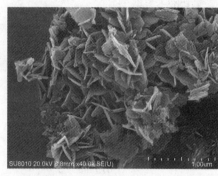

图 4 – 8 氢氧化镁的 XRD 图谱和 SEM 照片

表 4 – 14 为制得氢氧化镁的技术指标，表 4 – 15 为由氢氧化镁制得的氧化镁的技术指标。表 4 – 16 为工业氢氧化镁化工行业标准 HG/T 3607—2007。

表 4 – 14 氢氧化镁的化学成分

项目	指标	项目	指标
氢氧化镁[$Mg(OH)_2$]/% ≥	98.3	铁(Fe)/% ≤	微
氧化钙(CaO)/% ≤	0.09	筛余物(75 μm 试验筛)/% ≤	—
盐酸不溶物/% ≤	0.02	激光粒度(D50)/μm≤	1.0
水分/%	0.5	灼烧失重/% ≤	29
氯化物(以 Cl 计)/% ≤	微	白度≥	95

表 4 – 15 氧化镁的技术指标/%

项目	检测结果/%	项目	检测结果/%
氧化镁	96.34	灼烧失重	2.8
氧化钙	0.13	氯化物	—
盐酸不溶物	—	锰	—
铁	0.02	150 μm 筛余物	—
硫酸盐(SO_4^{2-})	0.12	堆积密度	0.18

表 4 – 16 工业氢氧化镁化工行业标准 HG/T 3607—2007

项目	I 类	II 类		III 类	
		一等品	合格品	一等品	合格品
氢氧化镁[Mg(OH)$_2$]质量分数/% ≥	97.5	94.0	93.0	93.0	92.0
氧化钙(CaO)质量分数/% ≤	0.10	0.05	0.10	0.50	1.0
盐酸不溶物质量分数/% ≤	0.1	0.2	0.5	2.0	2.5
水分/%	0.5	2.0	2.5	2.0	2.5
氯化物(以 Cl⁻ 计)质量分数/% ≤	0.1	0.4	0.5	0.4	0.5
铁(Fe)质量分数/% ≤	0.005	0.02	0.05	0.2	0.3
筛余物质量分数(75 μm 试验筛)/% ≤	–	0.02	0.05	0.5	1.0
激光粒度(D50)/μm ≤	0.5 ~ 1.5	–	–	–	–
灼烧失量/% ≤	30	–	–	–	–
白度 ≥	95	–	–	–	–

可见,氢氧化镁可到达 I 类产品指标,氧化镁达到优等品指标。氢氧化镁广泛应用于塑料、橡胶、建筑等领域。氢氧化镁由片状微晶组成,利用其优异的特性和独特形状,可用作低密度纸填料。氢氧化镁不燃烧、质轻而松,可作耐高温、绝热的防火保温材料。氧化镁用途广泛,主要应用于化工、环保、农业等领域。

4.4 环境保护

4.4.1 主要污染源和主要污染物

(1)烟气

①硫酸铵焙烧的烟气中主要污染物是粉尘、SO$_3$ 和 NH$_3$,硫酸铵焙烧的烟气中主要污染物是粉尘和 SO$_3$。

②燃气锅炉供热过程中主要污染物是粉尘和 CO$_2$。

③氧化铜矿储存、破碎、输送转接点等产生的物料粉尘。

(2)水

生产废水和生产过程水循环使用,无废水排放。

（3）固体

①氧化铜矿中的镁制成碱式碳酸镁和氧化镁产品，无废弃物排放。

②氧化铜矿中的硅制成硅酸钙和硅微粉，无废弃物排放。

③氧化铜矿中的铁制成羟基氧化铁，无废弃物排放。

④氧化铜矿中的铝制成氧化铝，无废弃物排放。

⑤氧化铜矿中的铜制成金属铜，无废弃物排放。

⑥硫酸铵焙烧氧化铜矿，硫酸铵循环利用（硫酸法得到硫酸铵）。

生产过程无污染废渣排放。

4.4.2　污染治理措施

（1）焙烧烟气

焙烧烟气采用旋风、重力、布袋除尘，用硫酸铵法将烟气冷却得到硫酸铵，过量氨回收，用于除杂和沉镁；用硫酸法将烟气冷凝制酸，循环利用。

（2）通风除尘

产生粉尘设备均带收尘装置。

扬尘：对全厂扬尘点，均实行设备密闭罩集气，机械排风，高效布袋除尘器集中除尘。系统除尘效率均在99.9%以上。

烟尘：回转窑等烟气除尘系统收集的烟尘全部返回系统再利用。

（3）废水治理

需要水源提供新水，包括生产新水，生产用水循环，全厂水循环利用率为90%以上。

（4）废渣治理

整个生产过程中，氧化铜矿中的主要组分铁、铜、镁、铝、硅均制备成产品，无废渣产生。

（5）噪声治理

本工程的噪声主要由机械动力、流体动力产生。工程设计对高噪声设备采取消声、隔声、基础减振等措施进行处理。球磨机等设备置于单独隔音间内，并设有隔音值班室。

4.5　结语

（1）采用硫酸铵或硫酸焙烧法处理氧化铜矿，把其中的有价组元铜、铁、铝、镁、硅都分离提取出来，成为产品。实现了氧化铜矿中全部有价组元的高附加值综合利用。

（2）化工原料成为产品或循环利用，无废气、废水、废渣的排放。实现了全流程的绿色化。

(3)处理氧化铜矿新工艺的建立,为充分、合理地综合利用氧化铜矿提供了新的途径。

参考文献

[54] 陈家镛. 湿法冶金手册 [M]. 北京:冶金工业出版社, 2005.

[55] 马荣骏. 湿法冶金原理 [M]. 北京:冶金工业出版社, 2007.

[56] 彭容秋. 铜冶金 [M]. 长沙:中南大学出版社, 2004.

[57] 陈家镛, 杨守志, 柯家骏. 湿法冶金的研究与发展 [M]. 北京:冶金工业出版社, 1998.

[58] 赵涌泉. 氧化铜矿的处理 [M]. 北京:冶金工业出版社, 1982.

[59] 曹烨. 云南镇沅混合铜矿选矿试验研究 [D]. 昆明:昆明理工大学, 2010.

[60] 彭时忠. 低品位银铜矿银铜浮选回收试验研究 [D]. 赣州:江西理工大学, 2011.

[61] Canterford, Swift, D. A.. Thin Layer Leaching of oxide copper ores [J]. 49 Thirteenth Australian Chemical Engineering Conference, 2005, (9): 175 - 179.

[62] 李绥远, 李艺, 赖来仁, 等. 中国伴生银矿床银的工艺矿物学 [M]. 北京:地质出版社, 1996.

[63] P A Shirvanian, J M Calo. Copper recovery in a spouted vesselelectrolytic reactor [J]. Journal of Applied Electrochemistry, 2005: 101 - 111.

[64] 彭建. 低品位铅银混合矿选矿工艺技术研究 [D]. 长沙:中南大学, 2012.

[65] 周一康. 我国伴生金银提取冶金技术进展 [J]. 稀有金属, 1996, 20(3): 217 - 221.

[66] 李明宇. 阜新某氧化铜矿选矿试验研究 [D]. 阜新:辽宁工程技术大学, 2011.

[67] 朱屯. 现代铜湿法冶金 [M]. 北京:冶金工业出版社, 2002.

[68] Dudas, Laszlo, Maass, Herman, Bhappu, Roshan. Role Of Mineralogy In Heap And Situ Leaching Of Copper Ores [J]. Medical Progress Through Technology, 2002, 57(7): 595 - 600.

[69] 重金属冶金学委会编. 铜冶金 [M]. 长沙:中南大学出版社, 2004.

[70] 赵天从等. 有色金属提取手册(铜镍)[M]. 北京:冶金工业出版社, 2000.

[71] 郑永兴, 文书明, 丰奇成, 等. 含铜难处理铁矿选冶联合工艺研究 [J]. 矿产保护与利用. 2012(4): 29 - 32.

[72] 王伊杰, 文书明, 刘丹, 等. 云南某高氧化率混合铜矿石选矿试验 [J]. 现代矿冶. 2013 (5): 20 - 22.

[73] 刘殿文, 尚旭, 方建军, 等. 微细粒氧化铜矿物浮选方法研究 [J]. 中国矿业. 2010, 19(1): 79 - 81.

[74] 金继祥. 东川汤丹难选冶氧化铜矿石新工艺试验进展 [J]. 云南冶金, 1997(2): 22 - 30.

[75] A. K. Biswas, W. G. DavenPort. Extractive metallurgy of copper [M]. Oxford:New York: Pergamon Press, 1976.

[76] 路殿坤, 刘大星, 王春, 等. 中条山低品位铜矿的细菌浸出研究 [J]. 有色金属, 2000(6): 10 - 13.

[77] 王成彦. 堆浸－萃取－电积铜厂在高寒地区的生产与实践 [J]. 有色金属, 2001(6): 6－9.

[78] Herreros O, Vinals J. Leaching of sulfide copper ore in a NaCl—H_2SO_4－O_2 media with acid pre－treatment [J]. Hydrometallurgy, 2007, 89(3－4): 260－268.

[79] 项则传. 难选氧化铜矿堆浸－萃取－电积提铜的研究和实践 [J]. 有色金属, 2004(4): 1－3.

[80] Viring M J, Jistn H, Collin M, et al. Ketoximes, Processes therefore, and copper extraction process. US Pattent: 6342635 [P], 2002－01－29.

[81] 张大维. 氧化铜矿粉的制粒及柱浸试验初探 [J]. 矿产保护与利用, 1994(3): 33－35.

[82] Swanson R R. Liquid－liquid recovery of copper values using alpha－hydroxides. US Pattent: 3224873 [P]. 1965－12－21.

[83] 王中生. 宁夏某氧化铜矿柱浸－置换试验研究 [J]. 矿产保护与利用, 2003(1): 38－40.

[84] Tait B K, M Alose K E, Taljard 1. The extraction of some metal ions by LIX1104 dissolved in toluene [J]. Hydrometallurgy, 1995, 38(1): 1－6.

[85] 张峰, 常晋元. 低品位氧化铜矿的地下溶浸工艺与生产 [J]. 有色金属, 2003(4): 5－6.

[86] Senanayake G. Chloride assisted leaching of chalcocite by oxygenated sulphuric acid via Cu(II)－OH－Cl [J]. Minerals Engineering, 2007, 20(11): 1075－1088.

[87] 余斌. 原地溶浸采矿技术研究与全流程工业试验 [J]. 黄金, 2001(7): 12－16.

[88] Gantayat B P, Rath P C, Paramguru R K, et al. Galvanic interaction between chalcopyrite and manganese dioxide in sulfuric acid medium [J]. Metallurgical and Materials Transactions B, 2000, 31(1): 55－61.

[89] Zhao G, Liu Q. Leaching of copper from tailings using ammonia/ammonium chloride solution and its dynamics [C]. 2010 International Conference on Chemistry and Chemical Engineering(1－3). New York: Institute of Electrical and Electronics Engineers, 2010: 216－220.

[90] 江亲才. 武山铜矿南山矿带氧化矿特征及就地溶浸试验 [J]. 金属矿山, 2001(7): 16－18.

[91] Rajko Z V, Natasa V, Zeljko K. Leaching of copper(I)sulphidic by sulphuric acid solution with addition of sodium nitrate [J]. Hydrometallurgy, 2003, 70(1－3): 143－151.

[92] 谢福标. 氧化铜矿搅拌浸出－萃取－电积的生产实践 [J]. 矿冶, 2001(2): 45－49.

[93] Miirr L E, Hiskey J B. Kinetics effects of particle－size and crystal dislocation density on the dichromate leaching of chalcopyrite [J]. Metallurgical and Materials Transaction B, 1981, 12(2): 255－267.

[94] 王双才, 李元坤, 史光大, 等. 氧化铜矿的处理工艺及其研究进展 [J]. 矿产综合利用, 2006(4): 38－39.

[95] 张建文. 低品位氧化铜矿的浮选及浸出研究 [D]. 长沙: 中南大学, 2010, 1.

[96] 李继璧. 国内铜湿法冶金工艺应用现状 [J]. 湿法冶金, 2007(3): 13－14.

[97] 柳建设, 王淀佐, 邱冠周, 胡岳华. 铜萃取过程污物的形成机理研究 [J]. 矿冶工程, 2001(7): 89－90.

[98] Ju S, Tang M, Yang S, et al. Thermodynamics of Cu(II)－NH_3－NH_4Cl－H_2O system [J]. Transaction of Nonferrous Metal Society of China, 2005, 15(6): 1414－1419.

[99] 陈国发. 重金属冶金学 [M]. 北京：冶金工业出版社，1992.

[100] Wang H, Wu A, Zhou X, et al. Accelerating column leaching trial on copper sulfide ore [J]. Rare Metals. 2008, 27(1): 95 - 100.

[101] 王成彦. 高碱性脉石低品位难处理氧化铜矿的开发利用 - 浸出工艺研究 [J]. 矿冶，2001(4): 49 - 53.

[102] Habbache N, Alane N, Djerad S, Tifouti L. Leaching of copper oxide with different acid solutions [J]. Chemical Engineering Journal, 2009, 152(2 - 3): 503 - 508.

[103] Liu W, Tang M, Tang C, et al. Thermodynamics of solubility of $Cu_2(OH)_2CO_3$ in ammonia - ammonium chloride - ethyl media mine(En) - water system [J]. Transaction of Nonferrous Metal Society of China, 2010, 20(2): 336 - 343.

[104] 曹异生. 国际铜矿业进展 [J]. 世界有色金属，2007(5): 35 - 41.

[105] Bedform L H, Hard R H, Bedford R A H, et al. Instiumining of copper and nickel. US Patent: 4045084 [P], 1977 - 08 - 30.

[106] 刘殿文，张文彬，文书明，等. 氧化铜矿浮选技术 [M]. 北京：冶金工业出版社，2009.

[107] Rao S K, Rao H S. Selection of experimental conditions for leaching studies: A case study on oxidative ammonia leaching of multimetal sulphides [J]. Metallurgy and Material Science (India), 1997, 78(1): 70 - 78.

[108] Tromans D. Oxygen solubility modeling in ammoniacal leaching solutions: leaching of sulphide concentrates [J]. Minerals Engineering, 2000, 13(5): 497 - 515.

[109] 柳建设，葛玉卿，邱冠周，等. 从含铜铁锌的酸性溶液中选择性萃取铜 [J]. 湿法冶金，2002, 21(2): 88 - 91.

[110] 汪家鼎，陈家镛. 溶剂萃取手册 [M]. 北京：化学工业出版社，2001.

[111] 徐光宪，王文清，吴瑾光等. 萃取化学原理 [M]. 上海：上海科学技术出版社，1984.

[112] 吕文东，郝志峰，王继民. 湿法炼铜中的萃取剂 [J]. 广东有色金属学报，2004, 14(2): 114 - 117.

[113] H ussein Amentia, Claude Bain. Extraction of Cu^{2+}, Fe^{3+}, Ca^{2+}, Ni^{2+}, In^{3+}, Co^{2+}, Zn^{2+}, and Pb^{2+} with Lix 984 dissolved in n - heptanes [J]. Hydrometallurgy, 1997: 47.

[114] 侯新刚，哈敏，薛彩红. 用溶剂萃取法铜铁分离的研究 [J]. 甘肃科技，2008, 24(4): 37 - 39.

第5章 高铁铝土矿绿色化、
高附加值综合利用

5.1 综述

5.1.1 资源概况

世界各国对铝土矿床的分类不统一，主要按矿物结构分类和矿床成因分类。

按矿物结构不同分类，铝土矿可以分为三水铝石型铝土矿、一水软铝石型铝土矿和一水硬铝石型铝土矿。其中，三水铝石型铝土矿很容易冶炼，一水软铝石型铝土矿次之，一水硬铝石型的矿石最难冶炼，必须在高温高压条件下才能溶出。

世界铝土矿储量大国中除中国和希腊几乎为一水硬铝石型铝土矿外，其余基本上全为三水铝石型铝土矿。世界主要铝土矿国家矿石类型和化学成分如表5-1所示。

表5-1 世界主要铝土矿国家矿石类型和化学成分

国家	化学成分/%			主要矿石类型
	Al_2O_3	Fe_2O_3	SiO_2	
澳大利亚	25 ~ 58	5 ~ 37	0.5 ~ 38	三水铝石、一水软铝石
几内亚	40 ~ 60.2	6.4 ~ 30	0.8 ~ 6	三水铝石、一水软铝石
巴西	32 ~ 60	1.0 ~ 58.1	0.95 ~ 25.75	三水铝石
中国	50 ~ 70	1 ~ 13	9 ~ 15	一水硬铝石
越南	44.4 ~ 53.23	17.1 ~ 22.3	1.6 ~ 5.1	三水铝石、一水硬铝石
牙买加	45 ~ 50	16 ~ 25	0.5 ~ 2	三水铝石、一水软铝石
印度	40 ~ 80	0.5 ~ 25	0.3 ~ 18	三水铝石
圭亚那	50 ~ 60	9 ~ 31	0.5 ~ 17	三水铝石
希腊	35 ~ 65	7.5 ~ 30	0.4 ~ 3	一水硬铝石、一水软铝石
苏里南	37.3 ~ 61.7	2.8 ~ 19.7	1.6 ~ 3.5	三水铝石、一水软铝石

　　按矿床成因不同分类，铝土矿可以分为红土型、岩溶型和沉积型三种。红土型铝土矿是硅酸盐岩石在当地风化形成的，世界上一些主要的铝土矿矿床都是红土型铝土矿。大部分红土型铝土矿都是地表矿床。岩溶型铝土矿的资源储量占世界总储量的 13% 左右，主要分布于南欧、加勒比海地区和亚洲北部地区，我国部分铝土矿属于此类型。此类铝土矿具有高铝高硅的特点，铝的存在形式多为一水硬铝石，部分为一水软铝石和一水硬铝石的混合体。沉积铝土矿矿床储量规模很小，约占世界储量的 1%，多分布于东中欧和中国，以一水硬铝石矿为主。

　　我国高铁铝土矿资源主要分布在广西、福建、山西等地，因其地质成矿条件不同，各地高铁铝土矿各有特点。

　　福建漳浦高铁铝土矿是水解淋滤作用形成的红土型铝土矿，矿石中主要矿物是三水铝石和少量的一水铝石，次要矿物有赤铁矿、针铁矿等。矿石中 Al_2O_3 含量为 45%，Fe_2O_3 含量为 17%，SiO_2 含量仅有 6% 左右。主要的矿石结构有胶状结构、微晶结构、假象交代结构等，常见有豆状、皮壳状胶结构造以及次生胶结构造，矿床分布于漳浦深土、赤湖、佛昙一带，矿区沿海岸线从大肖向北东方向延伸约 40 km，资源储量达 500 万 ~ 1000 万 t。

　　海南文昌地区的铝土矿石性质与漳浦地区相近，含铁量稍低，保有储量达 1330 万 t。

　　广西贵港高铁铝土矿石 Fe_2O_3 含量达 35% ~ 46%，在漫长的岁月里，湿热交替的气候环境将裸露地表的泥盆系、石炭系碳酸盐风化成了高铁三水铝土矿。矿石中主要矿物为三水铝石、针铁矿、赤铁矿和高岭土。矿石主要呈隐晶结构、凝胶结构，常见豆状、鲕状、结核状构造。该类铝土矿分布于广西中南、东南部玉林至南宁一带的近十个县市，其中贵港、横县、宾阳一带矿石质量好，矿化面积大。贵港铝土矿大部分出露地表，覆盖层薄，矿层疏松，极易开采，总储量超过 2 亿 t。

　　桂西铝土矿为堆积型铝土矿，矿石主要为鲕状及致密块状结构。矿石主要由一水硬铝石、针铁矿、赤铁矿和高岭土组成，Al_2O_3 含量为 40.03% ~ 73.83%、Fe_2O_3 含量为 6.36% ~ 37.06%，组分简单，杂质含量少。矿床集中分布于平果—靖西东西长约 240 km、南北宽约 70 km 的区域内，是国内最大的堆积型铝土矿床，储量在 5 亿 t 以上。

　　山西保德高铁铝土矿是大型红土 – 沉积型铝土矿，分布于保德桥头以南至兴县奥家湾以北区域。矿石由一水硬铝石、高岭土、赤铁矿、针铁矿、锐钛矿等矿物组成，储量约为 1.4 亿 t。

　　此外，河南、四川、贵州、台湾等地也分布着大量的高铁铝土矿，全国高铁型铝土矿资源总量达到 15 亿 t 以上。虽然各地高铁铝土矿具有不同的矿产地质特征，但大都裸露于地表，属易开采矿石，且普遍解离性能差，到目前为止大部分高铁铝土矿还未得到合理的开发利用。

高铁铝土矿的主要组分为 Al_2O_3、Fe_2O_3、SiO_2。其中 Al_2O_3 含量 20% ~ 37%，平均为 28%；Fe_2O_3 含量 35% ~ 46%，平均为 40%，其含量远远高于通常铝土矿的 Fe_2O_3 含量；SiO_2 含量 4% ~ 12%，平均为 8%；灼减量 10% ~ 20%，平均为 17%。矿石中的铝硅比为 2 ~ 7。此外，伴生有 V、Ga 等有价金属组元。有害杂质除磷（含量 0.18%）稍高于炼钢要求外，其他如有机碳、CaO、MgO、As、S、Pb、Zn、Sn 等均低于氧化铝及炼钢用矿石的允许含量。

高铁铝土矿中铝矿物以游离态、类质同像及硅酸盐三种形式存在。游离态多以三水铝石、一水铝石形式存在，类质同像的形式存在于针铁矿和赤铁矿中。铁矿物主要以针铁矿和赤铁矿形式存在。因铝、铁呈类质同像的形式存在，铁矿物中的铝和铁含量不稳定。针铁矿中铝含量较高，占总 Al_2O_3 量的 17% ~ 25%，平均 20%。矿物中铝、铁、硅等有价组元相互嵌布，常呈变胶状集合体，具有明显的变胶态成因特征。

广西高铁铝土矿中铝和铁含量均未达到现代的冶炼工艺要求，若以单一铁矿或铝土矿开发，经济上不合理，技术不可行，因此必须考虑矿石的综合利用。由于高铁铝土矿化学成分种类多，矿物结构复杂，嵌布细、分散，给其有价组元分离造成了很大困难。国内科研工作者及设计部门做了大量的试验研究工作，提出了多种综合利用方案，但均未在工业生产中得以扩大应用。

5.1.2 工艺技术

国外主要采用火法冶炼高铁铝土矿，按设备分为电炉熔炼法、高炉冶炼法、回转窑还原法、回转窑还原—电炉熔炼法，与国内早期的三种方法大同小异。我国早期利用广西高铁铝土矿的工艺主要有"先选后冶"工艺、"先铝后铁"工艺和"先铁后铝"工艺。

(1)"先选后冶"工艺

"先选后冶"工艺是最早被提出的工艺，主要过程为：通过选矿的方法使含铝矿物与含铁矿物分离富集得到铝精矿与铁精矿，再分别冶炼铝精矿、铁精矿。此工艺的关键在于选矿工序分离铝、铁，而此类铝土矿中铁、铝互相嵌布，密切共生，给选矿带来极高的难度。

物理选矿法和化学选矿法均被采用过，物理选矿法主要采用磁选、浮选、磁选—浮选联合流程等。

东北大学李殷泰、毕诗文等在 1990 年进行了一系列的选矿试验，其中包括五个磁选方案。此外，在北京地质科学院的配合下还进行了中频介电分选。但是，选矿试验均未取得满意效果。

中南大学唐向琪等曾采用阶段磨矿、旋流分级、浮选、选择絮凝、强磁选、高梯度磁选、重介质选矿、磁化焙烧—磁选等八种方法研究贵港矿的分选效果，但由于高铁铝土矿中的大部分矿物结晶不好，颗粒微细，部分呈凝胶状，矿物间互相胶结包裹，结构复杂，解离性能极差，实验也未能得到满意的结果。

(2) 先铝后铁工艺

"先铝后铁"工艺是利用三水铝石易于浸出的特点，先采用拜耳法将矿石中易于浸出的三水铝石浸出，再把浸出后的富铁赤泥经磁化焙烧和磁选造球后进行冶炼。实验结果表明，铝、铁的相互嵌布共生且矿中含有部分一水铝石、硅矿物导致氧化铝的浸出率低，约为 55%，低于理论溶出率(约 70%)。此外在赤泥炼铁时，存在赤泥脱钠、物料成团、铁的回收率偏低等问题。

中南大学唐向琪等对贵港三水铝石型铝土矿采用"先铝后铁"方案进行试验，将赤泥炼铁工艺进行改进：省去赤泥脱钠过程，采用催化还原焙烧技术，还原焙烧温度降低为 1000 ~ 1150℃。制得的含铁 90% 以上的海绵铁直接作电炉炼钢原料，铁的回收率达到 85% 以上。针对赤泥的洗涤问题，提出了赤泥粗细分步分离，分别洗涤的技术，使上述问题得到了较好的解决。赤泥处理的工艺流程如图 5 - 1 所示。

(3) "先铁后铝"工艺

"先铁后铝"工艺是在电炉或高炉中还原铝土矿冶炼出生铁的同时，制取自粉性铝酸钙炉渣，再用碳酸钠溶液或碳分母液溶出炉渣，得到铝酸钠溶液，进而得到氧化铝。

李殷泰等对"先铁后铝"工艺进行了深入系统的研究，先后制订了四个方案：金属预还原 - 电炉熔分 - 提取氧化铝方案、粒铁法方案、生铁熟料法方案、烧结 - 高炉冶炼 - 提取氧化铝方案。

1) 金属预还原 - 电炉熔分 - 提取氧化铝

金属预还原 - 电炉熔分 - 提取氧化铝工艺主要过程为：在铝土矿中配入石灰石和煤，在 1000 ~ 1800℃ 的温度下于回转窑中进行还原焙烧，再将还原炉料加入电炉，在 1600 ~ 1700℃ 的高温下铁矿物还原为金属铁，完成铁和铝的分离。用碳酸钠溶液浸出炉渣提取氧化铝，浸出渣用于生产水泥。

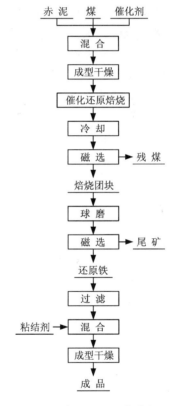

图 5 - 1　赤泥处理工艺流程图

该工艺无废料排放，工艺技术成熟，是目前钢铁工业和氧化铝工业现行工艺的组合，金属回收率高，铁的回收率为 90% 以上，最高达 99%，Al_2O_3 浸出率为

80%（按原矿 85%）以上。此工艺设备投资大，电耗大，对电力缺乏的广西来说，成本高，经济上不可行。

2）粒铁法

粒铁法主要过程为：在铝土矿中配入石灰石和煤，采用回转窑在 1400～1500℃ 的温度下还原焙烧，还原炉料经缓冷后自粉化，再采用磁选方法分离出粒铁和铝酸钙渣。粒铁用于炼钢，铝酸钙渣用于浸出生产氧化铝。

该方案主要是为了减少电耗而采用回转窑进行矿石的还原。但是该工艺中，铁不能有效聚合，磁选效果差，工艺技术难度大。

3）生铁熟料法

生铁熟料法是在铝土矿中配入石灰石和煤，采用回转窑在 1480℃ 的温度下将铁矿物还原成铁水，铁水经钠化吹钒后炼钢，铝酸钙渣用于浸出氧化铝。

该工艺铝、铁回收率较高，且能源为煤，对电力紧张的广西较适宜。但存在熔炼温度高，能耗偏高且回转窑炉衬与铁水接触、寿命短等问题。

4）铝土矿烧结－高炉冶炼－提取氧化铝

将矿石按一定比例配入石灰石、煤粉和生石灰，混料后烧结，烧结矿入高炉冶炼。在高炉内，铁矿物还原成铁水，铝矿物反应生成铝酸钙渣，实现渣铁分离。炉渣用于浸出氧化铝。其主要流程如图 5-2 所示。

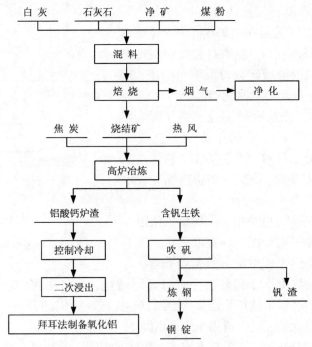

图 5-2　高炉冶炼工艺流程图

研究表明,该工艺在技术上可行,铁的回收率达 98%;铝酸钙渣缓慢冷却后,以碳酸钠溶液对其进行溶出,氧化铝浸出率大于 82%。但采用高炉冶炼,炉渣碱度高、黏度大导致熔炼温度高,且由于矿石铁品位低,石灰加入量大,导致炉渣量大。因此,经济上可行性较差。

(4)综合利用方案

近年来,科研人员提出几种新的综合利用高铁铝土矿的方法。

1)同时提取铁铝工艺

"同时提取铁铝"的工艺流程为:将铝土矿按比例配入还原炭粉、添加剂(碳酸钠,氧化钙或碳酸钙),经球磨、混匀、造球、干燥后,进行还原焙烧。还原铁的同时,铝形成铝酸钠。焙烧后物料经湿磨、沉降分离后,得到含铁渣和粗铝酸钠溶液。含铁渣磁选后得到铁精矿,粗铝酸钠溶液经脱硅、碳分得到氢氧化铝。胡文韬等对实验进行了具体研究,得到了较好的实验条件:在还原温度 1150℃、还原时间 45 min、Na_2CO_3 用量 40.47%、还原剂用量 11.9% 的条件下,得到的粉末铁品位为 95.88%、铁回收率为 89.92%、氧化铝溶出率为 75.92%。

2)钠化还原磁选 – 酸溶钠硅渣工艺

该工艺流程为:把高铁铝土矿磨细,配入一定比例的无机钠盐,混匀、造球并干燥。以煤为还原剂,采用竖炉在一定温度下对球团进行还原焙烧。还原球团经冷却、破碎和湿磨,采用磁选将高铁铝土矿中铝、铁分离,所得非磁性钠硅渣采用硫酸浸出法提取铝。经硫酸浸出后,铝和钠留在溶液中。结晶析出硫酸铝,硫酸铝结晶后的溶液再经氢氧化钠溶液中和、蒸发结晶析出硫酸钠。原矿中的镓随金属铁进入磁性物质中,在炼钢过程中加入氯化剂,再通过分段冷凝,分离得到高浓度氯化镓,再进一步加工成金属镓。而铁则冶炼成钢,钒主要富集在非磁性物中,非磁性物经硫酸浸出后进入滤渣,滤渣经"钠化提钒"后得到五氧化二钒。其主要工艺流程如图 5 – 3 所示。

5.2　硫酸法绿色化、高附加值综合利用高铁铝土矿

5.2.1　原料分析

由图 5 – 4 可以看出:铝土矿结晶不完全,铝土矿中的铝主要以三水铝石形式存在,还有一水硬铝石和高岭土。铁主要以赤铁矿和针铁矿形式存在,铝土矿中含有石英和锐钛矿。

铝土矿成分如表 5 – 2 所示。

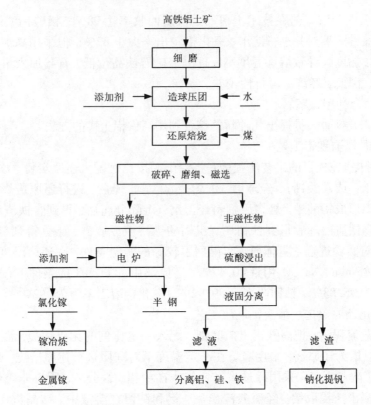

图 5-3 高铁铝土矿综合利用工艺

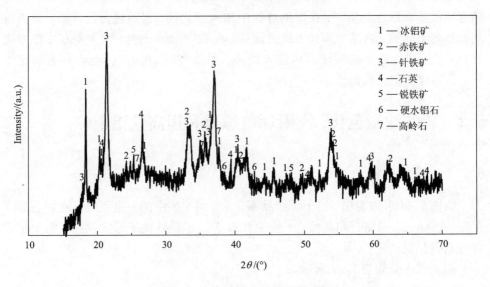

图 5-4 高铁铝土矿的 XRD 图

表 5 - 2　高铁铝土矿化学成分

组成	Al_2O_3	SiO_2	Fe_2O_3	TiO_2	MnO_2
含量/%	18.96 ~ 27.12	8.63 ~ 11.82	31.24 ~ 46.89	0.98 ~ 1.57	1.10 ~ 1.89

由表 5 - 2 可见，该矿属高铁、低铝硅比铝土矿，该矿铝硅比远低于工业采用碱法生产氧化铝所用原料水平。含铁过高也不符合碱法生产工艺要求。

5.2.2　化工原料

硫酸法处理高铁铝土矿所用的化工原料主要有浓硫酸、氨、双氧水、碳酸氢铵、氢氧化钠等。

①浓硫酸：工业级。

②双氧水：工业级。

③碳酸氢铵：工业级。

④氨：工业级。

⑤氢氧化钠：工业级。

5.2.3　工艺流程

将高铁铝土矿粉碎、磨细后与浓硫酸混合焙烧，高铁铝土矿中的铝、铁与硫酸反应生成可溶性盐，二氧化硅不与硫酸反应。焙烧烟气除尘后用硫酸吸收制成硫酸，返回混料。焙烧熟料经水溶出后，由于二氧化硅不溶于水，与溶于水的硫酸盐分离，得到的硫酸盐溶液含铁高，用氨调控 pH，铁生成羟基氧化铁，用于炼铁。过滤后的溶液继续用氨调节 pH，铝生成氢氧化铝沉淀，过滤得到粗氢氧化铝，采用拜耳法处理，得到氧化铝，用于电解铝。具体工艺流程如图 5 - 5 所示。

5.2.4　工序介绍

1）干燥磨细

将高铁铝土矿干燥，使物料含水量小于 5%。将干燥后的高铁铝土矿破碎、磨细至粒度小于 80 μm。

2）混料

将磨细后的高铁铝土矿与硫酸混合，高铁铝土矿与硫酸的比例为：高铁铝土矿中的氧化铁、氧化铝按与硫酸完全反应所消耗的硫酸物质的量计为 1，硫酸过量 10%。

3）焙烧

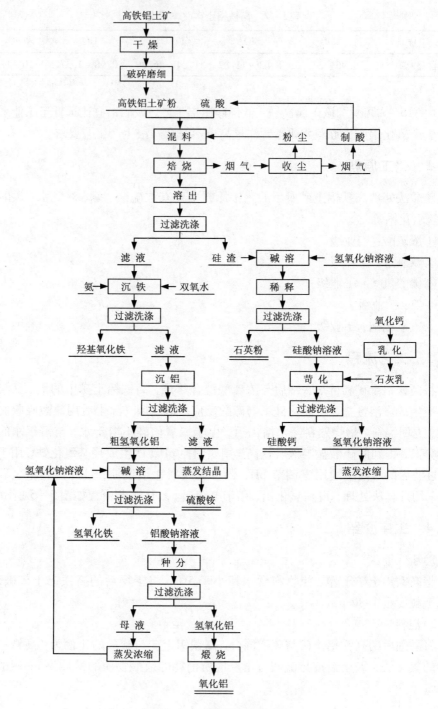

图 5-5 硫酸法工艺流程图

将混好物料在 350 ~ 450℃焙烧，保温 1 ~ 2 h。焙烧产生的 SO_3 和 H_2O 用硫酸吸收，吸收后得到的硫酸返回混料工序循环使用。尾气经碱吸收塔吸收后排放，排放的尾气达到国家环保标准。发生的主要化学反应有：

$$Al_2O_3 + 3H_2SO_4 ==== Al_2(SO_4)_3 + 3H_2O \uparrow$$
$$Fe_2O_3 + 3H_2SO_4 ==== Fe_2(SO_4)_3 + 3H_2O \uparrow$$
$$H_2SO_4 ==== SO_3 \uparrow + H_2O \uparrow$$
$$SO_3 + H_2O ==== H_2SO_4$$

4）溶出

焙烧熟料趁热加水溶出，溶出液固比为 3:1，溶出温度 60 ~ 80℃，溶出时间 1 h。

5）过滤

将熟料溶出后的浆液过滤，得到硅渣和溶出液。硅渣主要为二氧化硅，深加工制备硅酸钙。

6）除铁

保持溶液温度在 40℃以下，向溶出液中加入双氧水将二价铁离子氧化成三价铁离子。保持溶液温度在 40℃以上，向滤液中加入氨，调控溶液的 pH 大于 3，使铁生成羟基氧化铁沉淀，过滤后羟基氧化铁作为炼铁原料。滤液主要含硫酸铝。发生的主要化学反应为：

$$2Fe^{2+} + 2H^+ + H_2O_2 ==== 2Fe^{3+} + 2H_2O$$
$$Fe_2(SO_4)_3 + 6NH_3 \cdot H_2O ==== 2FeOOH \downarrow + 3(NH_4)_2SO_4 + 2H_2O$$

7）沉铝

向滤液中加入氨，调节溶液的 pH 至 5.1，溶液中的铝形成氢氧化铝沉淀。过滤后的滤液主要含硫酸铵，滤渣为粗氢氧化铝，用拜耳法制备氧化铝。发生的化学反应为：

$$Al^{3+} + 3OH^- ==== Al(OH)_3 \downarrow$$

8）结晶

将含硫酸铵的滤液浓缩结晶，得到硫酸铵产品，用作化肥，也可以直接用作液体肥料。

9）拜耳法制备氧化铝

将粗氢氧化铝碱溶、种分得到氢氧化铝，煅烧氢氧化铝，得到氧化铝，用于制备电解铝。碱液循环利用。发生的主要化学反应有：

$$2Al(OH)_3 + 2NaOH ==== 2NaAl(OH)_4$$
$$2Al(OH)_3 ==== Al_2O_3 + 3H_2O \uparrow$$

5.2.5　主要设备

硫酸法工艺的主要设备见表 5 - 3。

表 5-3 硫酸法工艺主要设备

工序名称	设备名称	备注
磨矿工序	回转干燥窑	干法
	煤气发生炉	干法
	颚式破碎机	干法
	粉磨机	干法
混料工序	犁刀双辊混料机	
焙烧工序	回转焙烧窑	
	除尘器	
	烟气冷凝制酸系统	
溶出工序	溶出槽	耐酸、连续
	带式过滤机	连续
沉铁工序	沉铁槽	耐酸、加热
	高位槽	
	板框过滤机	非连续
沉铝工序	高位槽	
	沉铝槽	耐酸
	板框过滤机	非连续
储液区	酸式储液槽	
	碱式储液槽	
蒸发结晶工序	五效循环蒸发器	
	冷凝水塔	
种分工序	种分槽	
	旋流器	
	晶种混合槽	
	圆盘过滤机	连续

5.2.6 设备连接图

硫酸法工艺的设备连接如图 5-6 所示。

5.3 产品

硫酸法处理高铁铝土矿得到的主要产品有氧化铝、硅酸钙、羟基氧化铁、硫酸铵等。

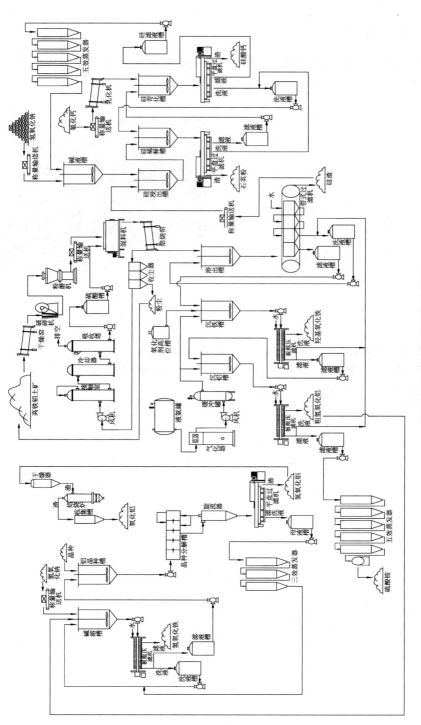

图 5-6　硫酸法工艺设备连接图

5.3.1 氧化铝

对拜耳法得到的氢氧化铝进行煅烧，对煅烧后的产物进行 X 射线衍射分析，结果如图 5-7 所示。由图可以看出，煅烧产物结晶度好，产物为氧化铝。

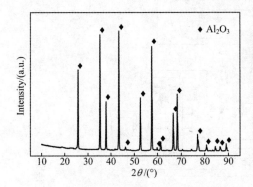 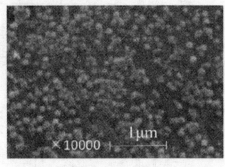

图 5-7 煅烧产物的 XRD 图谱和 SEM 照片

煅烧得到的氧化铝分别通过筛孔直径为 45 μm、53 μm、75 μm、106 μm、150 μm、160 μm 分析筛，结果如图 5-8 所示。由图 5-8 可知：氧化铝产品主要集中在 150~160 μm 间。

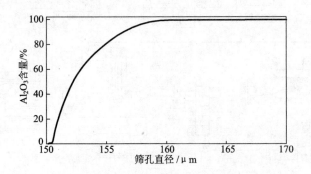

图 5-8 氧化铝产品粒度分析

对煅烧后的产物进行成分及灼烧减量检测，结果如表 5-4 所示。

表 5-4 氧化铝成分及灼烧减量检测结果

组成	Al_2O_3	SiO_2	Fe_2O_3	Na_2O	灼减
含量/%	98.42	0.05	0.02	0.6	0.8

氧化铝国家标准见表 5 - 5。

表 5 - 5　GB/T 24487—2009 氧化铝标准

牌号	化学成分/%				
	Al_2O_3	杂质含量，不大于			
	不小于	SiO_2	Fe_2O_3	Na_2O	灼减
AO - 1	98.6	0.02	0.02	0.50	1.0
AO - 2	98.5	0.04	0.02	0.60	1.0
AO - 3	98.4	0.06	0.03	0.70	1.0

可见，所得氧化铝满足 AO - 3 指标，可用于熔盐电解法生产金属铝，也可作为生产刚玉、陶瓷、耐火制品及其他氧化铝化学制品的原料。

5.3.2　硅酸钙

硅酸钙粉体的 SEM 照片见图 5 - 9，表 5 - 6 为其成分分析结果。硅酸钙主要用作建筑材料、保温材料、耐火材料、涂料的体质颜料及载体。

图 5 - 9　硅酸钙粉体 SEM 照片

表 5 - 6　硅酸钙的化学成分

成分	SiO_2	CaO	Fe_2O_3	Al_2O_3	Na_2O
含量/%	45.35	42.27	0.24	0.28	0.07

5.3.3　羟基氧化铁

针铁矿的 XRD 图谱和 SEM 照片如图 5 - 10 所示，表 5 - 7 给出了羟基氧化铁的成分分析，由图可见，所得羟基氧化铁为针状结构。羟基氧化铁可用于炼铁。

表 5 - 7　羟基氧化铁的化学成分

组成	Fe_2O_3	H_2O
含量/%	86.42	10.05

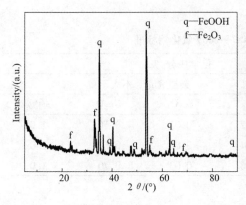

图 5-10 煅烧产物的 XRD 图谱和 SEM 照片

5.4 环境保护

5.4.1 主要污染源和主要污染物

（1）烟气粉尘
①焙烧窑烟气中主要污染物是粉尘和 SO_3、SO_2。
②燃气锅炉主要污染物是粉尘和 CO_2。
③高铁铝土矿储存、破碎、筛分、磨制、皮带输送转接点等产生的物料粉尘。
（2）水
①生产废水，生产过程水循环使用，无废水排放。
②生产排水为软水制备工艺排水，水质未被污染。
（3）固体
①高铁铝土矿中的硅制备石英粉、硅酸钙。
②铁制成羟基氧化铁和氢氧化铁，用于炼铁。
③铝得到氢氧化铝和氧化铝。
生产过程无废渣排放。

5.4.2 污染治理措施

（1）焙烧烟气
焙烧烟气经旋风、重力、布袋除尘，粉尘返混料。硫酸焙烧烟气经吸收塔二级吸收，SO_3、SO_2 和水的混合物经酸吸收塔制备硫酸，循环利用，尾气经吸收塔进一步净化后排放，满足《工业炉窑大气污染物排放标准》（GB 9078—1996）的要求。

（2）通风除尘

产生粉尘设备均带收尘装置。

扬尘：对全厂扬尘点，均实行设备密闭罩集气，机械排风，高效布袋除尘器集中除尘。系统除尘效率均在 99.9% 以上。

烟尘：回转窑等烟气除尘系统收集的烟尘全部返回系统再利用。

（3）废水治理

需要水源提供新水，生产用水循环，全厂水循环利用率为 90% 以上。

各工序产生的废水采用不同方法处理，以实现全厂废水"零"排放。蒸浓结晶工序冷凝水循环使用和二次利用。

（4）废渣治理

整个生产过程中，高铁铝土矿中的主要组分硅、铁、铝均制备成产品，无废渣产生。

（5）噪声治理

本工程的噪声主要由机械动力、流体动力产生。工程设计对高噪声设备采取消声、隔声、基础减振等措施进行处理。

（6）绿化

绿化在防治污染、保护和改善环境方面可起到特殊的作用，是环境保护的有机组成部分。绿色植物不仅能美化环境，还具有吸附粉尘、净化空气、减弱噪声、改善小气候等作用，因此在工程设计中应对绿化予以充分重视，通过提高绿化系数改善厂区及附近地区的环境条件。设计厂区绿化占地率不小于 20%。

5.5　结语

高铁铝土矿是我国重要的难处理复杂矿石资源，作为我国铝、铁的重要资源储备，其综合利用研究具有长远意义。本工艺采用火法与湿法相结合，实现了高铁铝土矿中有价组元铝、铁、硅等的分离提取，加工成产品。化工原料硫酸制成硫酸铵，氢氧化钠循环利用。过程中无废气、废水、废渣的排放，实现了全流程的绿色化，具有推广应用价值。

参考文献

[1] 毕诗文，于海燕. 氧化铝生产工艺[M]. 北京：化学工业出版社，2006，25：1-34.

[2] 李殷泰，毕诗文，段振瀛，等. 关于广西贵港三水铝石型铝土矿综合利用工艺方案的探讨 [J]. 轻金属，1992，9：6-14.

[3] Jones A J, Dye S, Swash P M, et al. A method to concentrate boehmite in bauxite by dissolution

of gibbsite and iron oxides[J]. Hydrometallurgy, 2009, 97: 80 – 85.

[4] Sayan E, Bayramoglu M. Statistical modelling of sulphuric acid leaching of TiO_2, Fe_2O_3 and Al_2O_3 from red mud[J]. Process Safety and Environmental Protection, 2001, 79(B5): 291 – 296.

[5] 赵恒勤, 赵新奋, 胡四春, 等. 我国三水铝石铝土矿的矿物学特征研究[J]. 矿产保护与利用, 2008, (6): 40 – 44.

[6] 陈世益, 周芳, 洪金鑫. 广西贵港三水型铝土矿针铁矿中铝的类质同象置换[J]. 中南矿冶学院学报, 1993, 24(3): 283 – 288.

[7] 陈世益, 周芳. 广西高铁低品位三水铝石型铝土矿的开发利用研究[J]. 矿物岩石地球化学通报, 1997, 16: 26 – 27.

[8] 陈世益, 周芳, 罗德宣, 等. 广西贵港三水型铝土矿矿石特征及应用研究[J]. 广西地质, 1992, 5(3): 9 – 15.

[9] Cengeloglu Y, Kir E, Ersoz M. Recovery and concentration of Al(III), Fe(III), Ti(IV), and Na(I)from red mud[J]. Journal of colloid and interface science, 2001, 244(2): 342 – 346.

[10] 王延平. 硫酸铝制取及除铁工艺研究[J]. 四川化工, 1991, (4): 22.

[11] 吴建宁, 蔡会武, 郭红梅, 等. 从含铁硫酸铝中除铁[J]. 湿法冶金, 2005(3): 155 – 158.

[12] 王彩华, 崔玉民. 硫酸铝除铁研究概述[J]. 内蒙古石油化工, 2010, 2: 30 – 31.

[13] 王雪枫. 从毛矾石中制取硫酸铝及除铁工艺的研究[J]. 新疆工学院学报, 1997, 12(4): 280 – 281.

[14] 梅光贵, 王德润, 周敬元, 等. 湿法炼锌学[M]. 长沙: 中南大学出版社, 2001: 199 – 201.

[15]《铅锌冶金学》编委会. 铅锌冶金学[M]. 北京: 科学出版社, 2003: 21 – 23.

[16] 梅光贵, 王德润, 周敬元, 等. 湿法炼锌学[M]. 长沙: 中南大学出版社, 2001: 222 – 224.

[17] 徐采栋, 林蓉, 汪大成. 锌冶金物理化学[M]. 上海: 上海科学技术出版社, 1979: 121 – 123.

[18] 康文通, 李建军, 李晓云, 等. 低铁硫酸铝生产新工艺研究[J]. 河北科技大学学报, 2001, 22(1): 65 – 67.

[19] 徐国强. 湿法生产硫酸锌工艺中除铁的探索[J]. 新疆有色金属, 2007, 30(52): 67 – 68.

[20] 邱竹贤. 有色金属冶金学[M]. 北京: 冶金工业出版社, 1988: 12 – 126.

[21] Paramguru R K, Rath P C, Misra VN. Trends in red mud utilization a review[J]. Mineral Processing and Extractive Metallurgy Review, 2004, 26(1): 1 – 29.

[22] 杨重愚. 氧化铝生产工艺学[M]. 北京: 冶金工业出版社, 1993: 5 – 22.

[23] Kahn H, Tassinari M M L, Ratti G. Charaeterization of bauxite fines aiming to minimize their iron content[J]. Minerals Engineering, 2003, 11: 1313 – 1315.

[24] Roy S. Reeovery ImProvement of Fine Iron Ore Partieles by Multi Gravity Separation[J]. The Open Mineral Proeessing Joumal, 2009, 2(14): 17 – 30.

[25] 杨重愚. 轻金属冶金学[M]. 北京: 冶金工业出版社, 2004: 3 – 14.

[26] B. Mishra, A. Staley. Recovery of value added products from red mud[J]. Minerals and Metallurgical Processing society for mining. Metallurgy and Exploration, 2002, 19(2): 87 – 89.

[27] Wanchao Liu, Jiakuan Yang, Bo Xiao. Review on treatment and utilization of bauxite residues in China[J]. International Journal of Mineral Proeessing, 2009, 93: 220 – 231.

［28］孙娜. 高铁三水铝石型铝土矿中铁铝硅分离的研究［D］. 长沙：中南大学, 2008：10 - 15.

［29］Chao Li, Henghu Sun, Jing Bai, et al. Innovative methodology for comprehensive utilization of iron ore tailings：Part l. The recovery of iron from iron ore tailings using magnetic separation after magnetizing roasting［J］. Journal of Hazardous materials, 2010, 174(1 - 3)：71 - 77.

［30］Chao Li, Henghu Sun, Jing Bai, et al. Innovative methodology for comprehensive utilization of iron ore tailings：Part 2：The residues after iron recovery from iron ore tailings to prepare cementitious material［J］. Journal of Hazardous Materials, 2010, 174(1 - 3)：78 - 83.

［31］陈怀杰, 刘志强, 朱薇, 等. 贵港式铝土矿综合利用工艺研究［J］. 材料研究与应用, 2012, 6(1)：65 - 68.

［32］Xiaobin Li, Wei Xiao, Wei Liu, et al. Recovery of alumina and ferric oxide from Baye rred mud rich in iron by reduetion sintering［J］. Nonferous Metals Soeiety of China, 2009, 19：1342 - 1347.

［33］Dai Tagen, Zhou Fang. Characteristics and significance of minor element geochemistry of Guixian type gibbsite deposite［J］. Journal of the Central South Institute of Mining and Meltallurgy, 1993, 24(4)：448 - 453.

［34］Li Guanghui, Sun Na, Zeng Jinghua, et al. Reduction Roasting and Fe - Al Separation of High Iron Content Gibbsite - type Bauxite Ores［C］. Light Metals 2010. Proceedings of the Technical Sessions Presented by the TMS Aluminum Committee at the TMS 2010 Annual Meeting and Exhibition, 2010：133 - 137.

［35］Zhao Ai - chun, Liu Yan, Zhang Ting - an, et al. Thermodynamics study on leaching process of gibbsitic bauxite by hydrochloric acid［J］. Trans. Nonferrous Met. Soc. China, 2013, 23：266 - 270.

［36］李光辉, 董海刚, 肖春梅, 等. 高铁铝土矿的工艺矿物学及铝铁分离技术［J］. 中南大学学报(自然科学版), 2006, 37(2)：235 - 240.

［37］Zhao Ai - chun, Liu Yan, Zhang Ting - an, et al. Thermodynamics study on leaching process of gibbsitic bauxite by hydrochloric acid［J］. Trans. Nonferrous Met. Soc. China, 2013, 23：266 - 270.

［38］Sohn H Y, Wadsworth M E. 提取冶金速率过程［M］. 郑蒂基, 译. 北京：冶金工业出版社, 1984：145.

［39］李洪桂. 湿法冶金学［M］. 长沙：中南大学出版社, 2002：69 - 100.

［40］C. Bazin, K. El - Ouassiti , V. Ouellet. Sequential leaching for the recovery of alumina from a Canadian clay［J］. Hydrometallurgy, 2007, 88：196 - 201.

［41］B. R. Reddy, S. K. Mishra, G. N. Banerjee. Kinetics of leaching of a gibbsitic bauxite with hydrochloric acid［J］. Hydrometallurgy, 1999, 51：131 - 138.

［42］Mine Ozdemir, Halil CetiSli. Extraction kinetics of alunite in sulfuric acid and hydrochloric acid ［J］. Hydrometallurgy, 2005, 76：217 - 224.

［43］Peter Smith. The processing of high silica bauxites — Review of existing and potential processes ［J］. Hydrometallurgy, 2009, 98：162 - 176.

［43］朱忠平. 高铁三水铝石铝土矿综合利用新工艺的基础研究［D］. 长沙：中南大学，2011：13－14.

［44］Raisaku Kiyoura, Kohei Urano. Mechanism, Kinetics, and Equilibrium of Thermal Decomposition of Ammonium Sulfate［J］. Ind. Eng. Chem. Process. Des. Develop. 1970, 9: 489.

［45］Mahiuddin S, BandoPadhyayS, Baruah J N. A study on the benefieiation of Indian iron ore fines and slime using chemical additives［J］. International Journal of Mineral processing, 1989, 11: 285－302.

［46］B R. Reddy, S K. Mishra, G N. Banerjee. Kinetics of Leaching of a Gibbsitic Bauxite with Hydrochloric Acid［J］. Hydrometallurgy, 1999, 51: 131－138.

［47］G. Giilfen, M. Gulfen, A. O. Aydin. Dissolution kinetics of iron from diasporic bauxite in hydrochloric acid solution［J］. Indian Journal of Chemical Technology, 2006, 13(4): 386－390.

［48］W. H. Arthur, N. J. Leonia, R. Miller. Acid process for the extraction of a! umina［P］. USA: 2249761, 1938.

［49］B. R. Reddy, S. K. Mishra, G. N. Banerjee. Kinetics of leaching of a gibbsitic bauxite with hydrochloric acid［J］. Hydrometallurgy, 1999, 51: 131－138.

［50］C. Bazin, K. El－Ouassiti , V. Ouellet. Sequential leaching for the recovery of alumina from a Canadian clay［J］. Hydrometallurgy, 2007, 88: 196－201.

［51］Guo Xueyi, Shi Wentang, Li Dong, et al. Leaching behavior of metals from limonitic laterite ore by high pressure acid leaching［J］. Transactions of Nonferrous Metals Society of China, 2011, 21: 191－195.

［52］Mine Ozdemir, Halil CetiSli. Extraction kinetics of alunite in sulfuric acid and hydrochloric acid ［J］. Hydrometallurgy, 2005, 76: 217－224.

［53］Peter Smith. The processing of high silica bauxites-Review of existing and potential processes ［J］. Hydrometallurgy, 2009, 98: 162－176.

［54］E. A. Abdel－Aal, M. M. Rashad. Kinetic study on the leaching of spent nickel oxide catalyst with sulfuric acid ［J］. Hydrometallurgy, 2004, 74: 189－194.

［55］Halikia I. Parameters influencing kineties of nickel extraetion from a Greek laterite during leaehing with sulphuric acid atatmospheric pressure［J］. Transactions of the Institute of Mining and Metallurgy, 1991, 100: C154－C164.

［56］A. Krell, R Blank, H. Ma, et al. Transparent sintered corundum with high hardness and strength［J］. J. Am. Ceram. Soc, 2003, 86: 12－18.

［57］G. R. Karagedov, A. L. Myz. Preparation and sintering pure nanocrystalline a－alumina powder ［J］. J. Eur. Ceram. Soc, 2012, 32: 219－225.

［58］谭鸿喜. 砂状氧化铝［J］. 轻金属，1981，(4): 6－9.

［59］C. F. Chen, A. Wang, L. J. Fei. Effects of ultrasonic on preparation of alumina powder by wet chemical method［J］. Adv. Sci. Lett, 2011, 4: 1249－1253.

［60］陈家镛. 湿法冶金手册［M］. 北京：冶金工业出版社，2005: 800－823.

［61］马荣骏. 湿法冶金原理［M］. 北京：冶金工业出版社，2007: 422－424.

[62] Halikia I. Parameters influencing kineties of nickel extraetion from a Greek laterite during leaehing with sulphuric acid atatmospheric pressure[J]. Transactions of the Institute of Mining and Metallurgy, 1991, 100: C154 - C164.

[63] 饶东生. 硅酸盐物理化学[M]. 北京: 冶金工业出版社, 1980: 32 - 37.

[64] E. A. Abdel - Aal, M. M. Rashad. Kinetic study on the leaching of spent nickel oxide catalyst with sulfuric acid [J]. Hydrometallurgy, 2004, 74: 189 - 194.

[65] 硫酸协会编辑委员会, 硫酸手册[M]. 张铉译, 北京: 化学工业出版社, 1982: 39.

第6章 硼镁铁矿的绿色化、高附加值综合利用

6.1 综述

6.1.1 资源概况

硼的元素符号是 B，原子量为 10.811，原子序数 5，与碳和硅的性质相近。硼在地壳元素丰度表中排第 51 位。在自然界中没有单质硼的存在，硼一般是和氧结合形成硼酸盐。

硼酸盐产品通常按其氧化硼的含量和结晶水含量命名。市售硼产品主要有硼砂：五水硼砂、十水硼砂和硼酸。硼酸盐主要应用于绝缘玻璃纤维、纺织玻纤、洗涤剂、漂白剂、瓷釉、搪瓷玻璃和农林产品中。硼能增强玻璃和玻纤的抗热和抗冲击性能，还是植物所必需的微量营养元素。硼还用在许多日用品中，如眼镜护理液、烧烤用木炭、刹车液、厨房用具等。硬硼钙石和钠硼解石被开发应用于生产绝缘制品。硼酸盐在农、林业方面的应用主要有杀虫剂、肥料、除草剂、木材防腐和阻燃剂等。目前，还没有证据表明硼是人体不可缺少的元素，但硼是关系人体健康的重要营养元素，过高的硼摄入量会对人体有害。

地壳中有 200 多种矿物中都含有氧化硼，但只有几种具有工业应用价值。工业上 90% 以上的硼来源于三种矿物：硼砂、钠硼解石和硬硼钙石。常见的具有工业价值的硼矿物见表 6-1。这些具有工业价值的硼矿主要分布于美国加利福尼亚州及南美洲的新生代盐湖型、火山热泉型硼砂矿床。

表 6-1 具有商业价值的硼矿物

矿物	英文名称	化学式	氧化硼含量/%
方硼石	Boracite	$Mg_6B_{14}O_{26}C_{12}$	62.2
硬硼钙石	Colemanite	$Ca_2B_6O_{11} \cdot 5H_2O$	50.8
硅硼钙石	Datolite	$CaBSiO_4 \cdot OH$	24.9
水方硼石	Hydroboracite	$CaMgB_6O_{11} \cdot 6H_2O$	50.5

续表 6 – 1

矿物	英文名称	化学式	氧化硼含量/%
四水硼砂	Kernite	$Na_2B_4O_7 \cdot 4H_2O$	51.0
白硼钙石	Priceite	$Ca_4B_{10}O_{19} \cdot 7H_2O$	49.8
斜硼钠钙石	Probertite	$NaCaB_5O_9 \cdot 5H_2O$	49.6
天然硼酸	Sassolite	HBO_3	56.3
硼镁石	Szaibelyite	$Mg_2B_2O_5 \cdot H_2O$	41.4
天然硼砂	Tincal	$Na_2B_4O_7 \cdot 10H_2O$	36.5
三方硼砂	Tincalconite	$Na_2B_4O_7 \cdot 5H_2O$	47.8
钠硼解石	Ulexite	$NaCaB_5O_9 \cdot 8H_2O$	43.0

硼镁石：分子式 $Mg_2[B_2O_4(OH)](OH)$，B_2O_3 的理论含量为 41.38%；呈纤维状、板状、柱状晶形，具有丝绢光泽，颜色有白、灰、浅黄色，密度为 2.61 ~ 2.75 g/cm^3，莫氏硬度 3 ~ 4；不溶于水。

硼镁铁矿：分子式 $(Mg \cdot Fe)_3Fe[BO_3]O_2$，$B_2O_3$ 的理论含量为 17.83%，晶形有针状、柱状、纤维状、短柱状 – 粒状集合体等多种形态，具有珍珠、金刚光泽，颜色有黑色和黑绿色，密度为 3.6 ~ 4.7 g/cm^3，莫氏硬度 5.5 ~ 6；不溶于水。

天然硼砂：分子式 $Na_2B_4O_5(OH)_4 \cdot 8H_2O$，$B_2O_3$ 的理论含量是 36.51%，形态为晶体或致密块状、土状集合体；颜色有白色、浅灰色和浅黄色，密度为 1.69 ~ 1.72 g/cm^3，莫氏硬度 2.0 ~ 2.5，可溶于水。

遂安石：分子式 $Mg_2(B_2O_5)$，B_2O_3 的理论含量 46.34%，晶形有板柱状、楔状、竹叶状、针状、纤维状等多种形态，呈玻璃油脂光泽，有白色或淡褐色，密度为 2.91 ~ 2.93 g/cm^3，莫氏硬度 5.9，不溶于水。

钠硼解石：分子式 $Na \cdot Ca(H_2O)_6[B_3B_2O_7(OH)_4]$，$B_2O_3$ 的理论含量 42.95%，晶形有纤维状、针状集合体两种，呈玻璃、丝绢光泽，无色或白色，密度 1.65 ~ 1.95 g/cm^3，莫氏硬度 2.5；难溶于水。

硬硼钙石：$2Ca(H_2O)[B_2BO_4(OH)_3]$：分子式 B_2O_3 的理论含量 50.81%，形态为等粒状、放射状、致密状集合体，有玻璃、金刚光泽，白色或无色，密度 2.41 ~ 2.44 g/cm^3，莫氏硬度 4.5 ~ 5，不溶于水。

柱硼镁石：分子式 $Mg[B_2O(OH)_3]$，B_2O_3 的理论含量 42.46%，有柱状、短柱状和纤维状 3 种晶形，玻璃光泽，颜色有白色、灰白色或无色，密度 2.3 g/cm^3；莫氏硬度 3.5，不溶于水。

2012 年，世界探明的硼矿资源（B_2O_3）储量约为 2.14 亿 t，基础储量为 4.1 亿 t。世界硼资源主要分布在亚洲（土耳其、中国、伊朗），北美（美国）和拉美

（秘鲁、智利、阿根廷和玻利维亚）地区，见表 6 - 2。其中储量最多的国家是土耳其、美国、俄罗斯、智利和中国，其总储量约占世界总储量的 96.73%。美国和土耳其是目前世界上最主要的硼生产国，其次有阿根廷、智利、秘鲁、俄罗斯（亚洲部分）等国，中国的硼矿主要为含铀铁硼矿，选矿难度较高。

表 6 - 2　世界主要硼矿（B_2O_3）矿床一览表

地区	国家	矿床或地名称	矿床类型	主要矿物	矿床规模
亚洲	土耳其	凯斯特莱克矿、埃梅特矿、科尔卡、比加第奇	火山沉积型	钠硼解石、硬硼钙石、十水硼砂	超大型
	中国	辽宁、吉林	沉积变质型	硼镁石、遂安石、硼镁铁矿	大型
	中国	西藏、青海	现代盐湖型	硼砂、库水硼镁石、柱硼镁石、钠硼解石	大型
	俄罗斯（亚洲部分）	塔约扎诺耶	矽卡岩型	硼镁铁矿	大型
北美	美国	克拉默	火山热泉型	硼砂、四水硼砂、硬硼钙石	超大型
	美国	西尔斯湖	现代盐湖型	卤水矿	小型
	美国	死谷	火山沉积型	硬硼钙石	小型
拉美	智利	安托法加斯塔省	现代盐湖型	钠硼解石	大型
	智利	塔拉帕卡省	现代盐湖型	钠硼解石	大型
	秘鲁	阿雷基帕省	现代盐湖型	钠硼解石	小型
	阿根廷	延卡拉	现代盐湖型	十水硼砂、钠硼解石	大型

我国已探明的硼矿资源有 56% 左右分布在辽宁，25% 左右分布在青海，湖北和西藏分别占 9.8% 和 6%，吉林占 1%。辽宁的硼矿位于元古界辽河群底层的里尔峪组。西起营口，经凤城、宽甸向东延伸至吉林集安。分布在长约 300 km、宽约 50 km 的范围内。里尔峪组上部为含铁层，厚度 10 ~ 1000m；下部为含硼层，厚度为 20 ~ 586m，含大量镁硼酸盐矿物，较多电气石，铁含量较低。具有重要工业意义的硼矿床赋存在含硼层所夹的富镁的碳酸盐中，矿体直接围岩常常是蛇纹石化白云质大理石岩，有时为金云橄榄岩和菱镁岩。里尔峪组之下是条痕状混合岩。

辽宁省大型和特大型硼矿区已探明 B_2O_3 储量如表 6 - 3 所示。

表6-3 辽宁硼矿床的类型及储量

矿区名称	矿石类型	探明储量 B_2O_3/万 t	保有储量 B_2O_3/万 t
凤城翁泉沟	磁铁矿-(硼镁石、遂安石)-硼镁铁矿	2185	-
宽甸花园沟	硼镁石-遂安石	110.8	68.90
宽甸五道岭	磁铁矿-(硼镁石、遂安石)-硼镁铁矿	98.00	-
宽甸栾家沟	硼镁石-遂安石	87.30	55.10
营口后仙峪	硼镁石-遂安石	68.00	10.58
宽甸二人沟	硼镁石-遂安石	51.30	24.30

青海省的硼资源储量居全国第二位,已知矿产地35处,归并为10处矿床。大型矿床有大柴旦湖、小柴旦湖、一里坪、西台吉乃尔湖和查尔汗盐湖5处,中型矿床1处(东台吉乃尔湖)和小型矿床4处。累计探明 B_2O_3 储量1174.1万 t,其中固体矿462.1万 t,液体矿7120万 t。B_2O_3 保有储量1155.2万 t,其中固体矿450.4万 t,液体矿704.8万 t。硼矿床集中分布在柴达木盆地内流区,主要为盐湖沉积型、钠硼解石和柱硼镁石为主的硼矿床。此外也存在温泉喷气型沉积硼矿床,如居红土硼矿床,其硼矿物以钠硼解石为主,次为板硼石和库水硼镁石、硼砂等。

大柴旦湖硼矿床是青海最大的硼矿床,累计探明 B_2O_3 储量在630万 t以上,约占全国12.5%。该矿床位于柴达木盆地北缘大柴旦镇西南4 km,海拔3110 m,是一个以钠硼解石和柱硼镁石为主的矿床。湖区面积约250 km^2。固体硼矿层赋存于现代湖相沉积物中,硼矿层之下是黏土和粉砂质土,其上为含硼盐类沉积物。此矿床的富硼层在淤泥石膏层中,矿体呈似层状,长约10 km,宽1~2.5 km,厚1~2 m,埋深6~8 m,位于湖面之下。其 B_2O_3 含量为9%~14%,最高达31%。

西藏地区拥有的硼量在全国是最多的,但能计入资源的硼储量居全国第三位。西藏地区有很多湖泊,固体硼矿由盐湖沉积而成。班戈湖-色林错硼矿即是以天然硼砂矿床而著名。该矿床属大型贫硼矿床,大多数为含 B_2O_3 0.25%~1.5%的表外硼矿,但在芒硝淤泥层和盐类沉积层中,局部富集有硼砂矿体,其形状为层状或薄层状。硼砂呈板状粗粒晶粒、中-细粉粒砂糖状和核状。B_2O_3 含量一般为20%~35%。目前已探明的储量:扎仓茶卡矿石量1225.5万 t,B_2O_3 量137.6万 t,B_2O_3 含量高于30%的富矿(以 B_2O_3 计)125万 t。聂尔错湖区为中型矿,吉布茶卡为小型矿。在改则县仓木错湖区,已探明 B_2O_3 储量230万 t,含量高于20%的钠硼解矿石储量达 16187 万 t。

西藏地区的液体硼矿资源也很丰富，许多盐湖的地表卤水和晶间卤水的硼含量很高。班戈湖－色林错的地表卤水中 B_2O_3 含量为 1.344 g/L、矿化度 126.76 g/L、晶间卤水 B_2O_3 含量一般为 3~4 g/L、矿化度一般为 200 g/L，含大量的锂和钾，扎布耶盐湖晶间卤水中含 B_2O_3 最高达到 11 g/L 以上。扎仓茶卡 II 湖的晶间卤水含 B_2O_3 比美国 Searles 湖（已进行硼、钾、锂联产开采）的晶间卤水含 B_2O_3 量高 23% ~26%。

此外，在靠近辽宁宽甸地区的吉林集安、通化地区也发现了类似的硼镁矿，在湖南常宁和浙江北部有硅硼钙石矿，在江苏六合－仪征地区也发现了硼镁石、硼镁铁和磁铁矿，在天津蓟县发现了锰的硼酸盐矿物，山东、江西、内蒙、黑龙江和广西等省区也发现了硼的矿床，在四川自贡地区的盐卤里也发现有硼资源。

6.1.2 硼矿的应用技术

（1）湿法工艺

赵龙涛等人采用常压法，通过碳酸氢钠与硼镁矿反应制取硼砂。孙新华等人提出了硼镁矿制取硼酸联产碳酸镁的工艺路线（见图 6－1），即用硫酸分解硼镁矿制取硼酸，硼酸母液经处理后加入碳化氨水制取碳酸镁。

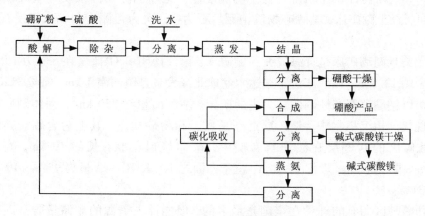

图 6－1　硫酸法工艺流程

孙新华等人还提出用硫酸铵复分解法分解西藏硼镁矿制取硼酸和碳酸镁，工艺条件为：反应温度为 100℃、反应时间为 2~2.5 h、硫酸铵的初始浓度为 9% ~11%（质量分数），硫酸铵的用量为理论量的 110% 时，硼酸的回收率可达 95%，硫酸镁的回收率可达 90% 以上。

地矿部郑州矿产综合利用研究所等单位进行了湿法铁、硼分离实验。产品有：硼酸、铁精矿、氯化铵、轻质碳酸镁、轻质氧化镁、铀渣等。杨卉凡等用直接酸浸和萃取的方法回收硼，获得硼浸出率大于 96%、硼总回收率达 93% 的技术指标，产品硼酸符合国家标准。硼铁矿盐酸分离工艺流程如图 6 - 2 所示。

该工艺的特点是矿石中各种有用的元素得到利用，硼铁分离比较彻底。该工艺存在耗酸量较大的缺点，0.45 t 盐酸处理 1 t 原矿，盐酸对设备腐蚀严重，工人操作检修不方便，环境污染严重。

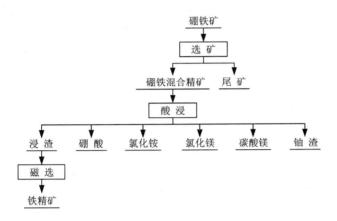

图 6 - 2　湿法工艺流程

大连理工大学研究了综合利用硼铁矿的方法，并以宽甸五道岭的硼铁精矿为原料，进行了放大试验。图 6 - 3 为其工艺流程：先经选矿得到硼精矿和硼铁混合精矿，硼精矿用碳碱法加工得到硼砂，硼铁混合精矿用硫酸溶解其中的硼镁石，在阻溶剂的作用下，磁铁矿溶解很少，酸解后进行固液分离，固相即为铁精矿，用于炼铁，酸解液除铁后，加入盐析剂氯化镁，在高温下蒸发析出硫酸镁，过滤后母液冷却至常温析出硼酸，硼酸母液循环回到蒸发器，从而以高回收率得到硫酸镁和硼酸。但是，用硫酸酸解对设备腐蚀严重，不利于设备维护，阻溶剂、盐析剂的加入提高了生产成本，也不利于整个工艺的封闭循环。

（2）火法工艺

东北大学根据硼铁矿的化学组成、矿物结构特点，提出了"高炉法"利用硼铁矿的工艺流程，并在 13m³ 高炉中进行了铁硼分离试验，处理矿石 8000 多吨，生产出硼砂、硼酸、含硼生铁和一水硫酸镁等产品。工艺流程如图 6 - 4 所示。该工艺以提硼为主，兼顾铁、镁的利用。铁水中硼含量为 0.8% ~ 3.0%，用于冶金和机械行业。大部分的硼和还原剂灰分进入熔渣中，渣中的 B_2O_3 含量为 10% ~ 15%，经缓冷处理，制取硼砂和硼酸。渣中的镁制备硫酸镁。高炉火法工艺的特点是工艺流程短，设备简单，但是能耗较高，经济效益是其存在的主要问题。

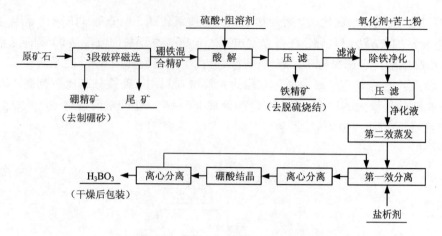

图6-3　硼铁矿的综合利用流程

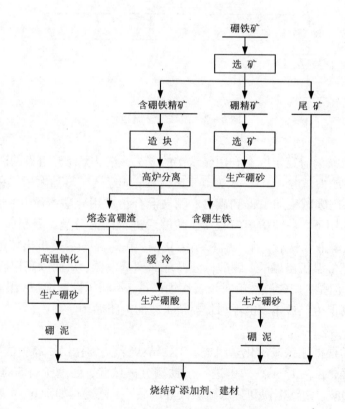

图6-4　高炉冶炼硼铁矿工艺流程

(3) 硼酸的制备方法

美国的硼资源为天然硼砂及斜方硼砂, 俄罗斯的硼资源为纤维硼镁石和水方硼石，土耳其的硼资源为硬硼钙石，它们主要用硫酸法制造硼酸。意大利和法国曾进行过碳氨法加工硬硼酸钙制造硼酸的中试。日本为了克服硫酸法对设备的腐蚀，用亚硫酸盐或硫酸盐分解硼矿生产硼酸。

我国经过五十多年的工艺变革，迄今保留了四种生产硼酸的方法：

1) 硫酸法

用硫酸直接分解硼镁石制取硼酸，其硼酸母液最早排弃不予利用，后来用于生产硼镁肥，或用浮选法和重选法将其中的硼酸和硫酸镁分离。还有，根据硼酸和硫酸镁在不同温度下的溶解度不同（见表 6 - 4）。采用分级结晶法将酸解液中的硼酸和硫酸镁制成硼酸和水镁矾。主要反应如下：

$$2MgO \cdot B_2O_3 \cdot H_2O + 2H_2SO_4 \xrightarrow{\hspace{1cm}} 2H_3BO_3 + 2MgSO_4$$
$$CaCO_3 + H_2SO_4 + H_2O \xrightarrow{\hspace{1cm}} CaSO_4 \cdot 2H_2O \downarrow + CO_2 \uparrow$$
$$MgCO_3 + H_2SO_4 \xrightarrow{\hspace{1cm}} MgSO_4 + H_2O + CO_2 \uparrow$$
$$xCaCO_3 \cdot yMgCO_3 + (x+y)H_2SO_4 \xrightarrow{\hspace{1cm}} xCaSO_4 + yMgSO_4 + (x+y)H_2O + (x+y)CO_2 \uparrow$$
$$Mg_6(SiO_4)(OH)_8 + 6H_2SO_4 \xrightarrow{\hspace{1cm}} 6MgSO_4 + SiO_2 \downarrow + 10H_2O$$
$$Fe_3O_4 + 4H_2SO_4 \xrightarrow{\hspace{1cm}} FeSO_4 + Fe_2(SO_4)_3 + 4H_2O$$

表 6 - 4　硼酸和硫酸镁在水中的溶解度

温度/℃	0	20	40	60	80	100
硼酸溶解度/g	2.66	4.9	8.7	14.8	23.6	39.6
硫酸镁溶解度/g	25.5	35.1	44.7	54.8	54.8	50.2

2) 碳铵法

碳铵法包括煅烧、浸取、硼酸铵的逸氨及碳化等工序。先生产以硼酸二氢铵为主的硼酸铵溶液，再经过加热脱氨得到硼酸，分解脱出的氨经过 CO_2 吸收，循环利用。主要化学反应如下：

煅烧：

$$2MgO \cdot B_2O_3 \cdot H_2O \xrightarrow{\hspace{1cm}} Mg_2B_2O_5 + H_2O \uparrow$$

浸取：

$$Mg_2B_2O_5 + 2NH_4HCO_3 + H_2O \xrightarrow{\hspace{1cm}} 2MgCO_3 \downarrow + 2NH_4H_2BO_3$$

逸氨：

$$(NH_4)_2B_4O_7 \xrightarrow{\hspace{1cm}} (NH_4)HB_4O_7 + NH_3 \uparrow$$
$$4NH_4H_2BO_3 \xrightarrow{\hspace{1cm}} (NH_4)_2B_4O_7 + 2NH_3 \uparrow + 5H_2O$$
$$5NH_4HB_4O_7 \xrightarrow{\hspace{1cm}} 4NH_4B_5O_8 + NH_3 \uparrow + 3H_2O$$
$$NH_4B_5O_8 + 7H_2O \xrightarrow{\hspace{1cm}} 5H_3BO_3 \uparrow + NH_3 \uparrow$$

碳化：

$$CO_2 + NH_3 + H_2O =\!=\!= NH_4HCO_3$$

3）二步法

硼矿先经碳酸化制得硼砂，再用硫酸或硝酸中和，经结晶，分离制得硼酸，硫酸钠和硝酸钠为副产品。因为硝酸钠畅销，用硝酸中和，效益更好。以五水硼砂和硝酸为例，主要反应如下：

制硼砂：

$$10(2MgO \cdot B_2O_3) + 5Na_2CO_3 + 11CO_2 + 20H_2O$$
$$=\!=\!= 5Na_2B_4O_7 + 4[4MgCO_3 \cdot Mg(OH)_2 \cdot 4H_2O]$$

中和：

$$Na_2B_4O_7 \cdot 5H_2O + 2HNO_3 =\!=\!= 4H_3BO_3 + 2NaNO_3$$

4）多硼酸钠法

将硼矿与纯碱反应，反应得到多硼酸钠溶液，再经中和得到硼酸。

碳解：

$$b(2MgO \cdot B_2O_3) + aNa_2CO_3 + (2b-a)CO_2 =\!=\!=$$
$$aNa_2O \cdot bB_2O_3 + 2bMgCO_3$$

中和：

$$aNa_2O \cdot bB_2O_3 + aH_2SO_4 + (3b-a)H_2O =\!=\!= 2bH_3BO_3 + aNa_2SO_4$$

此外，国内还进行了其他方法的研究：

原上海大新化学厂在较高压力下用 CO_2 分解硼镁石，矿浆过滤后的滤液经过浓缩，再加盐酸中和其中的硼酸镁、钙盐，冷却结晶后得到硼酸。

原营口化工厂和中国科学院青海盐湖研究所用 SO_2 气体分解硼镁矿制得硼酸，副产品 $Ca(HSO_3)_2$ 和 $Mg(HSO_3)_2$ 用于造纸工业。

原开原化工厂和中科院青海盐湖所共同研究了电渗析法制取硼酸。

原华东化工学院和营口县化工实验厂共同进行了有机溶剂萃取法。硼镁矿先经盐酸分解，过滤除渣，滤液冷却后得到部分硼酸结晶，硼酸母液再用有机溶剂萃取。

6.2 硫酸法绿色化、高附加值综合利用硼镁铁矿

6.2.1 原料分析

表6-5是硼镁铁矿的化学成分，其主要元素有硼、镁、铁、铝、硅，占矿物组分的80%以上。

表 6－5　硼镁铁矿化学组成

组分	MgO	CO_2	SiO_2	Fe_2O_3	B_2O_3	Al_2O_3	CaO
含量/%	19.12 ~ 27.31	4.13 ~ 8.28	18.36 ~ 27.63	28.35 ~ 37.59	6.67 ~ 14.9	2.13 ~ 4.32	0.36 ~ 0.98

图 6－5 是硼镁铁矿的 XRD 分析结果。由图可见，其主要矿物成分为硅酸镁 [$Mg_3Si_2O_5(OH)_4$]、硼酸镁 [$Mg_2(B_2O_5)(H_2O)$]、赤铁矿（Fe_2O_3）、堇青石（$Mg_2Si_5Al_4O_{18}$）。图 6－6 硼镁铁矿的 SEM 和 EDS 结果表明，其主要元素有 Mg、Si、Fe 和 B，与 XRD 分析和化学成分分析的结果相符。

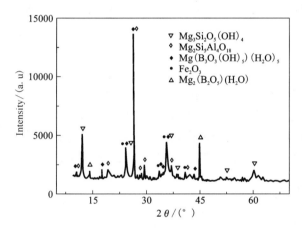

图 6－5　硼镁铁矿的 XRD 谱图

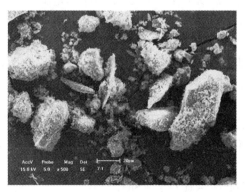
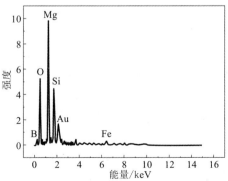

图 6－6　硼镁铁矿的 SEM 和 EDS 谱图

6.2.2 化工原料

硫酸法处理硼镁铁矿使用的化工原料主要有浓硫酸、碳酸氢铵、氢氧化钠、活性氧化钙。

①浓硫酸：工业级。

②碳酸氢铵：工业级。

③氢氧化钠：工业级。

④活性氧化钙：工业级。

6.2.3 工艺流程

将磨细的硼镁铁矿与浓硫酸混合焙烧，硼镁铁矿中的硼、镁、铁与硫酸反应生成可溶性盐，二氧化硅不与硫酸反应。焙烧烟气经除尘后冷凝制酸，返回混料，循环使用。焙烧熟料经水溶出后，二氧化硅不溶于水，过滤与溶于水的盐分离。滤液采用碳酸氢铵调控 pH 沉铁，过滤后得到羟基氧化铁，作为炼铁原料。用碳酸氢铵调节溶液 pH 除铝，过滤后得到氢氧化铝，用于制备氧化铝。滤液为精制硫酸镁溶液，向其中加入碳酸氢铵沉镁，得到碱式碳酸镁，可作为镁产品，也可以煅烧制备氧化镁。沉淀后的溶液经蒸发结晶分离得到硼酸和硫酸铵。碱溶二氧化硅得到硅酸钠溶液，向硅酸钠溶液中加入石灰乳制备硅酸钙。工艺流程如图6-7所示。

6.2.4 工艺介绍

1）干燥磨细

将硼镁铁矿干燥后的物料破碎、磨细至 80 μm 以下。

2）混料

将磨细的硼镁铁矿与浓硫酸混合。按硼镁铁矿中与硫酸反应的物质所需硫酸的质量过量 10% 配料，混合均匀。

3）焙烧

将混好的物料在 300~400℃ 焙烧 1 h。焙烧产生的烟气经除尘后制成硫酸，返回混料，循环使用。发生的主要化学反应为：

$$MgCO_3 + H_2SO_4 == MgSO_4 + H_2O \uparrow + CO_2 \uparrow$$
$$Mg_2SiO_4 + 2H_2SO_4 == 2MgSO_4 + 2H_2O \uparrow + SiO_2$$
$$Fe_2O_3 + 3H_2SO_4 == Fe_2(SO_4)_3 + 3H_2O \uparrow$$
$$Al_2O_3 + 3H_2SO_4 == Al_2(SO_4)_3 + 3H_2O \uparrow$$
$$MgSiO_3 + H_2SO_4 == MgSO_4 + H_2O \uparrow + SiO_2$$
$$Mg_2B_2O_5 + 2H_2SO_4 + H_2O == 2MgSO_4 + 2H_3BO_3$$
$$H_2SO_4 == SO_3 \uparrow + H_2O \uparrow$$

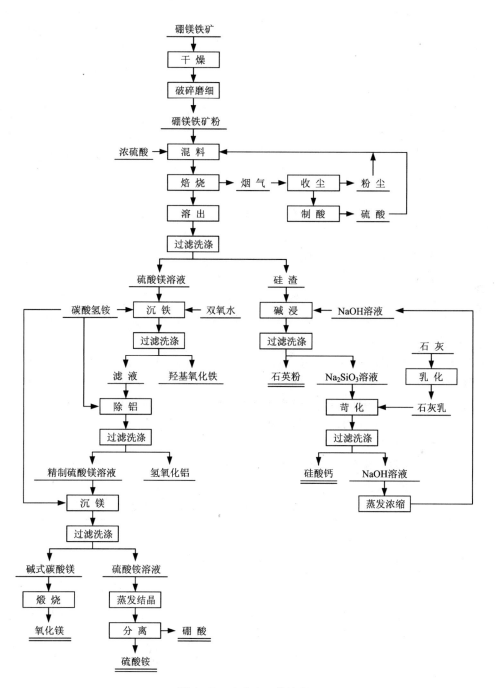

图 6-7　硫酸法工艺流程

4）溶出过滤

将焙烧熟料加水溶出。液固比3:1，溶出温度60~80℃。溶出后过滤，滤渣主要为二氧化硅，洗涤后送碱浸工序。滤液为硫酸镁溶液。

5）沉铁除铝

保持溶液温度在40℃以下，向溶出液中加入双氧水将二价铁离子氧化成三价铁离子。保持溶液温度在40℃以上，用碳酸氢铵调控溶液pH保持在3以上，搅拌，生成羟基氧化铁。过滤，滤渣为羟基氧化铁，洗涤干燥后作为炼铁原料。继续向沉铁后的溶液中加入碳酸氢铵，调节溶液pH至5.1，铝生成氢氧化铝沉淀，过滤得到氢氧化铝，用于制备氧化铝。滤液为精制硫酸镁溶液。发生的主要化学反应为：

$$2Fe^{2+} + 2H^+ + H_2O_2 \!=\!\!=\!\!= 2Fe^{3+} + 2H_2O$$

$$Fe_2(SO_4)_3 + 6NH_4HCO_3 \!=\!\!=\!\!= 2FeOOH \downarrow + 3(NH_4)_2SO_4 + 6CO_2 \uparrow + 2H_2O$$

$$Al_2(SO_4)_3 + 6NH_4HCO_3 \!=\!\!=\!\!= 2Al(OH)_3 \downarrow + 3(NH_4)_2SO_4 + 6CO_2 \uparrow$$

6）沉镁

向精制硫酸镁溶液中加入碳酸氢铵，反应生成碱式碳酸镁沉淀，过滤洗涤得碱式碳酸镁产品和硫酸铵溶液。碱式碳酸镁煅烧得到氧化镁产品。硫酸铵溶液中含有硼酸。发生的主要化学反应为：

$$2MgSO_4 + 4NH_4HCO_3 \!=\!\!=\!\!= Mg(OH)_2 \cdot MgCO_3 \downarrow + 2(NH_4)_2SO_4 + 3CO_2 \uparrow + H_2O$$

$$4MgSO_4 + 8NH_4HCO_3 \!=\!\!=\!\!= Mg(OH)_2 \cdot 3MgCO_3 \downarrow + 4(NH_4)_2SO_4 + 5CO_2 \uparrow + 3H_2O$$

$$Mg(OH)_2 \cdot MgCO_3 \!=\!\!=\!\!= 2MgO + CO_2 \uparrow + H_2O$$

$$Mg(OH)_2 \cdot 3MgCO_3 \!=\!\!=\!\!= 4MgO + 3CO_2 \uparrow + H_2O$$

7）蒸发结晶

将含有硼酸的硫酸铵溶液蒸发结晶，利用硫酸铵和硼酸的溶解度随温度变化的差异，将硼酸和硫酸铵分离。

表6-6 不同温度下硼酸和硫酸铵的溶解度

温度/℃	0	20	40	60	80	100
硼酸溶解度/g	2.77	4.87	8.90	14.89	23.54	38.00
硫酸铵溶解度/g	70.1	75.4	81.2	87.4	94.1	102

8）碱浸

将硅渣与碱液按液固比3:1混合。控制碱浸温度130℃，碱浸时间1 h。过滤，滤液为硅酸钠溶液，滤渣为石英粉。发生的主要化学反应为：

$$SiO_2 + 2NaOH \!=\!\!=\!\!= Na_2SiO_3 + H_2O$$

9）制备硅酸钙

向硅酸钠溶液中加入石灰乳，在90℃以上反应2 h，得到硅酸钙沉淀。经过滤、洗涤、烘干得到硅酸钙产品。滤液为碱液，蒸发浓缩后返回碱浸工序。发生的主要化学反应为：

$$Na_2SiO_3 + Ca(OH)_2 \Longrightarrow CaSiO_3 \downarrow + 2NaOH$$

6.2.5　主要设备

硫酸法工艺的主要设备见表 6 - 7。

表 6 - 7　硫酸法工艺的主要设备列表

工序名称	设备名称	备注
磨矿	回转干燥窑	
	颚式破碎机	
	粉磨机	
混料	双辊犁刀混料机	耐酸
焙烧	回转焙烧窑	耐酸
	除尘器	
	烟气净化制酸系统	
溶出过滤	溶出搅拌槽	耐酸、加热
	水平带式过滤机	耐酸
沉铁除铝	沉铁搅拌槽	耐酸、加热
	板框过滤机	耐酸、非连续
	除铝搅拌槽	耐酸、加热
	板框过滤机	耐酸、非连续
沉镁	沉镁搅拌槽	耐碱、加热
	平盘过滤机	耐碱、连续
	五效蒸发器	
煅烧	干燥器	
	煅烧炉	
浸出	浸出槽	耐碱、加热
	稀释槽	耐碱、保温
	平盘过滤机	耐碱、连续
乳化	生石灰乳化窑	
苛化	苛化槽	耐碱、加热
	平盘过滤机	耐碱、连续
	五效蒸发器	

6.2.6 设备连接图

图 6 − 8 为硫酸法工艺的设备连接图。

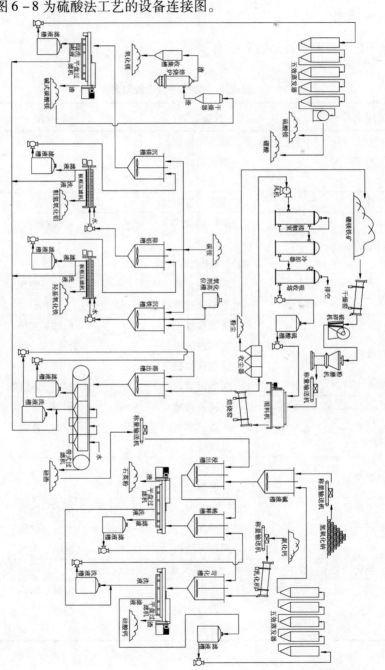

图6−8 硫酸法工艺的设备连接图

6.3 硫酸铵法清洁、高效综合利用硼镁铁矿的工艺流程

6.3.1 原料分析

同前。

6.3.2 化工原料

硫酸铵法处理硼镁铁矿使用的化工原料主要有硫酸铵、氢氧化钠、活性氧化钙。

①硫酸铵：工业级。

②氢氧化钠：工业级。

③活性氧化钙：工业级。

6.3.3 工艺流程

将磨细的硼镁铁矿与硫酸铵混合焙烧，硼镁铁矿中的硼、镁、铁与硫酸铵反应生成可溶性盐，二氧化硅不与硫酸铵反应。焙烧烟气除尘后降温冷却得到硫酸铵固体，返回混料，循环使用，过量的氨回收，用于沉铁、除铝、沉镁。焙烧熟料加水溶出后，二氧化硅不溶于水，过滤与溶于水的盐分离。滤液采用氨调控 pH 沉铁，过滤，滤渣为羟基氧化铁，作为炼铁原料。滤液用氨调节 pH 除铝，过滤后的滤渣为氢氧化铝，用于制备氧化铝。滤液用氨沉镁，沉淀产物为氢氧化镁，可以作为产品，也可以煅烧制备氧化镁。沉淀后的溶液经蒸发结晶分离后得到硼酸和硫酸铵，硫酸铵返回混料，循环利用。碱溶二氧化硅得到硅酸钠溶液，向硅酸钠溶液中加入石灰乳制备硅酸钙。工艺流程如图 6-9 所示。

6.3.4 工序介绍

1) 干燥磨细

将硼镁铁矿干燥到含水 5% 以下后破碎、磨细至 80 μm 以下。

2) 混料

将磨细的硼镁铁矿与硫酸铵混合。按硼镁铁矿中与硫酸铵反应的物质所需硫酸铵的质量过量 10% 配料，混合均匀。

3) 焙烧

将混好的物料在 450~500℃ 焙烧 1 h。焙烧产生的烟气经降温冷却得到硫酸铵，返回混料，循环使用。过量 NH_3 回收用于沉铁、除铝、沉镁。发生的主要化学反应为：

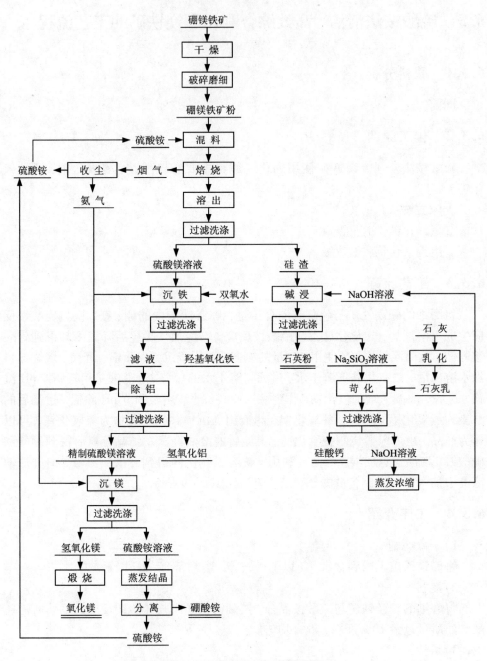

图 6-9 硫酸铵法工艺流程图

$$MgCO_3 + 2(NH_4)_2SO_4 =\!=\!= (NH_4)_2Mg(SO_4)_2 + H_2O\uparrow + CO_2\uparrow + 2NH_3\uparrow$$
$$MgCO_3 + (NH_4)_2SO_4 =\!=\!= MgSO_4 + H_2O\uparrow + CO_2\uparrow + 2NH_3\uparrow$$
$$Mg_2SiO_4 + 4(NH_4)_2SO_4 =\!=\!= 2(NH_4)_2Mg(SO_4)_2 + 2H_2O\uparrow + SiO_2 + 4NH_3\uparrow$$
$$Mg_2SiO_4 + 2(NH_4)_2SO_4 =\!=\!= 2MgSO_4 + 2H_2O\uparrow + SiO_2 + 4NH_3\uparrow$$
$$Fe_2O_3 + 4(NH_4)_2SO_4 =\!=\!= 2NH_4Fe(SO_4)_2 + 3H_2O\uparrow + 6NH_3\uparrow$$
$$Fe_2O_3 + 3(NH_4)_2SO_4 =\!=\!= Fe_2(SO_4)_3 + 3H_2O\uparrow + 6NH_3\uparrow$$
$$Al_2O_3 + 3(NH_4)_2SO_4 =\!=\!= Al_2(SO_4)_3 + 6NH_3\uparrow + 3H_2O\uparrow$$
$$Al_2O_3 + 4(NH_4)_2SO_4 =\!=\!= 2NH_4Al(SO_4)_2 + 6NH_3\uparrow + 3H_2O\uparrow$$
$$MgSiO_3 + 2(NH_4)_2SO_4 =\!=\!= (NH_4)_2Mg(SO_4)_2 + H_2O\uparrow + SiO_2 + 2NH_3\uparrow$$
$$MgSiO_3 + (NH_4)_2SO_4 =\!=\!= MgSO_4 + H_2O\uparrow + SiO_2 + 2NH_3\uparrow$$
$$Mg_2B_2O_5 + 2(NH_4)_2SO_4 + H_2O =\!=\!= 2MgSO_4 + 2H_3BO_3 + 4NH_3\uparrow$$
$$Mg_2B_2O_5 + 4(NH_4)_2SO_4 + H_2O =\!=\!= 2(NH_4)_2Mg(SO_4)_2 + 2H_3BO_3 + 4NH_3\uparrow$$
$$(NH_4)_2SO_4 =\!=\!= SO_3\uparrow + 2NH_3\uparrow + H_2O\uparrow$$
$$SO_3 + 2NH_3 + H_2O =\!=\!= (NH_4)_2SO_4$$

4)溶出过滤

将焙烧熟料加水溶出。液固比3:1,溶出温度60~80℃。溶出后过滤,滤渣主要为二氧化硅,洗涤后送碱浸工序,滤液为含硫酸镁、硫酸铁和硫酸铝的溶液。

5)沉铁除铝

保持溶液温度在40℃以下,向溶液中加入双氧水将二价铁离子氧化成三价铁离子。保持溶液温度在40℃以上,用氨调控溶液的 pH 大于3,搅拌,溶液中的铁生成羟基氧化铁,反应结束后过滤,滤渣为羟基氧化铁,洗涤干燥后作为炼铁原料。继续向沉铁后的溶液中通入氨,调节溶液 pH 至5.1,溶液中的铝生成氢氧化铝沉淀,过滤得到氢氧化铝,用于制备氧化铝。滤液为精制硫酸镁溶液。发生的主要化学反应为:

$$2Fe^{2+} + 2H^+ + H_2O_2 =\!=\!= 2Fe^{3+} + 2H_2O$$
$$NH_4Fe(SO_4)_2 + 3NH_3 + 2H_2O =\!=\!= FeOOH\downarrow + 2(NH_4)_2SO_4$$
$$Fe_2(SO_4)_3 + 6NH_3 + 4H_2O =\!=\!= 2FeOOH\downarrow + 3(NH_4)_2SO_4$$
$$Al_2(SO_4)_3 + 6NH_3 + 6H_2O =\!=\!= 2Al(OH)_3\downarrow + 3(NH_4)_2SO_4$$
$$NH_4Al(SO_4)_2 + 3NH_3 + 3H_2O =\!=\!= Al(OH)_3\downarrow + 2(NH_4)_2SO_4$$

6)沉镁

向沉铁除铁后的精制硫酸镁溶液中加氨,调节溶液 pH 至11,温度保持在40~60℃,反应生成氢氧化镁沉淀,过滤洗涤得氢氧化镁产品和硫酸铵溶液。发生的主要化学反应为:

$$MgSO_4 + 2NH_3 + 2H_2O =\!=\!= Mg(OH)_2\downarrow + (NH_4)_2SO_4$$

7）蒸发结晶

把硫酸铵溶液蒸发结晶，分离得到硫酸铵和硼酸铵产品。

8）煅烧

将硫酸铵和硼酸铵的混合物在 500℃ 煅烧，硫酸铵分解成 NH_3、SO_3 和 H_2O，硼酸铵分解成四硼酸和 NH_3。烟气降温冷却，得到硫酸铵，返回混料，循环利用。过量 NH_3 回收用于沉镁。硼酸加热分解得到三氧化二硼。发生的主要化学反应为：

$$(NH_4)_2SO_4 =\!=\!= SO_3 \uparrow + 2NH_3 \uparrow + H_2O \uparrow$$
$$4NH_4B_5O_8 \cdot 4H_2O =\!=\!= 4NH_3 \uparrow + 5H_2B_4O_7 + 13H_2O \uparrow$$
$$H_2B_4O_7 =\!=\!= 2B_2O_3 + H_2O \uparrow$$
$$SO_3 + 2NH_3 + H_2O =\!=\!= (NH_4)_2SO_4$$

9）分步结晶

沉镁后所得滤液也可利用硼酸铵和硫酸铵溶解度随温度变化的差异分步结晶得到硼酸铵和硫酸铵，硫酸铵返回混料工序，循环使用。

表 6-8　不同温度下硼酸铵和硫酸铵的溶解度

温度/℃	0	20	40	60	80	90	100
硼酸铵溶解度/g	4.00	7.07	11.4	18.2	26.4	30.3	
硫酸铵溶解度/g	70.1	75.4	81.2	87.4	94.1		102

10）碱浸

将硅渣与碱液按液固比 3:1 混合。控制碱浸温度 130℃，碱浸时间 1 h。过滤得到滤液为硅酸钠溶液，滤渣为石英粉。发生的主要化学反应为：

$$SiO_2 + 2NaOH =\!=\!= Na_2SiO_3 + H_2O$$

11）制备硅酸钙

向硅酸钠溶液加入石灰乳，在 90℃ 以上反应 2 h，得到硅酸钙沉淀。经过滤、洗涤、烘干得到硅酸钙产品。滤液为碱液，蒸发浓缩后返回碱浸工序。发生的主要化学反应为：

$$Na_2SiO_3 + Ca(OH)_2 =\!=\!= CaSiO_3 \downarrow + 2NaOH$$

6.3.5　主要设备

硫酸铵法工艺的主要设备见表 6-9。

表 6 – 9　硫酸铵法工艺的主要设备列表

工序名称	设备名称	备注
磨矿	回转干燥窑	
	颚式破碎机	
	粉磨机	
混料	双辊犁刀混料机	耐酸
焙烧	回转焙烧窑	耐酸
	除尘器	
	烟气净化回收系统	
溶出过滤	溶出搅拌槽	耐酸、加热
	水平带式过滤机	耐酸
沉铁除铝	沉铁搅拌槽	耐酸、加热
	板框过滤机	耐酸、非连续
	除铝搅拌槽	耐酸、加热
	板框过滤机	耐酸、非连续
沉镁	沉镁搅拌槽	耐碱、加热
	平盘过滤机	耐碱、连续
	五效蒸发器	
煅烧	干燥器	
	煅烧炉	
浸出	浸出槽	耐碱、加热
	稀释槽	耐碱、保温
	平盘过滤机	耐碱、连续
乳化	生石灰乳化窑	
苛化	苛化槽	耐碱、加热
	平盘过滤机	耐碱、连续
	五效蒸发器	

6.3.6　设备连接图

图 6 – 10 为硫酸铵法工艺的设备连接图。

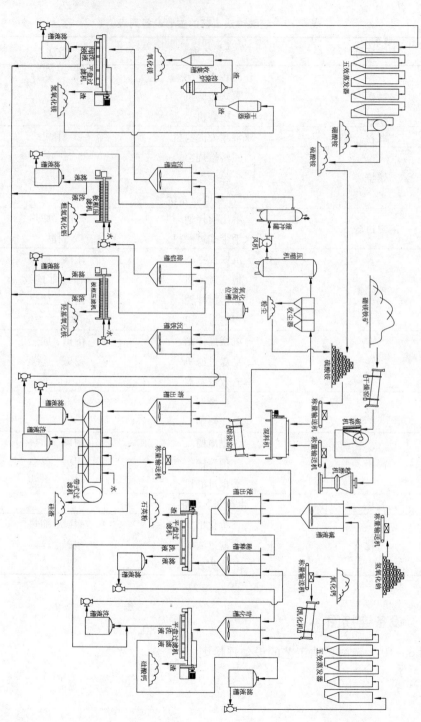

图6-10 硫酸铵法工艺的设备连接简图

6.4 碳酸钠法清洁、高效综合利用硼镁铁矿的工艺流程

6.4.1 原料分析

同前。

6.4.2 化工原料

碳酸钠法处理硼镁铁矿使用的化工原料主要有碳酸钠、二氧化碳、硫酸铵、碳酸氢铵。

①碳酸钠：工业级。

②二氧化碳：工业级。

③硫酸铵：工业级。

④碳酸氢铵：工业级。

6.4.3 工艺流程

将磨细的硼镁铁矿与碳酸钠混合焙烧，硼镁铁矿中的硼、硅与碳酸钠反应生成可溶性盐，铝与碳酸钠和硅反应生成不溶于水的硅铝酸钠，铁、镁不与碳酸钠反应。焙烧烟气除尘后回收 CO_2，用于碳分。焙烧熟料经水溶出后，氧化铁、氧化镁和硅铝酸钠不溶于水，与溶于水的硅酸钠、硼酸钠分离。硅酸钠溶液采用碳分法制备白炭黑，硼留在溶液中，采用分步结晶法得到硼酸钠和碳酸钠。碳酸钠返回混料，循环使用。氧化铁、氧化镁和硅铝酸钠的混合物用硫酸铵溶液浸出，镁与硫酸铵生成硫酸镁，硅铝酸钠与硫酸铵反应生成硫酸钠、三氧化二铝、二氧化硅，铁不反应，过滤后得到含有少量氧化铝和二氧化硅的铁渣，用于炼铁。滤液为硫酸镁溶液。加入碳酸氢铵沉镁，得到碱式碳酸镁。过滤干燥后得到碱式碳酸镁产品，也可以煅烧制备氧化镁产品。工艺流程如图 6 – 11 所示。

6.4.4 工艺介绍

1）磨矿与混料

将硼镁铁矿干燥到含水 5% 以下，破碎磨细至 80 μm 以下，与碳酸钠均匀混合。硼镁铁矿与碳酸钠的比例为：按硼镁铁矿矿中的氧化硼、二氧化硅与碳酸钠完全反应所消耗的碳酸钠的量计为 1，碳酸钠过量 5%。

2）焙烧

将混好的物料在 1300 ~ 1400℃ 焙烧，保温 2 h。物料中的硅、硼、铝与碳酸钠反应生成溶于水的硅酸钠、硼酸钠和不溶于水的硅铝酸钠。焙烧产生的烟气主要

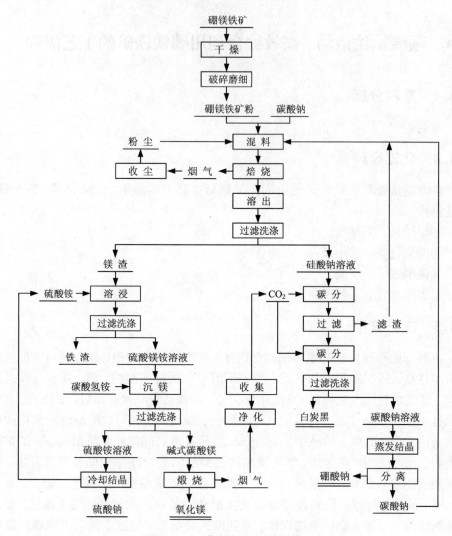

图 6-11　碳酸钠法工艺流程图

含二氧化碳，经除尘净化后送碳分工序。发生的主要化学反应为：

$$2B_2O_3 + Na_2CO_3 \rightleftharpoons Na_2B_4O_7 + CO_2 \uparrow$$

$$SiO_2 + Na_2CO_3 \rightleftharpoons Na_2SiO_3 + CO_2 \uparrow$$

$$Al_2O_3 + 2SiO_2 + Na_2CO_3 \rightleftharpoons 2NaAlSiO_4 + CO_2 \uparrow$$

3）溶出

将焙烧的熟料加水溶出，液固比 3:1，在温度 60～80℃搅拌溶出 30～60min，过滤，滤液为含硼酸钠、硅酸钠的溶液，滤渣主要为氧化镁和氧化铁的混合物。

4）碳分

70℃向硅酸钠溶液中通入二氧化碳气体进行碳分。当 pH 为 11 时，停止通气，过滤分离，得到的滤渣送碱浸工序，滤液为精制硅酸钠溶液。将精制硅酸钠溶液二次碳分，保温 80℃。当 pH 为 9.5 时，停止通气，过滤分离，得到的滤饼为二氧化硅，经洗涤、干燥后成为白炭黑产品。滤液为碳酸钠溶液，蒸发结晶后送混料工序，循环使用。发生的主要化学反应为：

$$Na_2SiO_3 + CO_2 =\!=\!= Na_2CO_3 + SiO_2 \downarrow$$

5）分步结晶

沉硅后的滤液中主要含 Na^+、CO_3^{2-} 和 $B_4O_7^{3-}$。

根据碳酸钠和硼酸钠的溶解度的差异（见表 6 - 10），分步结晶得到硼酸钠产品和碳酸钠，碳酸钠返回混料，循环使用。

表 6 - 10　不同温度下硼酸钠和碳酸钠的溶解度

温度/℃	0	20	40	60	80	100
硼酸钠溶解度/g	1.6	2.5	6.4	17.4	24.3	39.1
碳酸钠溶解度/g	7.0	21.8	48.8	46.4	45.1	44.7

6）硫酸铵浸出

将镁渣与硫酸铵溶液按液固比 3∶1、镁渣中与硫酸铵反应的物质所需硫酸铵的质量过量 10% 混合浸出。浸出温度 80 ~ 90℃，溶浸时间为 1 ~ 2 h。反应结束后过滤，滤液为硫酸镁溶液，滤渣为铁渣，用于炼铁。浸出产生的蒸汽含有氨，经除尘净化后送沉镁工序。发生的主要化学反应为：

$$MgO + (NH_4)_2SO_4 =\!=\!= MgSO_4 + 2NH_3 \uparrow + H_2O$$
$$2NaAlSiO_4 + (NH_4)_2SO_4 + 2H_2O =\!=\!= Na_2SO_4 + 2Al(OH)_3 \downarrow + 2SiO_2 \downarrow + 2NH_3 \uparrow$$

7）沉镁

控制溶液温度为 60 ~ 80℃，向滤液中加入固体碳酸氢铵沉镁。反应结束后，过滤得到碱式碳酸镁产品，也可以将碱式碳酸镁在 550 ~ 650℃煅烧制备氧化镁产品。滤液为硫酸铵溶液，返回溶出工序，循环利用。当硫酸铵溶液中硫酸钠累计到一定浓度后冷却结晶，利用硫酸钠和硫酸铵溶解度的差异（见表 6 - 11），将硫酸钠分离出来，成为产品，也可用碳还原制备硫化钠。碱式碳酸镁煅烧产生的气体经净化除尘后送碳分工序。发生的主要化学反应为：

$$2MgSO_4 + 4NH_4HCO_3 =\!=\!= Mg(OH)_2 \cdot MgCO_3 \downarrow + 2(NH_4)_2SO_4 + 3CO_2 \uparrow + H_2O$$
$$4MgSO_4 + 8NH_4HCO_3 =\!=\!= Mg(OH)_2 \cdot 3MgCO_3 \downarrow + 4(NH_4)_2SO_4 + 5CO_2 \uparrow + 3H_2O$$
$$Mg(OH)_2 \cdot MgCO_3 =\!=\!= 2MgO + CO_2 \uparrow + H_2O$$
$$Mg(OH)_2 \cdot 3MgCO_3 =\!=\!= 4MgO + 3CO_2 \uparrow + H_2O$$

表 6-11　不同温度下硫酸钠和硫酸铵的溶解度

温度/℃	0	20	40	60	80	100
硫酸钠溶解度/g	4.9	19.5	48.8	45.3	43.7	42.5
硫酸铵溶解度/g	70.1	75.4	81.2	87.4	94.1	102

6.4.5　主要设备

表 6-12 为碳酸钠法工艺的主要设备。

表 6-12　碳酸钠法工艺的主要设备列表

工序名称	设备名称	备注
磨矿	回转干燥窑	
	颚式破碎机	
	粉磨机	
混料	滚筒混料机	耐碱、耐磨
焙烧	回转焙烧窑	耐碱
	除尘器	
	烟气净化回收系统	
溶出过滤	溶出搅拌槽	耐碱、加热
	水平带式过滤机	耐碱
碳分	二级碳分塔	耐碱、加热
	板框过滤机	非连续
	平盘过滤机	连续
	五效蒸发器	
溶镁	溶出搅拌槽	耐酸、加热
	板框过滤机	耐酸、非连续
沉镁	沉镁搅拌槽	耐碱、加热
	平盘过滤机	耐碱、连续
	五效蒸发器	
镁煅烧	干燥器	
	煅烧炉	

6.4.6　设备连接图

图 6-12 为碳酸钠法工艺的设备连接图。

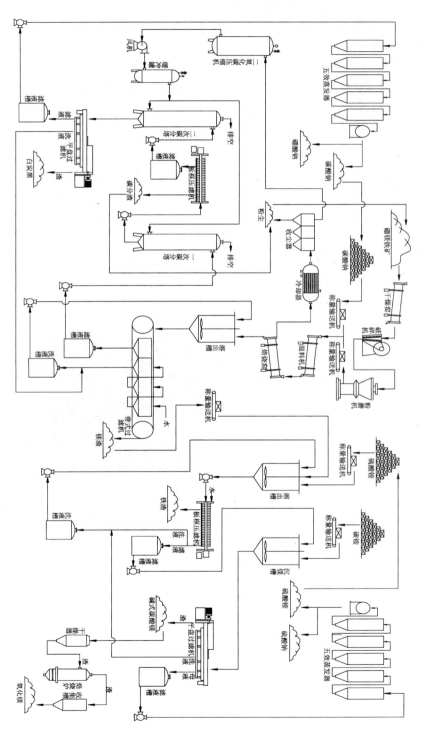

图6-12　碳酸钠法工艺的设备连接图

6.5 产品分析

硫酸法处理硼镁铁矿得到的主要产品有硅酸钙、羟基氧化铁、碱式碳酸镁、氧化镁、硫酸铵、三氧化硼。

硫酸铵法处理硼镁铁矿得到的主要产品有硅酸钙、羟基氧化铁、碱式碳酸镁、氧化镁、三氧化硼。

碳酸钠法处理硼镁铁矿得到的主要产品有硅酸钙、铁精矿、碱式碳酸镁、氧化镁、硼酸钠。

6.5.1 氧化镁

图 6 – 13 为氧化镁产品的 XRD 图谱和 SEM 照片。表 6 – 13 为产品氧化镁的检测结果，表 6 – 14 为工业轻质氧化镁的化工行业标准。氧化镁产品达到 I 类一等品指标。氧化镁用途广泛，主要应用于化工、环保、农业等领域。

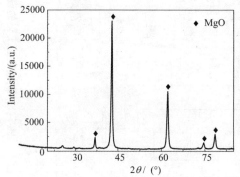

图 6 – 13   产品氧化镁的 XRD 图谱和 SEM 照片

表 6 – 13   氧化镁的技术指标

项目	检测结果/%	项目	检测结果/%
氧化镁	95.55	灼烧失重	2.9
氧化钙	0.12	氯化物	—
盐酸不溶物	—	锰	—
铁	0.03	150 μm 筛余物	—
硫酸盐（SO_4^{2-}）	0.17	堆积密度	0.16

表 6 – 14　工业轻质氧化镁的化工行业标准 HG/T 2573—2006

项　目	指　标		
	Ⅰ类优等品	Ⅰ类一等品	Ⅰ类合格品
氧化镁(MgO)/% ≥	95.0	93.0	92.0
氧化钙(CaO)/% ≤	1.0	1.5	2.0
盐酸不溶物/% ≤	0.10	0.24	—
铁(Fe)/% ≤	0.05	0.06	0.10
硫酸盐(以 SO_4^{2-} 计)/% ≤	0.20	—	—
灼烧失重/%	3.5	5.0	5.5
氯化物(以 Cl^- 计)≤	0.07	0.20	0.30
锰(Mn)/% ≤	0.003	0.01	—
筛余物 150 μm/% ≤	0	0.03	0.05
堆积密度/(g/mL)≤	0.16	0.20	0.25

6.5.2　羟基氧化铁

　　图 6 – 14 和表 6 – 15 给出了羟基氧化铁的 XRD 图谱和 SEM 照片及分析结果。

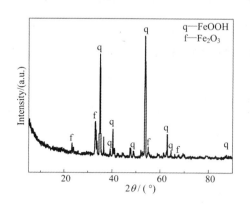

图 6 – 14　羟基氧化铁的 XRD 图谱和 SEM 照片

表 6 – 15　羟基氧化铁的成分分析

成分	Fe_2O_3	H_2O
含量/%	86.27	9.96

羟基氧化铁为条状结构。成分基本符合羟基氧化铁的化学式计算成分，氧化铁略低于理论含量，是其中含有水合氧化铁所致。羟基氧化铁可用做炼铁原料或制备其他产品。

6.5.3　硼酸

图6-15为硼酸产品的XRD图谱。表6-16为产品检测结果，表6-17给出了硼酸国家标准，可见，产品硼酸达到一等品指标。可用作杀虫剂、防腐剂，以及玻璃工业等。

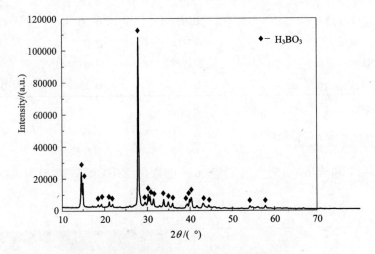

图6-15　产品硼酸的XRD谱图

表6-16　硼酸产品检测结果

项目	优等品
硼酸(H_3BO_3)/%	99.5
水不溶物/%	0.032
硫酸盐(以SO_4^{2-}计)/%	0.13
氯化物(以Cl^-计)/%	0.014
铁(Fe)/%	—
氨(NH_3)/%	0.30
重金属(以Pb计)/%	—

表 6 - 17 硼酸国家标准 GB/T 538—2006

项目	指标		
	优等品	一等品	合格品
硼酸(H_3BO_3)/%	99.6 ~ 100.8	99.4 ~ 100.8	≥99.0
水不溶物/% ≤	0.010	0.040	0.060
硫酸盐(以 SO_4^{2-} 计)/% ≤	0.10	0.20	0.30
氯化物(以 Cl^- 计)/% ≤	0.010	0.20	0.30
铁(Fe)/% ≤	0.0010	0.0015	0.0020
氨(NH_3)/% ≤	0.30	0.50	0.70
重金属(以 Pb 计)/% ≤	0.0010	—	—

6.5.4 硅酸钙

图 6 - 16 为硅酸钙产品的 SEM 照片，硅酸钙为类球形颗粒状粉体。表 6 - 18 为硅酸钙产品成分分析结果。

图 6 - 16 硅酸钙产品的 SEM 照片

表 6 - 18 水合硅酸钙的化学成分

成分	SiO_2	CaO	Fe_2O_3	Al_2O_3	Na_2O
含量/%	45.34	42.27	0.26	0.32	0.15

硅酸钙主要用作建筑材料、保温材料、耐火材料、涂料的体质颜料及载体。

6.5.5 碱式碳酸镁

图 6 - 17 给出了碱式碳酸镁产品的 XRD 图谱和 SEM 照片。

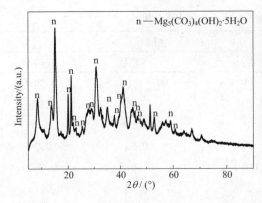

图 6-17 碱式碳酸镁的 XRD 图谱和 SEM 照片

碱式碳酸镁为片状颗粒，形状规则，分散性良好。表 6-19 为采用碳酸氢铵制得的碱式碳酸镁的技术指标。表 6-20 为碱式碳酸镁化工行业标准 HG/T 2959—2000。

表 6-19 碱式碳酸镁的技术指标/%

项目	检测结果/%	项目	检测结果/%
氧化镁	41.55	灼烧失重	56.73
氧化钙	0.17	氯化物	—
水分	0.44	锰	—
盐酸不溶物	—	150 μm 筛余物	—
铁	<0.05	堆积密度	0.103
硫酸盐(SO_4^{2-})	0.16		

表 6-20 工业水合碱式碳酸镁化工行业标准 HG/T 2959—2000

项目	指标		
	优等品	一等品	合格品
水分/% ≤	2.0	3.0	4.0
盐酸不溶物/% ≤	0.10	0.15	0.20
氧化钙(CaO)/% ≤	0.43	0.70	1.0
氧化镁(MgO)/%	41.0	40.0	38.0
灼烧失重/%	54~58	54~58	大于 52.0
氯化物(以 Cl^- 计)/% ≤	0.10	0.15	0.30
铁(Fe)/% ≤	0.02	0.05	0.08
锰(Mn)/% ≤	0.04	0.04	—
硫酸盐(以 SO_4^{2-} 计)/% ≤	0.10	0.15	0.30
筛余物 150 μm/% ≤	0.025	0.03	0.05
75 μm/% ≤	1.0	—	—
堆积密度/(g/mL) ≤	0.12	0.14	—

碱式碳酸镁产品达到优等品指标。碱式碳酸镁广泛应用于塑料、橡胶、建筑、食品、医疗卫生等诸多领域。碱式碳酸镁具有相对密度小、不燃烧、质轻而松的特点，可用作耐高温、绝热的防火保温材料。

6.6　环境保护

6.6.1　主要污染源和主要污染物

（1）烟气粉尘

①硼镁铁矿的输送、混料工序产生的粉尘。

②硫酸焙烧，烟气中主要污染物是粉尘、SO_3 和 H_2O；硫酸铵焙烧烟气中主要污染物是粉尘和 NH_3、SO_3 和 H_2O；碳酸钠焙烧烟气中主要污染物是粉尘和 CO_2。

③硅碱溶过程中产生碱性气体。

④白炭黑干燥时产生水蒸气。

⑤碱式碳酸镁煅烧时产生二氧化碳气体。

（2）水

①生产过程水循环使用，无废水排放。

②生产排水为软水制备工艺排水，水质未被污染。

（3）固体废弃物

①硼镁铁矿中的硅制备白炭黑和硅酸钙产品。

②硼镁铁矿中的镁制备氢氧化镁、碱式碳酸镁和氧化镁产品。

③硼镁铁矿中的铁制备羟基氧化铁产品。

④硼镁铁矿中的硼制备三氧化硼和硼酸钠产品。

⑤硫酸铵溶液蒸浓结晶得到硫酸铵。

⑥碳酸钠溶液蒸浓结晶得到碳酸钠，循环使用。

生产过程无污染废渣排放。

6.6.2　污染治理措施

（1）焙烧烟气

焙烧烟气经旋风、重力、布袋除尘，粉尘返混料。硫酸焙烧烟气经吸收塔二级吸收，SO_3 和水的混合物经酸吸收塔制备硫酸。硫酸铵焙烧烟气产生 NH_3、SO_3 冷却得到硫酸铵固体，过量 NH_3 回收用于除杂、沉锌，尾气经吸收塔进一步净化后排放，满足《工业炉窑大气污染物排放标准》（GB 9078—1996）的要求。

（2）通风除尘

产生粉尘设备均带收尘装置。

扬尘：对全厂扬尘点，均实行设备密闭罩集气，机械排风，高效布袋除尘器集中除尘。系统除尘效率均在99.9%以上。

烟尘：窑炉等烟气除尘系统收集的烟尘全部返回系统再利用。

（3）废水治理

需要水源提供新水，生产用水循环，全厂水循环利用率为90%以上。

各工序产生的废水采用不同方法处理，以实现全厂废水"零"排放。蒸浓结晶工序冷凝水循环使用和二次利用。

（4）废渣治理

整个生产过程中，硼镁铁矿中的主要组元硼、镁、硅、铁和铝均制备成产品，无废渣产生。

（5）噪声治理

本工程的噪声主要由机械动力、流体动力产生。工程设计对高噪声设备采取消声、隔声、基础减振等措施进行处理。

（6）绿化

绿化在防治污染、保护和改善环境方面可起到特殊的作用，是环境保护的有机组成部分。绿色植物不仅能美化环境，还具有吸附粉尘、净化空气、减弱噪声、改善小气候等作用，因此在工程设计中应对绿化予以充分重视，通过提高绿化系数改善厂区及附近地区的环境条件。设计厂区绿化占地率不小于20%。

在厂前区及空地等处进行重点绿化，选择树型美观、装饰性强、观赏价值高的乔木与灌木，再适当配以花坛、水池、绿篱、草坪等；在厂区道路两侧种植行道树，同时加配乔木、灌木与花草；在围墙内、外都种以乔木；其他空地植以草坪，形成立体绿化体系。

6.7 结语

硼镁铁矿的绿色化、高附加值综合利用新工艺将矿物中的有价组元铁、镁、硼、铝都分离提取出来，加工成产品。镁的提取率95%以上，综合回收率92%以上，铁的综合回收率95%以上。没有废渣、废水、废气的排放，对环境友好。全流程绿色化，为硼镁铁矿的合理利用提供了新方法。

参考文献

[1] 宁志强，翟玉春，段华美. 七水硫酸镁脱水过程动力学的研究 [J]. 中国稀土学报，2010，28(S)：4-6.

[2] 翟玉春，段华美，吕晓姝，等. 一种由硼镁铁矿制备氧化镁、氧化铁、二氧化硅及硼酸的方

法［P］. CN102432072A, 2014.

［3］翟玉春, 段华美, 吕晓姝, 等. 一种综合利用硼镁铁矿的方法［P］. CN102424390A, 2013.

［4］段华美. 硼精矿绿色综合利用［D］. 东北大学, 2010.

［5］全跃. 硼及硼产品研究与进展［M］. 大连: 大连理工大学出版社, 2008.

［6］王翠芝, 肖荣阁, 刘敬党. 辽东 – 吉南硼矿的控矿因素及成矿作用研究［J］. 矿床地质, 2009, 27(6): 727 – 741.

［7］刘敬党, 孙淑华. 辽东 – 吉南早元古宙硼矿地质特征及矿床成因 – 以砖庙矿区为例［J］. 辽宁地质, 1995(1): 47 – 57.

［8］刘敬党, 肖荣阁, 王翠芝, 等. 辽宁大石桥花岗质岩石成因分析及其在硼矿勘查中的意义［J］. 吉林大学学报: 地球科学版, 2006, 35(6): 714 – 719.

［9］王翠芝, 肖荣阁, 刘敬党. 辽东硼矿的成矿机制及成矿模式［J］. 地球科学: 中国地质大学学报, 2008, 33(6): 813 – 824.

［10］曲洪祥, 郭伟静, 张永, 等. 辽东地区硼矿床成因探讨与硼矿远景区预测［J］. 地质与资源, 2005, 14(2): 132 – 138.

［11］邹日, 冯本智. 营口后仙峪硼矿容矿火山 – 热水沉积岩系特征［J］. 地球化学, 1995, 24(S): 46 – 54.

［12］Erdogan Y, Aksu M, Demirbaş A, et al. Analyses of boronic ores and sludges and solubilities of boron minerals in CO_2 – saturated water［J］. Resources, conservation and recycling, 1998, 24(3): 275 – 283.

［13］Kar Y, Şen N, Demĺrbaş A. Boron minerals in Turkey, their application areas and importance for the country's economy［J］. Minerals & Energy – Raw Materials Report, 2006, 20(3 – 4): 2 – 10.

［14］唐尧, 陈春琳, 熊先孝, 等. 世界硼资源分布及开发利用现状分析［J］. 现代化工, 2013, 33(10): 1 – 4.

［15］Ri Z, Benzhi F. The features of ore – hosting volcanic – hydrothermal sedimentary series in Houxianyu boron deposits, Yingkou, Liaoning［J］. Geochimica, 1995, 24(S): 46 – 55.

［16］Xiao R, Takao O, Fei H, et al. Sedimentary – metamorphic boron deposits and their boron isotopic compositions in eastern Liaoning Province［J］. Geoscience, 2003, 17(2): 137 – 142.

［17］刘然, 薛向欣, 姜涛, 等. 硼铁矿综合利用概况与展望［J］. 矿产综合利用, 2006(02): 33 – 36.

［18］刘宏伟, 仲剑锋, 于天明, 等. 提高翁泉沟硼铁矿反应活性的工艺研究［J］. 无机盐工业, 2008, 40(4): 21 – 24.

［19］李艳军, 韩跃新. 辽宁凤城硼铁矿资源的开发与利用［J］. 金属矿山, 2006(07): 8 – 11.

［20］王秋霞, 马化龙, 曹进成. 青藏硼矿资源的开发现状与合理利用建议［J］. 矿产保护与利用, 2007(4): 6 – 8.

［21］杨全训. 综合开发青海察尔汗盐湖卤水中的硼矿资源［J］. 海湖盐与化工, 1990, 19(2): 25 – 29.

［22］连玉秋, 关宏钟. 西藏麻米盐湖硼矿的发现及其意义［J］. 西藏地质, 1994(1): 170 ~ 178.

[23] 李文智, 郑绵平, 赵元艺. 西藏镁硼矿开发应用现状与建议 [J]. 资源产业, 2004, 6(5): 33 – 37.

[24] 赵龙涛, 李人林. 硼镁矿常压法制取硼砂的工艺研究 [J]. 应用化工, 2002, 31(1): 29 – 31.

[25] 孙新华, 孙天纬, 卓健, 等. 西藏硼镁矿制取硼酸联产碳酸镁工艺研究 [J]. 无机盐工业, 2011, 43(11): 46 – 48.

[26] 孙新华. 西藏硼镁矿的加工 [J]. 河南化工, 1997(12): 28 – 29.

[27] 杨芃卉, 李琦, 王秋霞. 铁硼矿的综合利用新工艺研究 [J]. 中国资源综合利用, 2002 (9): 12 – 18.

[28] 叶亚平, 吕秉玲. 翁泉沟硼镁铁矿的硫酸法加工(I) – 磁铁矿的阻溶及其机理 [J]. 化工学报, 1996, 47(4): 447 – 453.

[29] 曹吉林, 赵蓓, 刘淑琴, 等. 翁泉沟硼镁铁矿的硫酸法加工(Ⅱ) – H_3BO_3 – $MgSO_4$ – $MgCl_2$ – H_2O 体系相图及其应用 [J]. 化工学报, 1996, 47(4): 454 – 460.

[30] 曹吉林, 佟建华. 翁泉沟硼镁铁矿的硫酸法加工(Ⅲ)25℃ 及 100℃ H_3BO_3 – $MgSO_4$ – Mg$(NO_3)_2$ – H_2O [J]. 化工学报, 1998, 49(1): 97 – 102.

[31] 樊耀亭, 周正民. 从含铀硼镁铁矿酸浸液中分离, 富集铀的研究 [J]. 核化学与放射化学, 1997, 19(2): 23 – 28.

[32] 吕秉玲. 翁泉沟硼铁矿的综合利用 [J]. 无机盐工业, 2005, 37(4): 38 – 40.

[33] 黄作良, 王培君, 王濮. 辽吉内生硼矿硼镁铁矿 – 硼铁矿系列的矿物学研究 [J]. 化工矿产地质, 1994, 16(3): 189 – 197.

[34] 王文侠, 李洪岭. 低品位硼矿的富集加工技术 [J]. 化工矿物与加工, 2002, 31(7): 15 – 16.

[35] 刘然, 薛向欣, 姜涛, 等. 硼铁矿综合利用概况与展望 [J]. 矿产综合利用, 2006(2): 33 – 37.

[36] 安静, 薛向欣, 钱洪伟. 硼铁矿资源综合利用生态工业园建设研究 [J]. 中国矿业, 2008, (04): 19 – 21.

[37] 安静, 薛向欣, 姜涛. 硼铁矿火法分离工艺生态压力研究 [J]. 东北大学学报, 2010, 31 (04): 542 – 545.

[38] 安静, 薛向欣, 姜涛. 硼铁矿火法分离过程的生命周期环境影响评价 [J]. 过程工程学报, 2010, 10(02): 321 – 326.

[39] 安静, 刘素兰, 薛向欣. 硼铁矿火法分离工艺清洁生产评价 [J]. 东北大学学报, 2006, 27(09): 995 – 998.

[40] 张显鹏, 郎建峰. 低品位硼铁矿在高炉冶炼过程中的综合利用 [J]. 钢铁, 1995, 30 (12): 9 – 11.

[41] Takéuchi Y, Kogure T. Short Communication: The structure type of ludwigite [J]. Zeitschrift für Kristallographie – Crystalline Materials, 1992, 200(1 – 4): 161 – 168.

[42] Fernandes J, Guimaraes R, Mir M, et al. Magnetic behaviour of ludwigites [J]. Physica B: Condensed Matter, 2000, 281: 694 – 695.

[43] 申军. 国内外硼矿资源及硼工业发展综述 [J]. 化工矿物与加工, 2013(3): 38 – 42.

[44] Babcock L, Pizer R. Dynamics of boron acid complexation reactions. Formation of 1: 1 boron

acid – ligand complexes［J］. Inorganic Chemistry, 1980, 19(1)：56 – 61.

［45］李钟模. 我国硼矿资源开发现状［J］. 化工矿物与加工, 2003(9)：38 – 38.

［46］郑学家. 硼化合物生产及应用［M］. 北京：化学工业出版社, 2008.

第 7 章　菱镁矿绿色化、 高附加值综合利用

7.1　综述

菱镁矿属方解石族碳酸盐矿物，主要成分是碳酸镁，含有碳酸钙、碳酸亚铁、碳酸锰、氧化硅和氧化铝等杂质，相应生成钙菱镁矿、铁菱镁矿、锰菱镁矿和硅菱镁矿、铝菱镁矿等。菱镁矿属于非金属矿产品，矿物有结晶形和无定形两种，结晶形菱镁矿属于六方晶系，呈菱面体，具有玻璃光泽；无定形菱镁矿没有光泽，并成角质断口。一般菱镁矿多呈白色或浅黄白色、灰白色。依据所含杂质成分的不同，颜色也各种各样，如橙黄色、灰色、褐色等。菱镁矿硬度 3.5～4.5，密度 2.8～3.1 g/cm³。无定形菱镁矿中二氧化硅的含量高于结晶菱镁矿。

理论上，菱镁矿的化学组成中 MgO 约占 47.82 %，CO_2 约占 52.18 %。菱镁矿加热到 640 ℃以上时，开始分解为 MgO 和 CO_2，其体积显著收缩，因而菱镁矿虽然耐火度很高，也须经过煅烧才能作为耐火材料使用。经 700～1000 ℃煅烧，一部分 CO_2 逸出，成为轻烧菱镁矿，又称为轻烧镁、苛性镁等，具有很高的耐火性和黏结性；经 1400～1800 ℃煅烧，CO_2 完全逸出，氧化镁形成方镁石（MgO），成为硬烧菱镁矿，又称过烧菱镁矿、重烧镁等；在 1800 ℃左右煅烧，MgO 含量达 90 %以上者称为方镁石；煅烧温度达 2500～3000 ℃时，硬烧菱镁矿熔融，凝固后成为熔融氧化镁，又称电熔氧化镁。

菱镁矿矿床分为沉积变质型、热液交代型、风化残积型和脉状充填型四种类型。其中沉积变质型菱镁矿矿床多呈层状或透镜体状，矿床规模大，矿石质优，一般含氧化镁 35%～47%，是最重要的工业类型菱镁矿矿床。

7.1.1　世界菱镁矿资源概况

截至 2011 年底，全世界已探明的菱镁矿储量约为 135 亿 t，储量较多的前 5 个国家和地区包括中国、朝鲜、俄罗斯、新西兰和捷克，储量约占世界总储量的 80%，其他产出国还包括印度、奥地利、美国、加拿大、巴西、希腊、澳大利亚等，储量仅 27 亿 t，占世界总储量的 20 %。表 7 - 1 为世界菱镁矿主要分布国家和地区。

表 7 - 1　菱镁矿储量主要分布国家和地区

国家和地区	储 量/10^8 t	国家和地区	储 量/10^8 t
中国	31.2	美国	0.66
朝鲜	30	加拿大	0.6 ~ 1
俄罗斯	≥ 22	巴西	0.4
新西兰	6.0	希腊	0.3
捷克	5.0	奥地利	0.75
印度	1.0	澳大利亚	> 0.1

我国菱镁矿资源特点是：矿床规模大，埋藏浅，质量优良。我国菱镁矿的总储量约占世界总量的 23 %，目前累计已探明储量 31 亿 t，保有储量 30 亿 t，均居世界第一位。现已探明的 27 个菱镁矿产地分布于全国 9 个省、自治区。世界上最大的菱镁矿矿床位于辽宁东南部，探明储量 25.69 亿 t，山东莱州探明储量 2.86 亿 t，这两个地区合计储量 28.55 亿 t，已成为我国主要菱镁矿生产基地。河北、甘肃、新疆、西藏、四川、安徽、青海等地合计储量为 1.45 亿 t，只占 4.7 %。在 27 个矿区中，大型矿床(储量 ≥ 0.5 亿 t)有 11 个，储量占总数的 95%，在保有储量中，矿石质量优良的一、二级品储量占半数以上，其中一级品以上(含特级品)占 37%。表 7 - 2、表 7 - 3 和表 7 - 4 分别列举了我国菱镁矿主要产区的累计探明储量及分布、质量标准及主要菱镁矿化学成分。

表 7 - 2　全国主要产区菱镁矿储量及分布

地区	矿区数量	可用矿区数量	累计探明储量/ 10^4 t			MgO / %
			总储量	A + B + C*	D*	
辽宁	12	10	269240	125415	143789	> 46
山东	4	2	28154	16792	11362	> 43
西藏	1	—	5710	—	5710	44.02
新疆	1	—	3110	—	3110	45.37
甘肃	2	1	3083	—	3083	44.05
河北	2	1	1413	931	482	> 38
四川	3	1	712	104	608	38 - 43
安徽	1	—	333	—	333	~
青海	1	—	82	50	32	38.45
全国	27	15	311837	143328	168509	

* A、B、C、D 为 1999 年以前的矿产资源/储量分级标准，1999 年以后按国家标准 GB/T 17766—1999 的分类分级标准执行。

表 7 - 3　我国菱镁矿的质量标准

矿等级	化学组成 / %			块度 / mm	说　明
	MgO	CaO	SiO$_2$		
特级品	≥47	≤0.6	≤0.6	25~100	制高纯镁砂，作特殊耐火材料用
一级品	≥46	≤0.8	≤1.2	25~100	制各种镁砖
二级品	≥45	≤1.5	≤1.5	25~100	制各种镁砖
三级品	≥43	≤1.5	≤3.5	25~100	供制镁砂用时，SiO$_2$ 不能大于4%，供热选生产用时，SiO$_2$ 不能大于5%
四级品	≥41	≤6	≤2	25~100	制冶金镁砂
菱镁石粉	≥33	≤6	≤4	25~100	供烧结用，块度大于40 mm 的不能超过10%，最大者不能大于60 mm

表 7 - 4　我国主要菱镁矿的化学成分/%

产　地	MgO	CaO	Fe$_2$O$_3$	Al$_2$O$_3$	SiO$_2$	灼烧减重
辽宁海城特级矿	47.30	0.50	0.37	0.12	0.17	51.13
辽宁大石桥矿	45.80	1.14	0.50	0.47	1.90	48.87
	46.37	0.53	0.40	0.28	2.47	50.00
辽宁营口一级矿	47.14	0.33	0.33	0.11	1.13	50.97
甘肃西孚一级矿	46.43	0.42	0.55	0.18	0.88	51.24

7.1.2　工业现状

（1）菱镁矿开发利用

我国菱镁矿的开采历史较早，20 世纪 30 年代即有少量开采，主要集中在辽宁南部地区。20 世纪 50 年代辽宁大石桥、海城等地开采量开始大量增加，60 年代已形成一定规模。1990 年以前，全国菱镁矿开采的矿山规模比较大的数量不超过 10 座，全部属于国有企业。1990 年以后，小型矿山的数量迅速增加，1996 年达到高峰。

菱镁矿主要用作耐火材料，其次用于化工原料、建筑材料、提炼金属镁等。消费于冶金部门用作耐火材料的约占消费总量的 90%。我国不仅是镁质材料的生产大国、消费大国，同时也是出口大国，出口产品主要是天然菱镁矿、轻烧镁、重烧镁、化学纯氧化镁等。目前，我国生产的镁砂及镁制品约有50%用于出口，占据60%以上的国际市场份额，主要销往日本、美国、西欧等地。

在世界范围内，菱镁矿的利用正向着高档化、合成化和低消耗的方向发展。我国菱镁矿的开发利用程度和生产技术水平已逐渐提高，但与国外同行业相比还比较落后，资源浪费严重。由于加工技术及产品档次的关系，我国镁质材料在进出口方面，价格相差非常悬殊，其出口价格仅是国外相应产品进口价格的1/5～1/2。

对菱镁矿进行深加工、提高产品档次、增加附加值，是我国进一步参与国际镁产品市场竞争、提高创汇能力的必然趋势。近几年，我国菱镁矿市场总体上处于供过于求的状态，寻找菱镁矿具有工业应用价值的新用途，对于促进我国镁产品工业的发展具有重要意义。

菱镁矿和煅烧氧化镁是我国氧化镁和碳酸镁行业最主要的出口产品类型，占行业出口物资总量的99%以上。我国镁产品工业主要有如下特点：

一是我国镁化合物的生产仍处于初级阶段，技术水平与国外相比还有很大的差距，精细产品仍须进口，而且每吨产品的出口价仅为进口价格的几分之一。所以，我国虽然是一个镁产品大国，但不是一个镁产品强国。

二是我国镁产品行业主要以出卖资源为主。虽然将菱镁矿加工成重烧镁和轻烧镁后，表面上其价值有较大幅度的上升，但若考虑到生产过程中原材料的消耗定额(用菱镁矿生产重烧镁每吨的消耗定额为：菱镁矿2.0～2.5 t；煤耗随使用燃料类型不同折合成标准煤耗，一般在0.22～1.0 t；电耗70～100 kW·h。轻烧镁每吨的消耗定额为：菱镁矿2.2～2.6 t；煤耗折合成标准煤0.2～0.8 t；电耗30～50 kW·h)，则几乎没有什么附加值。另外煅烧氧化镁是一个重污染行业，因为大量消耗煤炭，产生大量的烟尘和二氧化硫，严重污染大气环境。特别是在辽南的海城和大石桥一带，生产比较集中，并且多数采用直燃式轻烧炉，煤炭燃烧不完全，排出大量黑烟，粉碎成产品工序产生大量粉尘，空气质量严重恶化。由于大量排放二氧化硫，导致酸雨现象严重，江河污染，植被破坏，导致大片农田绝收。

最近几年国家加强了环保控制力度，生产企业通过技术改造，采取的主要措施有：由直燃式煅烧改成煤气煅烧，彻底解决了排黑烟问题。轻烧镁粉碎增加了布袋除尘装置，有效改善了空气质量，环境污染得到了一定的缓解，但仍没有从根本上解决其对资源的破坏性使用。

三是我国镁产品行业技术力量极为匮乏，生产力水平多年得不到提升，产品结构近十年来基本没有发生变化。

矿产资源对一个国家和地区的发展极其重要，如何合理开发利用我们丰富但有限的菱镁矿资源，对我国的经济发展有着重要的影响。辽宁目前菱镁矿开采的企业达到 200 多家，但进行优质镁砂生产的企业却只有 20 多家(包括自产自销的企业)。随着钢铁产业对耐火材料的要求越来越高，间接地对镁砂的质量要求就越来越高，而我国目前生产的优质镁砂不论从产量上还是质量上根本不能满足于市场需求。

尽管我国菱镁矿储量丰富，但是目前对菱镁矿的利用不仅存在取富弃贫的问题，而且在开采过程中产生大量尾矿，占采出矿的 30% ~ 40 %。这些低品位矿和尾矿如不加以利用，就会占用大量农用土地，还会造成环境污染。高效综合利用菱镁矿资源特别是废弃资源是目前亟待解决的重要问题，而且产品附加值太低也使得菱镁矿资源的优势得不到充分发挥。

为了解决上述问题，有些研究人员尝试采用白云石碳化法用于菱镁矿的加工，但由于碳化效率太低而没有取得进展。针对碳化法的缺点，河北科技大学提出了改进的方法，即采用气烧窑煅烧、连续碳化、连续管式热解、二级干燥、旋流动态煅烧制取活性氧化镁新工艺。但该工艺设备投资较高，并且很难解决菱镁矿中镁的利用率低、原材料消耗大的缺点。

除碳化法外，目前正在研究的由菱镁矿生产高品质氧化镁或碳酸镁的工艺还有酸浸法和氨盐浸出法等。

(2)我国低品位菱镁矿综合利用现状

随着我国国民经济的快速发展，资源消耗特别是矿产资源消耗也进入到了快速发展时期，优质矿产资源也随之急剧减少。矿产资源属不可再生资源，因此对于低品位矿产资源的开发利用就显得迫在眉睫。辽宁海城地区大部分矿山采用传统采矿方式，低品位菱镁矿被废弃并占地堆放(仅海城镁矿就堆存几百万吨)，造成资源极大的浪费，而且形成白色污染。矿区路边到处堆放白色废弃的菱镁矿，大风一起整个天空白雾一片，且这种局面越来越严重，严重影响当地环境，缩短了矿山服务年限。我国菱镁矿资源的利用一直处于"一等原料，二等加工，三等产品"的境地，既是对资源的浪费，也是造成企业经济效益低下的原因，因此有必要加大科技力量的投入，发展技术含量高的产品。可得到耐火材料的高精尖产品如高纯镁砂，市场价格高，且供不应求，可为企业带来可观的经济效益。

我国的菱镁矿资源并未得到充分有效的利用，主要表现在以下几个方面：

一是我国虽然菱镁矿储量丰富，但高品位菱镁矿储量却不高，有很多氧化镁含量低于 45 % 的低品位矿石没有得到应用。

二是由于矿山管理落后，矿石开采不合理、过度开采与大量出口，高品位菱镁矿储量迅速减少，低品位矿石大量堆积。菱镁矿品位不断下降，导致生产的镁砂耐火材料中氧化镁含量越来越低，产品质量越来越差，远不能满足钢铁等冶金行业对耐火材料的高质、大量的要求。

三是菱镁矿开发利用工艺水平低，设备装置和加工手段落后，大量小规模企业的存在，使我国仍以生产轻烧粉等低值的初级产品为主，导致菱镁矿中有价元素得不到充分回收和利用，资源利用率低(小于 40 %)，大量有价元素进入尾矿，浪费严重，环境污染严重，从而难以发挥这一资源优势。

四是高效新产品的发展速度太慢，不能适应高温新技术的需求。随着冶炼技术的不断发展，冶金过程中许多特殊作业趋向于使用高纯度镁砂来大幅度提高耐火制品的寿命，降低生产成本。

(3)我国低品位菱镁矿处理工艺

目前我国低品位菱镁矿(尾矿)和粉料的研究及应用情况如下：

1)选矿技术

印万忠等使用菱镁矿矿石(MgO 含量 45.10 %，SiO_2 含量 1.88 %，CaO 含量 1.22 %)，采用先反浮选后正浮选工艺可获得 MgO 含量 47.1 % 以上、SiO_2 含量 0.13 %、CaO 含 0.56 % 的镁精矿，精矿回收率 76.25 %；张一敏采用一段磨矿(−200 目占 70 %)、二段反浮选硅酸盐脉石矿物和一段浮选菱镁矿的开路分选流程，对有关新型药剂进行了探索，获得 MgO 含量 47.41 %、SiO_2 含量 0.06 % 的高纯镁精矿，但是回收率仅为 57.12 %；程建国等利用三级菱镁矿通过研究确定了反浮选－粗－精闭路正浮选－粗－精开路的浮选工艺流程，工业实验结果表明 MgO 含量 97.52 % 以上的精矿总产率达到 60.45 %；孙永明采用菱镁矿经过粉碎后，先反浮选再正浮选的工艺流程，提纯后的菱镁矿经过煅烧、水化所制得的氢氧化镁纯度为 99.08 %，但是 Fe、Al 杂质下降不明显；于传敏根据伊朗某地菱镁矿的成矿特性和矿石工艺矿物学特性，提出了低品位菱镁矿选矿脱硅"一次磨细－正浮选"的工艺，通过系统实验获得精矿 MgO 含量 45.49 %，SiO_2 含量 2.15 %，LOI 50.51 %，精矿回收率 46.55 %；文献介绍了山东镁矿通过对 SiO_2 含量 5 % 左右的高硅菱镁矿进行浮选提纯，得到 SiO_2 含量小于 0.3 %、MgO 含量大于47.00 % 的镁精矿，精矿回收率 70.88 %；山东镁矿还建成一条高硅菱镁矿热选提纯生产线，但提纯效果有限，SiO_2 降低率仅为 45.70% ~ 48.52 %，产品纯度为 92.04% ~ 93.73 %。

2)酸浸法

传统的酸浸法是以菱镁矿、硫酸和碳酸氢铵为原料，将菱镁矿用硫酸溶解后，调节 pH 为 6，除杂后与经过精制的碳酸氢铵溶液混合，热解得到碱式碳酸镁，最后煅烧得到氧化镁。酸浸法具有浸出率高的优点，但由于原材料消耗较大(每生产 1 t 氧化镁，须消耗 3 t 硫酸和 5 t 碳酸氢铵)，对设备要求较高，除杂困难使成本较高,故也未能在工业中得到应用。

清华大学核能技术研究院的研究人员对酸浸工艺进行了改进,他们将菱镁矿粉碎至粒度 10~55 mm,在 900 ℃下煅烧 2 h,粉碎过 30 目筛后,用硫酸溶解,调节 pH 为 6 后,加入双氧水除去铁、锰等杂质,冷却后过滤,将结晶析出的七水硫酸镁配制成 2 mol/L 的硫酸镁溶液,通入氨气,使溶液中的 Mg^{2+} 以氢氧化镁形式沉淀析出,沉淀经过滤、洗涤、干燥,在 900 ℃下煅烧 2 h 得到氧化镁产品,据报道其质量达到 HG 1324-77 一级品的要求。从上述工艺过程可知该方法主要解决了酸浸法中大量消耗碳酸氢铵的问题,但以上改进仍然没有使酸浸法的成本降低到可以接受的程度。

杜高翔等利用菱镁矿尾矿进行煅烧,将轻烧镁与硫酸反应制备硫酸镁,硫酸镁与氢氧化钠溶液反应制得片状纳米级氢氧化镁,其片径 100 nm 左右,片厚 10 nm左右。

3) 铵浸法

传统的铵浸法是将菱镁矿煅烧后,与一定浓度的铵盐溶液反应,过滤后得到镁盐溶液,再与碳酸氢铵或碳酸钠溶液反应得到碱式碳酸镁,最后煅烧成氧化镁。氨浸法的优点是可以得到高纯度的产品,缺点是浸出率低,成本较高。上海交通大学研究者针对氨浸法存在镁的浸出效果不理想和废渣量比较多的问题,提出了以硫酸铵溶液和硫酸两次浸取法制备氧化镁的工艺。该工艺过程为:以轻烧镁为原料,先将轻烧镁用硫酸铵浸取,进一步用硫酸溶液浸取,将两次浸取液混合后,用双氧水氧化、调节溶液 pH 的方法除去其中的杂质,过滤后在滤液中加入氨水或碳酸氢铵溶液,得到碱式碳酸镁,最后煅烧得到氧化镁。该方法轻烧镁利用率可达到 88 % 以上,废渣排放量少,产品氧化镁纯度在 98 % 以上。该方法实际上是铵浸法和酸浸法的结合,并没有从实质上减少生产成本。

河北邢台冶金镁业有限公司和河北科技大学合作,研究了以菱镁矿、碳酸氢铵、硫酸为原料,生产药用碳酸镁的工艺。该工艺实际上也是对氨浸法工艺的改进。该工艺过程为:菱镁矿经立窑轻烧得苦土粉(MgO ≥ 87 %),用硫酸及循环母液中硫酸铵等进行中和及溶解反应,经静置、过滤获取一定浓度的精制硫酸镁溶液。将反应放出的氨气和二氧化碳经吸氨制取碳化氨水,同碳酸氢铵反应,经精制、过滤,配制成一定氨碳比的沉淀剂,再同精制硫酸镁溶液进行复分解反应,生成碱式碳酸镁,沉淀经老化、分离、烘干、筛分等工序制得球形药用碳酸镁产品。复分解反应后的分离及洗涤母液循环利用,可提高硫酸铵及氨等原料的利用率,降低生产成本并减少环境污染。菱镁矿氨浸法生产氧化镁、碳酸镁的优点是产品纯度高,但该工艺过于复杂,原材料消耗也过大,成本较高,导致目前还没有工业化。

徐徽等用氯化铵溶液使浸出剂与菱镁矿轻烧粉反应，再将浸出液与回收氨进行沉镁反应制备氢氧化镁。一段浸出率可达 80 %，制得的镁砂产品纯度为 99.97 %。

4) 碳化法

碳化法是以菱镁矿经粉碎、磨细、煅烧后得到的轻烧镁粉为原料，加热水消化，根据工艺要求加入不同品种不同数量的助剂，促进消化及除杂。向消化后的悬浊液中通入 CO_2 进行碳化，消化悬浊液中的 $Mg(OH)_2$ 与 CO_2 和水反应，得到碳酸镁沉淀，碳酸镁产物再进一步制备其他含镁制品。

文献研究了碳化法从低品位菱镁矿和矿山废石中提取高纯度氧化镁的适用性，对影响氧化镁回收率的有关因素进行了研究，得到优化工艺条件：CO_2 压力 390kPa，物粒粒度小于 150 μm、反应温度 33℃、固液比 2%、浸出时间 60 min；章柯宁等采用低品级菱镁矿粉进行碳化浸出工艺实验，氧化镁的回收率为 80.97%，经过烧结工艺处理，获得氧化镁含量与 99.21% 的高纯氧化镁产品；易小祥等采用碳化法处理巴盟菱镁矿，经消化、碳化、浸出和煅烧后，可得氧化镁含量大于 99.41 % 的高纯活性产品，氧化镁回收率为 61.34 %。

综上所述，碳化法的工艺设备投资较高，并且很难解决菱镁矿中镁的利用率低、原材料消耗大的缺点。酸浸法具有浸出率高的优点，但由于原材料消耗较大，对设备要求较高，除杂困难使成本较高，故也未能在工业中得到应用。氨浸法的优点是可以得到高纯度的产品，缺点是浸出率低，但由于成本较高，导致目前还没有实现工业化生产。

7.2　硫酸铵法绿色化、高附加值综合利用低品位菱镁矿

7.2.1　原料分析

低品位菱镁矿的主要化学组成见表 7 – 5，矿石中镁含量较低，硅含量高。

表 7 – 5　辽宁省某矿山低品位菱镁矿化学组成

化学组成	MgO	SiO_2	CaO	Al_2O_3	Fe_2O_3	灼烧减重
含量/%	40.12 ~ 44.55	4.57 ~ 7.12	0.40 ~ 0.65	0.06 ~ 0.13	0.26 ~ 0.37	42 ~ 48.91

图 7 – 1 为低品位菱镁矿的 XRD 图谱和 SEM 照片。低品位菱镁矿中物相主要为菱镁矿（$MgCO_3$）和滑石矿（$3MgO \cdot 4SiO_2 \cdot H_2O$）。

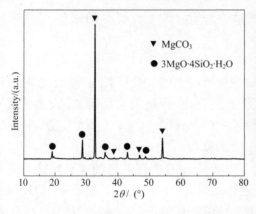

图 7 - 1 低品位菱镁矿的 **XRD** 图谱和 **SEM** 照片

7.2.2 化工原料

硫酸铵法工艺用到的化工原料有硫酸铵、双氧水、氨水、氢氧化钠、活性氧化钙等。

①硫酸铵：工业级。

②双氧水：工业级，含量 27.5%。

③碳酸氢铵：工业级。

④氨：工业级。

⑤活性氧化钙：工业级。

⑥氢氧化钠：工业级。

7.2.3 工艺流程

将低品位菱镁矿粉碎在 900℃ 煅烧 3 h 制备轻烧粉。将轻烧粉磨细，与硫酸铵混合均匀，在 450 ~ 500℃ 焙烧 2 h，生成 $MgSO_4$、NH_3、SO_3 和 H_2O。烟气降温冷却，其中的 NH_3、SO_3 和 H_2O 发生化学反应生成硫酸铵返回混料，过量的氨气回收用于沉镁，循环利用。焙烧产物加水溶出，过滤，滤液即为硫酸镁溶液。硫酸镁溶液净化后蒸发结晶得到七水硫酸镁晶体。向硫酸镁溶液中加入回收的氨，制备 $Mg(OH)_2$，硫酸铵溶液蒸发结晶后返回混料，循环利用。图 7 - 2 为硫酸铵法工艺流程图。

7.2.4 工序介绍

1）破碎

矿山产出的菱镁矿原矿为块状，将其破碎至 20 mm 以下。

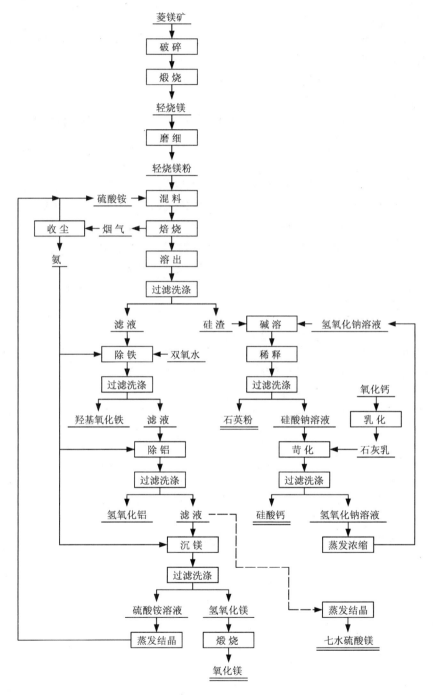

图 7-2　硫酸铵法工艺流程图

2）煅烧

将破碎的菱镁矿煅烧，煅烧过程中菱镁矿中碳酸镁分解，得到轻烧粉，发生的主要化学反应为：

$$MgCO_3 \Longrightarrow MgO + CO_2 \uparrow$$

3）混料

将轻烧粉磨细至 80 μm 以下，与硫酸铵按轻烧粉中参与反应的物质完全反应需要的硫酸铵质量过量 10% 硫酸铵配料，混合均匀。

4）焙烧

将混好的物料在 450 ~ 500℃焙烧 2 h，主要化学反应为：

$$2MgO + 3(NH_4)_2SO_4 \Longrightarrow (NH_4)_2Mg_2(SO_4)_3 + 4NH_3 \uparrow + 2H_2O \uparrow$$
$$MgO + (NH_4)_2Mg_2(SO_4)_3 \Longrightarrow 3MgSO_4 + 2NH_3 \uparrow + H_2O \uparrow$$
$$(NH_4)_2Mg_2(SO_4)_3 \Longrightarrow 2MgSO_4 + 2NH_3 \uparrow + SO_3 \uparrow + H_2O \uparrow$$
$$(NH_4)_2SO_4 \Longrightarrow 2NH_3 \uparrow + SO_3 \uparrow + H_2O \uparrow$$

烟气经收尘、降温冷却得到粉尘和硫酸铵，返回混料，过量的 NH_3 回收，用于沉镁。

$$2NH_3 + SO_3 + H_2O \Longrightarrow (NH_4)_2SO_4$$

5）溶出

焙烧熟料趁热加水溶出，液固比 3∶1，温度 60 ~ 80℃。

6）过滤

溶出液过滤，滤液为硫酸镁溶液，滤渣为硅渣，主要含二氧化硅，用于制备硅酸钙。

7）除铁铝

保持温度在 40℃以下，向滤液中加入双氧水将二价铁离子氧化为三价铁离子。用氨调控溶液的 pH 大于 3，保持温度在 40℃以上，沉铁。三价铁离子生成羟基氧化铁沉淀，过滤后得到羟基氧化铁，用于炼铁。向滤液中加氨调节溶液的 pH 至 5.1，沉铝得到氢氧化铝沉淀，过滤得到氢氧化铝，用于制备氧化铝。发生的主要化学反应如下：

$$2Fe^{2+} + 2H^+ + H_2O_2 \Longrightarrow 2Fe^{3+} + 2H_2O$$
$$Fe^{3+} + 3OH^- \Longrightarrow FeOOH \downarrow + H_2O$$
$$Al^{3+} + 3OH^- \Longrightarrow Al(OH)_3 \downarrow$$

8）蒸发结晶

将净化的硫酸镁溶液浓缩结晶，制备七水硫酸镁。

9）氨沉镁

也可以将除杂后的硫酸镁溶液加氨沉镁，温度保持 40 ~ 60℃，调节 pH 至

11，生成氢氧化镁沉淀。发生的主要化学反应如下：

$$MgSO_4 + 2NH_3 \cdot H_2O =\!=\!= Mg(OH)_2 \downarrow + (NH_4)_2SO_4$$

10）蒸发结晶

沉镁后的硫酸铵溶液蒸发结晶得到固体硫酸铵，返回混料，循环利用。

11）制备硅酸钙

将硅渣用氢氧化钠溶液浸出，过滤后得到硅酸钠溶液和石英粉，向硅酸钠溶液中加入石灰乳，反应得到硅酸钙沉淀，过滤得到硅酸钙产品和氢氧化钠溶液。浓缩后返回碱浸硅渣。发生的主要化学反应为：

$$SiO_2 + 2NaOH =\!=\!= Na_2SiO_3 + H_2O$$

$$Na_2SiO_3 + Ca(OH)_2 =\!=\!= 2NaOH + CaSiO_3 \downarrow$$

7.2.5　主要设备

硫酸铵法工艺的主要设备见表 7 - 6。

表 7 - 6　硫酸铵法工艺主要设备

工序名称	设备名称	备注
磨矿工序	回转干燥窑	干法
	煅烧分解炉	干法
	颚式破碎机	干法
	磨粉机	干法
	除尘器	
混料工序	犁刀双辊混料机	
焙烧工序	回转焙烧窑	
	除尘器	
	烟气净化回收系统	
溶出工序	溶出槽	耐酸、连续
	带式过滤机	连续
除铁铝工序	除铁槽	耐酸、加热
	高位槽	
	板框过滤机	非连续
	高位槽	
	除铝槽	
	板框过滤机	非连续
硫酸镁结晶工序	五效循环蒸发器	
	冷凝水塔	

续表7－6

工序名称	设备名称	备注
沉镁制氢氧化镁工序	沉镁槽	耐碱、加热
	氨高位槽	加液
	平盘过滤机	连续
煅烧工序	干燥器	
	煅烧炉	
碱浸工序	碱浸槽	耐蚀
	平盘过滤机	连续
乳化工序	生石灰乳化窑	
苛化工序	苛化槽	耐碱、加热
	平盘过滤机	连续
氢氧化钠蒸浓工序	三效循环蒸发器	
	冷凝水塔	

7.2.6 设备连接图

图7－3为硫酸铵法工艺的设备连接图。

7.3 硫酸法清洁、高效综合利用低品位菱镁矿

7.3.1 原料分析

同前。

7.3.2 化工原料

硫酸法工艺用到的化工原料有浓硫酸、双氧水、氨、碳酸氢铵、氢氧化钠、活性氧化钙等。

①硫酸铵：工业级。

②双氧水：工业级，含量27.5%。

③碳酸氢铵：工业级。

④氨：工业级。

⑤活性氧化钙：工业级。

⑥氢氧化钠：工业级。

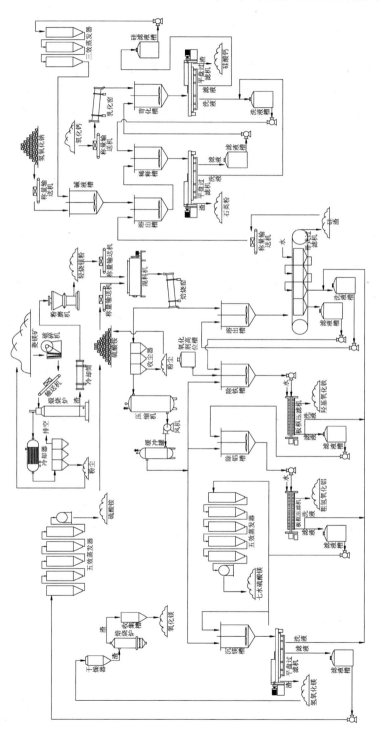

图7-3　硫酸铵工艺的设备连接图

7.3.3　工艺流程

将轻烧粉与硫酸混合，在 300 ~ 400℃ 焙烧 2 h，生成 $MgSO_4$、SO_3 和 H_2O。烟气除尘后用硫酸吸收，得到硫酸返回混料。焙烧产物加水溶出，为硫酸镁溶液。除杂后用氨沉镁，得到氢氧化镁产品。硫酸铵溶液蒸发结晶得到硫酸铵晶体，做化肥。图 7 - 4 为硫酸法工艺流程图。

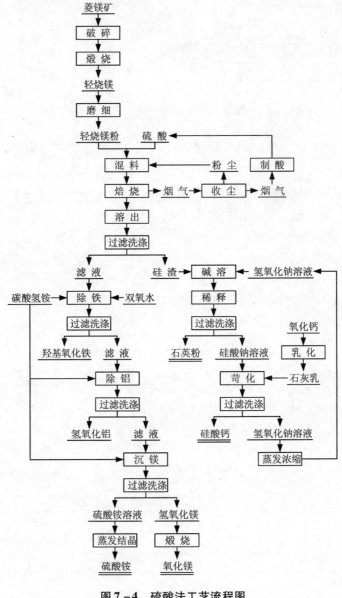

图 7 - 4　硫酸法工艺流程图

7.3.4 工序介绍

1) 混料

将磨细的轻烧氧化镁粉和硫酸混合，按轻烧氧化镁粉中参与反应的物质完全反应所需的硫酸质量过量 10% 配料。

2) 焙烧

将混好的物料在 300~400℃ 以上保温焙烧 2 h，发生的主要化学反应为：

$$MgO + H_2SO_4 \Longrightarrow MgSO_4 + H_2O \uparrow$$
$$H_2SO_4 \Longrightarrow SO_3 \uparrow + H_2O \uparrow$$

产生的烟气经收尘后用硫酸吸收，得到粉尘和硫酸，均返回混料，发生的化学反应为：

$$SO_3 + H_2O \Longrightarrow H_2SO_4$$

3) 溶出

将焙烧熟料趁热加水溶出，液固比 3∶1，温度 60~80℃。溶出后过滤，滤液为硫酸镁溶液，滤渣为硅渣，主要含二氧化硅，用于制备硅酸钙。

4) 除杂

保持温度 40℃ 以下，向滤液中加入双氧水将二价铁离子氧化为三价铁离子，用氨调控溶液的 pH 大于 3，温度保持在 40℃ 以上，沉铁，三价铁离子生成羟基氧化铁沉淀，过滤得到羟基氧化铁，用于炼铁。向滤液中加氨，调节溶液的 pH 至 5.1，沉铝。铝生成氢氧化铝沉淀，过滤得到氢氧化铝，用于制备氧化铝。发生的主要化学反应为：

$$2Fe^{2+} + 2H^+ + H_2O_2 \Longrightarrow 2Fe^{3+} + 2H_2O$$
$$Fe^{3+} + 2H_2O \Longrightarrow FeOOH \downarrow + 3H^+$$
$$Al^{3+} + 3H_2O \Longrightarrow Al(OH)_3 \downarrow + 3H^+$$

5) 沉镁

向除杂后得到的精制硫酸镁溶液中加氨，调节溶液的 pH 至 11，温度保持在 40~60℃，生成氢氧化镁沉淀。过滤干燥制成氢氧化镁产品。发生的主要化学反应为：

$$MgSO_4 + 2NH_3 \cdot H_2O \Longrightarrow Mg(OH)_2 \downarrow + (NH_4)_2SO_4$$

6) 蒸发结晶

将沉镁后的硫酸铵溶液蒸发结晶，得到固体硫酸铵，用作化肥。

7) 制备硅酸钙

将硅渣用氢氧化钠溶液浸出，过滤后得到硅酸钠溶液和石英粉，向硅酸钠溶液中加入石灰乳，反应得到硅酸钙沉淀，过滤得到硅酸钙产品和氢氧化钠溶液。浓缩后返回碱浸硅渣。发生的主要化学反应为：

$$SiO_2 + 2NaOH \Longrightarrow Na_2SiO_3 + H_2O$$
$$Na_2SiO_3 + Ca(OH)_2 \Longrightarrow 2NaOH + CaSiO_3 \downarrow$$

7.3.5 主要设备

硫酸法工艺的主要设备见表7-7。

表7-7 硫酸法工艺主要设备

工序名称	设备名称	备注
磨矿工序	回转干燥窑	干法
	煅烧分解炉	干法
	颚式破碎机	干法
	磨粉机	干法
	除尘器	
混料工序	犁刀双辊混料机	
焙烧工序	回转焙烧窑	
	除尘器	
	烟气冷凝制酸系统	
溶出工序	溶出槽	耐酸、连续
	带式过滤机	连续
除铁铝工序	除铁槽	耐酸、加热
	高位槽	
	板框过滤机	非连续
	高位槽	
	除铝槽	
	板框过滤机	非连续
硫酸镁结晶工序	五效循环蒸发器	
	冷凝水塔	
沉镁制氢氧化镁工序	沉镁槽	耐碱、加热
	氨高位槽	加液
	平盘过滤机	连续
煅烧工序	干燥器	
	煅烧炉	
碱浸工序	碱浸槽	耐蚀
	平盘过滤机	连续
乳化工序	生石灰乳化窑	
苛化工序	苛化槽	耐碱、加热
	平盘过滤机	连续
氢氧化钠蒸浓工序	三效循环蒸发器	
	冷凝水塔	

7.3.6　设备连接图

图 7-5 为硫酸法工艺的设备连接图。

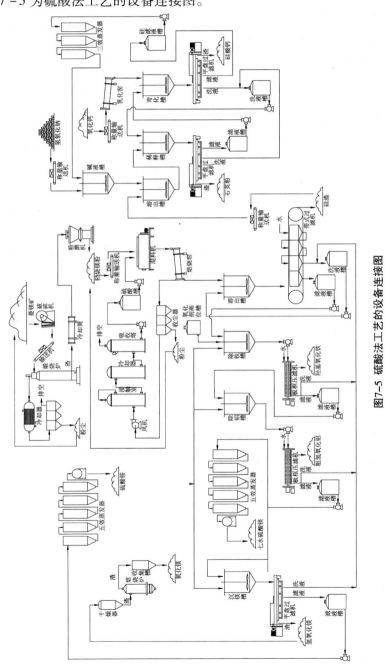

图7-5 硫酸法工艺的设备连接图

7.4 产品

硫酸铵法绿色化、高附加值综合利用低品位菱镁矿得到的主要产品有七水硫酸镁、氢氧化镁、羟基氧化铁、氢氧化铝、硅酸钙等。

硫酸法绿色化、高附加值综合利用低品位菱镁矿得到的主要产品有七水硫酸镁、氢氧化镁、羟基氧化铁、氢氧化铝、硅酸钙、结晶硫酸铵等。

7.4.1 七水硫酸镁

图 7-6 为七水硫酸镁产品的 XRD 图谱和 SEM 照片，与 $MgSO_4 \cdot 7H_2O$ 的标准图谱(72-696)峰吻合，产物中还有少量 $MgSO_4 \cdot 6H_2O$，是 $MgSO_4 \cdot 7H_2O$ 在保存过程中风化所致。产品颗粒为长条形，外形类似麦穗，每个长条颗粒由许多小晶粒组成。

表 7-8 为硫酸镁产品检测结果，表 7-9 是化工行业饲料级硫酸镁标准 HG 2933-2000，可见，产品符合饲料级硫酸镁标准。可用于食品行业和化肥行业。

表 7-8 硫酸镁产品成分分析结果

硫酸镁($MgSO_4 \cdot 7H_2O$)含量/%	99.3
硫酸镁(以 MgO)含量/%	9.72
砷(As)含量/%	微
重金属(以 Pb 计)含量/%	微
氯化物(以 Cl^- 计)含量/%	0.011
澄清度试验	澄清
细度(通过 400 μm 实验筛)/%	95.7

表 7-9 化工行业标准 HG 2933-2000

硫酸镁($MgSO_4 \cdot 7H_2O$)含量/% ≥	99.0
硫酸镁(以 MgO)含量/% ≥	9.7
砷(As)含量/% ≤	0.0002
重金属(以 Pb 计)含量/% ≤	0.001
氯化物(以 Cl^- 计)含量/% ≤	0.014
澄清度试验	澄清
细度(通过 400 μm 实验筛)/% ≥	95

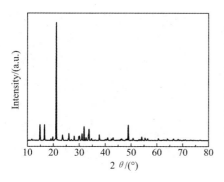 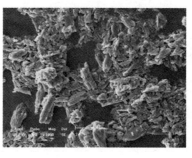

图 7-6　七水硫酸镁的 XRD 图谱和 SEM 照片

7.4.2　氢氧化镁

表 7-10 为氢氧化镁产品的定量 XFS 分析结果, 表 7-11 为 HG/T 3607—2000 工业氢氧化镁指标。由表可见, 产物中杂质含量很少, 优于工业氢氧化镁标准。

表 7-10　$Mg(OH)_2$ 的 X-射线荧光分析结果

化学组成	$Mg(OH)_2$	SO_3	SiO_2	CaO	MnO	Al_2O_3	P_2O_5	Fe_2O_3	NiO	CuO
质量百分数 / %	99.618	0.024	0.114	0.103	0.067	0.023	0.020	0.020	0.006	0.005

表 7-11　HG/T 3607—2000 工业氢氧化镁指标

项目	指标	
	I 类	II 类
氧化镁含量/%	63.0	62.0
氧化钙含量/%	1.0	1.0
酸不溶物含量/%	0.2	1.5
水分/%	2.5	3.0
氯化物(以 Cl^- 计)含量/%	0.15	0.4
铁(Fe)含量/%	0.25	—
灼烧失重/%	28.0	—
筛余物(75 μm 试验筛)/%	0.5	1.0

图 7-7 为 $Mg(OH)_2$ 产物的 XRD 图谱和 SEM 照片, 氢氧化镁纯度高, 结晶良好。$Mg(OH)_2$ 粒径为均匀的花状球形, 微粒分散度良好, 粒径小且均匀, 平均粒径约 2.5 μm。氢氧化镁不燃烧、质轻而松, 可作耐高温、绝热的防火保温材料。氧化镁用途广泛, 主要应用于化工、环保、农业等领域。

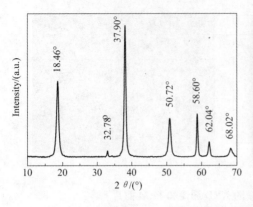

图 7-7 氢氧化镁的 XRD 图谱和 SEM 照片

7.4.3 硅酸钙

苛化硅酸钠溶液得到球形硅酸钙颗粒状粉体,主要成分见表 7-12。

表 7-12 硅酸钙的化学成分

成分	SiO_2	CaO	Fe_2O_3	Al_2O_3	Na_2O
含量/%	45.54	42.51	0.20	0.26	0.04

硅酸钙主要用作建筑材料、保温材料、耐火材料、涂料的体质颜料及载体,针状硅酸钙具有很好的补强性能,在橡胶、造纸领域用途很广。

7.4.4 羟基氧化铁

图 7-8 为羟基氧化铁的 SEM 照片。表 7-13 为其成分分析。羟基氧化铁可用于炼铁。

图 7-8 羟基氧化铁的 SEM 照片

表 7 - 13　羟基氧化铁的化学成分

主要成分	Fe₂O₃	H₂O
含量 / %	86.12	10.15

7.4.5　粗氢氧化铝

图 7 - 9 为粗氢氧化铝的 XRD 图谱和 SEM 照片。表 7 - 14 为其成分分析。粗氢氧化铝可制备氧化铝，也可制备分子筛、催化剂载体等产品。

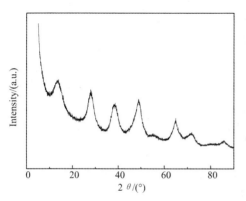

图 7 - 9　粗氢氧化铝的 XRD 图谱和 SEM 照片

表 7 - 14　粗氢氧化铝的化学成分

组分	Al₂O₃	Fe₂O₃	SiO₂	MgO
含量/%	51.44 ~ 55.40	1.66 ~ 3.38	1.12 ~ 2.88	0.88

7.5　环境保护

7.5.1　主要污染物

（1）烟气粉尘

①煅烧窑主要污染物是粉尘和 CO_2。

②菱镁矿和轻烧镁粉储存、破碎、筛分、皮带输送转接点等产生的物料粉尘。

③硫酸铵焙烧产生烟气含粉尘和 SO_3、NH_3；硫酸焙烧烟气含粉尘和 SO_3。

（2）水

①生产过程中水循环使用，无废水排放。

②生产排水为软水制备工艺排水，水质未被污染。

（3）固体

①菱镁矿中的镁制成七水硫酸镁和氢氧化镁产品，无废弃物排放。

②菱镁矿中的硅制成硅酸钙，无废弃物排放。

③硫酸铵焙烧轻烧镁粉硫酸铵循环利用，硫酸法得到固体硫酸铵，氢氧化钠循环利用。

生产过程无污染废渣排放。

7.5.2　污染治理措施

（1）焙烧烟气

焙烧烟气采用旋风、重力、布袋除尘，处理后烟气主要成分为 CO_2，可直接回收。

（2）通风除尘

产生粉尘设备均带收尘装置。

扬尘：对全厂扬尘点，均实行设备密闭罩集气，机械排风，高效布袋除尘器集中除尘。系统除尘效率均在 99.9% 以上。

烟尘：回转窑等烟气除尘系统收集的烟尘全部返回系统再利用。

（3）废水治理

需要水源提供新水，生产用水循环，全厂水循环利用率为 90% 以上。

各工序产生的废水采用不同方法处理，以实现全厂废水"零"排放。蒸浓结晶工序冷凝水循环使用和二次利用。

（4）废渣治理

整个生产过程中，菱镁矿中的主要组分镁、硅、铁等均制备成产品，无废渣产生。

（5）噪声治理

本工程的噪声主要由机械动力、流体动力产生。工程设计对高噪声设备采取消声、隔声、基础减振等措施进行处理。磨机等设备置于单独隔音间内，并设有隔音值班室。

（6）绿化

绿化在防治污染、保护和改善环境方面起到特殊的作用，是环境保护的有机组成部分。绿色植物不仅能美化环境，还具有吸附粉尘、净化空气、减弱噪声、改善小气候等作用，因此在工程设计中对绿化应予以充分重视，通过提高绿化系改善厂区及附近地区的环境条件。设计厂区绿化占地率不小于 20%。

在厂前区及空地等处进行重点绿化，选择树型美观、装饰性强、观赏价值高的乔木与灌木，再适当配以花坛、水池、绿篱、草坪等；在厂区道路两侧种植行道树，同时加配乔木、灌木与花草；在围墙内、外都种以乔木；其他空地植以草坪，形成立体绿化体系。

7.6　结语

1）实现了低品位菱镁矿资源的综合利用，实现了镁、铁、铝、硅等有价组元的有效分离与提取，实现了资源的高附加值利用。

2）硫酸铵焙烧流程中反应介质硫酸铵与硅渣深加工流程中的反应介质氢氧化钠均可实现循环利用，无废气、废水、废渣排放。

3）新的工艺流程的建立为处理低品位菱镁矿提供了一个新的途径。

4）新工艺流程的建立为其他难处理低品位矿物的高附加值综合利用提供参考。

参考文献

[1] 王伟，翟玉春，顾惠敏. 一种利用含镁物料生产系列镁质化工产品的方法[P]. 发明专利，申请号 2008100133296.

[2] 王伟，顾惠敏，翟玉春，戴永年. 硫酸铵焙烧法从低品位菱镁矿提取镁及反应动力学研究[J]. 分子科学学报，2009, 25(5): 305 – 310.

[3] Wang Wei, Gu Huimin, Zhai Yuchun, Bai Jing, Deng Weiwei. Seperation of Mg and Si from low – grade magnesite through sulfuric acid leaching method[J]. 2011 International Conference on Remote Sensing, Environment and Transportation Engineering, 2011(9) 7819 – 7822.

[4] 王伟，顾惠敏，翟玉春，戴永年. 球形氢氧化镁的制备及其晶体生长动力学[J]. 材料研究学报，2008, 22(6): 585 – 588.

[5] Wang Wei, Gu Hui – min, Zhai Yu – chun, Dai Yong – nian. Study on preparation of high – purity and ultrafine $Mg(OH)_2$ powder[J]. The 4th International Symposium on Magnetic Industry, 2008(10): 299 – 301.

[6] 王伟，顾惠敏，翟玉春，戴永年. 低品位菱镁矿制备高纯 $Mg(OH)_2$ 的"绿色"新工艺[J]. 耐火材料，2009, 43(1): 42 – 44.

[7] 翟玉春，宁志强，王伟，刘岩，顾惠敏，李在元，谢宏伟，吴艳，牟文宁，管秀荣. 两种综合利用硼泥、菱镁矿和滑石制备氧化镁、二氧化硅的方法[P]. 发明专利，CN101348268.

[8] 胡宝玉，徐延庆，张宏达. 特种耐火材料[M]. 北京：冶金工业出版社，2004.

[9] 饶东生. 硅酸盐物理化学[M]. 北京：冶金工业出版社，1996.

[10] 徐日瑶. 镁冶金学[M]. 北京：中国轻工业出版社，1993.

[11] 全跃. 镁质材料生产与应用[M]. 北京：冶金工业出版社，2008.

[12] 王恩慧. 菱镁耐火材料[M]. 沈阳：辽宁科学技术出版社，1999.

[13] 全跃，刘德禄. 颗粒体积密度 3.40 g·cm⁻¹高纯镁砂的生产研制[J]. 中国非金属矿工业导刊，2002(4)：21-22.

[14] 吴万伯. 谈菱镁矿的综合开发与利用[J]. 矿产保护与利用，1994(11).

[15] 孙宝歧，吴一善，梁志标，等. 非金属矿深加工[M]. 北京：冶金工业出版社，1999.

[16] 全跃. 菱镁行业如何应对入世挑战[J]. 国土资源，2002(1)22-23.

[17] 吴万伯. 谈菱镁矿的综合开发与利用[J]. 矿产保护与利用，1994(1)：15-18.

[18] 王祝堂，中国的菱镁矿资源[N]，中国有色金属报，2014-11-18(007).

[19] 任建武. 一种以菱镁矿为原料生产氢氧化镁和轻质氧化镁的方法[P]. 发明专利，CN1868952.

[20] D. Sheila, C. Sankaran, P. R. Khangaonkar. Studies on the extraction of magnesia from low grade magnesites by carbon dioxide pressure leaching of hydrated magnesia [J]. Minerals Engineering, 1991, 4(1)：79-88.

[21] Guocai Zhu, Huajun Zhang, Yuna Zhao. A novel recirculating reactor for the leaching of magnesia by CO_2[J]. Hydrometallurgy, 2008, 92(3~4)：141-147.

[22] A. Kadir Mesci, Fatih Sevim. Dissolution of magnesia in aqueous carbon dioxide by ultrasound [J]. International J. Mineral Processing, 2006, 79(2)：83-88.

[23] 胡庆福，宋丽英，胡晓湘. 钙镁碳酸盐碳化工艺设备选择及工艺条件控制[J]. 化工矿物与加工，2004(10)：19-20.

[24] 印万忠，王星亮. 辽宁大石桥某低品级菱镁矿浮选提纯试验研究[J]. 2008年中国镁盐行业年会暨节能减排新技术推介会专辑，2008：172-176.

[25] 张一敏. 低品级菱镁矿提纯研究[J]. 金属矿山，1990(10)：39-42.

[26] 程建国，余永富. 海城三级菱镁矿浮选提纯的研究[J]. 矿业工程，1993, 13(4)：19-23.

[27] 孙永明. 菱镁矿煅烧氧化镁水化制备高纯超细氢氧化镁[D]. 南京：南京工业大学，2005.

[28] 于传敏. 低品位菱镁矿选矿脱硅技术研究[J]. 轻金属，2007(1)：4-8.

[29] 张兴业. 提高我国菱镁矿资源利用率的途径[J]. 矿产保护与利用，2008(4)：23-25.

[30] Hülya Özbek, Yüksel Abali, Sabri Çolak, Ilhami Ceyhun, Zafer Karagölge. Dissolution kinetics of magnesite mineral in water saturated by chlorine gas[J]. Hydrometallurgy, 1999, 51(2)：173-185.

[31] Pavel Raschman, Alena Fedoroková. Study of inhibiting effect of acid concentration on the dissolution rate of magnesium oxide during the leaching of dead-burned magnesite [J]. Hydrometallurgy, 2004, 71(3-4)：403-412.

[32] Gaoxiang DU, Baikun WANG. preparation of plate-shape nano-$Mg(OH)_2$ powder from magnesite tailing[J]. Earth Science Frontiers, 2008, 15(4)：142-145.

[33] Oral Laçin, Bünyamin Dönmez, Fatih Demir. Dissolution kinetics of natural magnesite in acetic acid solutions[J]. International Journal of Mineral Processing, 2005, 75(1-2)：91-99.

[34] 朱国才, 梁国兴, 池汝安. 以菱镁矿制备镁盐系列产品[J]. 1998(1) 17 – 18.

[35] Du Gaoxiang, Wang Baikun. Preparation of plate – shape nano – Mg(OH)$_2$ powder from magnesite tailing[J]. Earth Science Frontiers, 2008, 15(4): 142 – 145.

[36] A. Mercy Ranjitham, P. R Khangaonkar. Leaching behaviour of calcined magnesite with ammonium chloride solutions[J]. Hydrometallurgy, 1990, 23(2 – 3): 177 – 189.

[37] Pavel Raschman. Leaching of calcined magnesite using ammonium chloride at constant pH[J]. Hydrometallurgy, 2000, 561(1): 109 – 123.

[38] 隋升, 曹广益. 氧化镁生产工艺的改进[J]. 上海交通大学学报, 2001, 35(4): 595 – 598.

[39] 明常鑫, 翟学良, 池利民. 超细高活性氧化镁的制备、性质及发展趋势[J]. 无机盐工业, 2004(6): 7 – 9.

[40] 李联会, 王振道, 胡庆福, 等. 菱镁矿复分解法制取药用碳酸镁[J]. 非金属矿, 2001, 24 (4): 25 – 27.

[41] 张焕军, 朱国才, 胡熙恩. (NH$_4$)$_2$SO$_4$浸取轻烧氧化镁的反应动力学[J]. 清华大学学报 (自然科学板), 2003, 43(10): 1321 – 1323.

[42] 欧滕蛟, 卢旭晨, 梁小峰, 等. 煅烧菱镁矿在氯化铵乙二醇溶液中的浸取动力学[J]. 过程工程学报, 2007, 7(5): 928 – 933.

[43] 徐徽, 蔡勇, 陈白珍, 等. 用低品位菱镁矿制取高纯镁砂[J]. 中南大学学报(自然科学版), 2006, 37(4): 698 – 702.

[44] 胡庆福, 宋丽英, 胡晓波. 菱镁矿碳化法生产活性氧化镁新工艺[J]. 化工矿物与加工, 2004, (10): 19 – 21.

[45] 李强译. 采用水合氧化镁的二氧化碳压浸法从低品位菱镁矿中提取氧化镁的研究[J]. 国外金属矿选矿, 1993(8): 46 – 51.

[46] 章柯宁, 张一敏, 王昌安, 等. 从低品位菱镁矿中提取高纯氧化镁的研究[J]. 武汉科技大学学报(自然科学版), 2006, 29(6): 558 – 560.

[47] 易小祥, 杨大兵, 李亚伟. 碳化法处理巴盟菱镁矿[J]. 金属矿山, 2008(7): 61 – 63.

[48] 白丽梅, 韩跃新, 印万忠, 姜玉芝. 菱镁矿制备优质活性镁技术研究[J]. 有色矿冶, 2005, 21(S): 47 – 48.

第8章 粉煤灰的绿色化、高附加值综合利用

8.1 综述

8.1.1 资源概况

粉煤灰是煤经高温燃烧后形成的一种类似火山灰质的混合物。燃煤电厂将煤磨成100 μm以下的煤粉，煤粉通过预热空气喷入炉膛呈悬浮状态燃烧，产生混有大量不燃物的高温烟气，经收尘装置捕集得到粉煤灰。

煤粉在炉膛燃烧时，其中气化温度低的物质先从矿物与固体炭连接的缝隙间逸出，使煤粉变成多孔型炭粒。此时煤粉的颗粒状态基本保持原煤粉的形态，但因多孔型使其表面积增大。随着温度的升高，多孔型炭粒中的有机质燃烧，而其中的矿物开始脱水、分解、氧化变成无机氧化物，此时的煤粉颗粒变成多孔玻璃体，其形态与多孔型炭粒基本相同。随着燃烧的继续进行，多孔玻璃体逐渐融化收缩而形成颗粒，其孔隙率越来越低，圆度越来越高，粒径越来越小，最终由多孔玻璃体转变为密度较高、粒径较小的密实球体，颗粒比表面积下降为最小。不同粒度和密度的灰粒的化学和物理性质显著不同。最后形成的粉煤灰分为飞灰和炉底灰，形成过程见图8-1。飞灰是进入烟道气灰尘中最细的部分，炉底灰是分离出来的比较粗的颗粒，也叫炉渣。

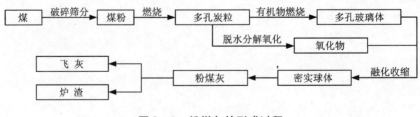

图8-1 粉煤灰的形成过程

据统计，除我国以外的世界各国的粉煤灰产出及利用情况如表8-1所示。

表 8 - 1 　世界各国的粉煤灰产出及利用情况

项目＼国名	英国	德国	法国	荷兰	美国	日本
粉煤灰排出量(万 t·a^{-1})	1400	450	560	50	5800	230
粉煤灰利用量(万 t·a^{-1})	550	240	310	50	1350	70
粉煤灰利用量(%)	40	55	55	100	23	30
粉煤灰利用项目(万 t·a^{-1})						
(1)水泥工业						
水泥原料			40		40	10
水泥混合材	10	15	80	10	50	20
(2)混凝土工业						
混凝土掺和料	15	100	40		100	15
混凝土制品掺和料	70					5
水泥砂浆	15	40	40	4	150	
(3)建材工业						
砌块、砖	65	30	1	15	100	2
轻骨料	40	5			40	
(4)土木工程						
道路	190	40	50	10	135	
填煤坑、填土	50		40		125	
(5)其他	100	10	10	1	240	18
(6)贮藏	100	100	70		360	
(7)填筑、废弃	800	110	180		4400	160

　　我国是世界第一产煤和耗煤大国,煤炭是我国当前和今后相当长时间的主要能源。在一次能源探明总量中煤占 90%。虽然我国大力发展水电、核电、风电,但是燃煤发电仍占主导地位。燃煤发电必然产生大量粉煤灰。

　　我国燃煤电厂排放的粉煤灰总量在逐年增加,1995 年粉煤灰排放量达 1.25 亿 t,2000 年约为 1.5 亿 t,2014 年全国粉煤灰排放量达到 4.5 亿 t,每年粉煤灰排放量以 2000 万~3000 万 t 的数量增长。在东南部沿海发达地区粉煤灰的就地利用率达 85% 以上,但在中西部地区特别是产煤大省山西、内蒙等地,粉煤灰利用率极低,不到 3%,排放的粉煤灰堆放、掩埋、挤占农田或荒地,仅此一项,年占地就达 50 多万亩,不仅占用土地,还带来飞尘和水污染,给我国的国民经济建设及生态环境造成巨大的压力。

　　生产氧化铝的主要原料为铝土矿。2009 年底,我国探明的铝土矿资源量约 32 亿 t,其中可采储量只有 10 亿多 t。2010 年我国氧化铝的年产量 2895 万 t,约占全球氧化铝总产量的 1/3。2011 年我国的氧化铝产量超过 3200 万 t。国内已探明的铝土矿储量，按目前的开采量计算，最多只能供应 10 多年。我国是铝土矿稀缺的国家，每年要进口大量铝土矿。而粉煤灰中含有大量的氧化铝，如果利用粉煤灰生产氧化铝，弥补我国铝土矿的短缺，具有重要的现实意义。粉煤灰中的二氧化硅可以用来制备白炭黑，它是一种重要的化工原料，广泛应用于炼油、化肥、石油、橡胶等化学工业，也可以用二氧化硅制备硅酸钙，应用于建筑、保温材料、造纸等。

粉煤灰是人工二次资源，富含二氧化硅和氧化铝，二者含量之和在 85% 以上，粉煤灰粒度小、均匀，无需矿山开采即可用作原料。因此，开展绿色化、高附加值综合利用粉煤灰的新工艺技术研究具有重要意义。

8.1.2　粉煤灰利用技术

（1）粉煤灰普通利用技术

粉煤灰普通利用主要有四个方向：一是应用于建筑材料和道路工程；二是用作吸附剂和絮凝剂等，应用于化工和环保；三是在农业方面，用作复合肥、土壤改良剂等；四是作为填筑材料，用于矿井回填、坝和码头填筑。

1）建筑材料和道路工程方面的应用

粉煤灰在建筑材料方面的用量大，占粉煤灰利用率的 35% 左右，主要制品有：粉煤灰水泥、粉煤灰混凝土、粉煤灰墙体材料、粉煤灰微晶玻璃、生产轻集料、粉煤灰泡沫玻璃、水泥粉煤灰膨胀珍珠岩混凝土保温砌块、大掺量粉煤灰防水隔热材料、混凝土轻质隔墙板、粉煤灰陶粒等。在道路工程方面粉煤灰用作路基填料。

2）在污水治理方面的应用

粉煤灰处理废水的机理主要是吸附作用。粉煤灰的吸附作用主要有物理吸附和化学吸附。物理吸附由粉煤灰的多孔性与比表面积决定，比表面积越大，吸附效果越好。未燃炭粒对物理吸附也产生重要影响。化学吸附是指粉煤灰中存在大量的铝、铁、硅等活性基团，能与吸附物质通过化学键发生结合，形成离子交换。粉煤灰含有多孔玻璃体、多孔炭粒，呈多孔性蜂窝状组织，比表面积较大，具有活性基团，具有较高的吸附活性，而除此之外，粉煤灰中的一些成分还能与废水中的有害物质作用使其絮凝沉淀，与粉煤灰构成吸附絮凝沉淀协同作用。粉煤灰的吸附性能与活性炭相似，对分子量大的污染物吸附效果较好，这是因为分子量大的分子间引力强，物理吸附更易进行，所以粉煤灰对造纸、印染、电镀、油类等以大分子污染物为主的废水表现出较好的吸附性能。

粉煤灰对生活污水和城市污水中化学需氧量（COD）有较好的去除作用，吸附去除率可达 86%，生化需氧量（BOD）的去除率可达 70%，对色度的去除率可达90% 以上，效果优于生物接触氧化法，而且可以节约用水量，减少废水排放量。对粉煤灰进行焙烧、碱性溶出等方法改性后，对工业废水中铬、铅、铜、镉等重金属离子具有较好的吸附作用,去除率可达97.5%以上。

3)在农业方面的应用

粉煤灰在农业方面的应用主要有填坑造地、贮灰场种植、作土壤改良剂和制作复混肥、磁化肥等。粉煤灰对洼地、塌陷地、山谷以及烧砖毁田造成的坑洼地都可以填充造田,填充后复土造田最好,不复土也可以。有些农作物可以在粉煤灰上生长,这对我国人多地少的国情来说很有意义。粉煤灰作为土地改良剂主要是对土壤物理性质的影响,可改善土壤结构,降低容重,增加孔隙率,提高地温,缩小膨胀率,特别是对改善黏质土壤的物理性质具有很好的效果。

4)在填筑方面的应用

粉煤灰在工程上作为填筑物料使用,使用量大,是直接利用的一种重要途径。主要有:粉煤灰综合回填、洼地回填、矿井回填、小坝和码头的填筑等。近年来,回填用粉煤灰的兴起大大减轻了电厂在粉煤灰存放方面的压力,并使许多灰场的使用年限得以延长,保证了电厂的稳定生产。利用粉煤灰回填,一次用量大,且不需要任何技术,方法简单。粉煤灰回填后因其具有一定的水化活性,提高了保水稳定性。

(2)粉煤灰精细化利用

粉煤灰主要含有铝和硅,此外还有少量的铁、钛、镓、铟、锗,通过合适的方法将其分离,做到物尽其用,达到精细化利用。

1)回收铁和微珠

高铁粉煤灰中Fe_2O_3的含量最高可达到40%,是一种可观的铁矿资源。由于燃煤炉的高温燃烧,加上C和CO的还原作用,粉煤灰中的铁化合物部分已还原成磁性氧化铁(Fe_3O_4)和铁粉。因此,可以直接利用干磁选或湿磁选得到高品位铁精矿。

微珠是煤粉在1350~1500℃高温区域燃烧成熔融状态,并经高压气流雾化后,靠自身的表面张力凝聚而成的。排灰时遇冷变成空心球体,其粒度一般为0.25~150 μm,个别也有300 μm。根据珠壁厚度不同,可分为漂珠和沉珠两种,漂珠可利用浮选法回收,沉珠可利用重力分选法回收。

2)利用粉煤灰制备活性炭

部分粉煤灰中含有10%~20%的未燃尽的炭粒,可作为制备活性炭的基础原料。粉煤灰经浮选后,只要其中灰分小于15%,就可以制备较好的活性炭。活性炭强度达87%、水容量101.9%、吸碘值725 mg/g、亚甲基兰吸附值139 mg/g、比表面1035 m²/g,可用于有机溶剂的回收、空气与水的净化及作催化剂的载体。

3)金属和非金属的利用

粉煤灰中的主要成分为二氧化硅和氧化铝,可以从粉煤灰中提取二氧化硅和氧化铝,其中二氧化硅可以制备成白炭黑和硅酸钙。白炭黑又称水合二氧化硅,是一种重要的化工原料；硅酸钙是一种保温隔热材料。氧化铝是电解铝的主要原料。活性氧化铝则是一种重要的化工产品，是具有吸附性、催化性的多孔大表面物质，广泛用作炼油、化肥、石油、橡胶等化学工业的吸附剂、干燥剂、催化剂。此外，也可以利用粉煤灰制备聚硅酸铝铁和聚合氯化铝等产品。

除了二氧化硅和氧化铝外，粉煤灰还有许多金属，如钛、镓、镁、锗、矾、铟等，它们都有提取的价值和意义，尤其是铟、镓、锗等稀有金属。

4）合成沸石

粉煤灰合成沸石主要采用两种方法：直接转化法和两步转化法。直接转化法有原位水热反应法和碱融－水热反应法。原位水热反应法是利用粉煤灰直接和碱溶液在150℃、反应5 h合成沸石；碱融－水热反应法是利用粉煤灰与碱在800℃、反应1 h后，得碱融粉煤灰熟料，这样粉煤灰中主要物相莫来石和石英转化成了硅酸盐物质，然后加入一定量的水，利用水热法合成沸石。以上两种方法所合成的沸石产物中含有未反应的莫来石、石英以及无定形物质，导致沸石的纯度不高。

两步转化法是利用粉煤灰与碱反应溶解其中的硅，用所得硅溶液作为合成沸石的硅源，这样合成的沸石纯度高。

5）制备微晶玻璃

用CaO脱硫的粉煤灰的化学成分属于CaO－Al_2O_3－SiO_2体系，其化学组成范围(%)为：SiO_2 40%～55%；Al_2O_3 10%～17%；CaO 12%～17%；MgO 2%～10%；Fe_2O_3 2%～5%，而微晶玻璃也基本上基于该体系。粉煤灰中的SiO_2、Al_2O_3可作为微晶玻璃的主要成分，MgO可以改变玻璃的性能，Fe_2O_3对玻璃的颜色会产生不良的影响。但是对于微晶玻璃来说，铁对微晶玻璃的成核和晶化是一种有益的成分，可以促进$MgFe_2O_4$的形成，从而有利于晶体的生长。以粉煤灰为主要原料的微晶玻璃具有良好的机械性能、热学性能和抗化学腐蚀性能，可广泛用作建筑装饰材料。

（3）利用粉煤灰制备白炭黑

经焙烧处理后的粉煤灰与氟化钙和一定浓度浓硫酸在加热条件下反应，反应放出SiF_4气体，气体净化后通入一定浓度的乙醇水溶液中水解，控制水解速度和搅拌强度，过滤得到的沉淀经洗涤、烘干，得白炭黑产品。其工

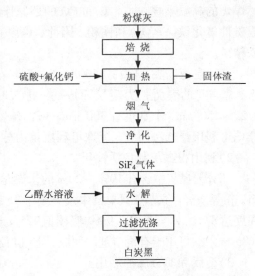

图8-2　粉煤灰制备白炭黑工艺流程图

艺流程见图 8-2。

主要化学反应为：

$$SiO_2 + 2CaF_2 + 2H_2SO_4 \longrightarrow SiF_4 \uparrow + 2CaSO_4 \downarrow + 2H_2O$$

$$3SiF_4 + (n+2)H_2O \longrightarrow SiO_2 \cdot nH_2O \downarrow + 2H_2SiF_6$$

(4)利用粉煤灰制备氧化铝

目前，从粉煤灰中提取氧化铝有碱法和酸法两种工艺。

碱法工艺有石灰石烧结法、碱石灰烧结法和预脱硅碱石灰烧结法。波兰格罗索维茨厂采用石灰石烧结法处理粉煤灰(氧化铝含量大于30%)提取氧化铝工艺，建设了年产30~35万t水泥和5.5万t氢氧化铝的生产线，在1990年左右停止运行。大唐国际发电股份有限公司采用加压预脱硅碱石灰烧结法处理粉煤灰提取氧化铝工艺，建设了一条设计能力年产氧化铝24万t的生产线，但生产尚未顺畅。蒙西高新技术集团采用石灰石烧结法生产氧化铝工艺，计划建设年产40万t氧化铝的项目，产生的硅渣需要配套320万t以上的水泥厂消化，该项目已停止进行。

酸法处理粉煤灰提取氧化铝技术有硫酸浸出工艺和盐酸浸出工艺。神华集团建设了一条盐酸浸出年产氧化铝3000t的试验线，于2011年10月开始试车，但该工艺对设备的材质要求极高。

酸法中最有影响的是DAL法(直接酸浸出法 Direct Acid Leaching)，DAL法的特点是尽可能使整个粉煤灰资源变成各种产品，而不考虑金属的提取率。后来又有人提出了HCl和HF混合浸出的工艺路线，在90℃和1h的条件下获得94%的铝浸出率。

酸法中还有煅烧/稀酸过滤法(即Calsinter法)。将粉煤灰与石灰在高温炉中进行焙烧，然后将烧成物用稀盐酸进行浸取、过滤，再用溶剂萃取法从滤液中除去钛和铁杂质，而除杂液中的铝以铵矾的形式沉淀出来，再将沉淀进行煅烧，即可得到氧化铝。

在国外，从粉煤灰中提取氧化铝的研究在20世纪80年代开始增多。近年来，人们对从粉煤灰提取氧化铝进行了深入研究，已经提出很多种方法，如酸溶沉淀法、盐-苏打烧结法、煅烧冷却法等。虽然方法众多，但还是属于碱法、酸法或者是酸碱联合法。

1)石灰石烧结法提取粉煤灰中的氧化铝

用石灰石烧结法生产氧化铝，熟料烧成的目的是使粉煤灰中的铝与石灰石中的钙相结合，生成能够溶于碳酸钠溶液的铝酸钙和不溶于碳酸钠溶液的硅酸二钙，在溶出工序中实现硅铝分离的目的。其工艺流程见图8-3。

石灰石烧结法工艺发生的主要化学反应为：

$$7[3Al_2O_3 \cdot 2SiO_2] + 64CaO \longrightarrow 3[12CaO \cdot 7Al_2O_3] + 14[2CaO \cdot SiO_2]$$

$$3Al_2O_3 \cdot 2SiO_2 + 7CaO \longrightarrow 3[CaO \cdot Al_2O_3] + 2[2CaO \cdot SiO_2]$$

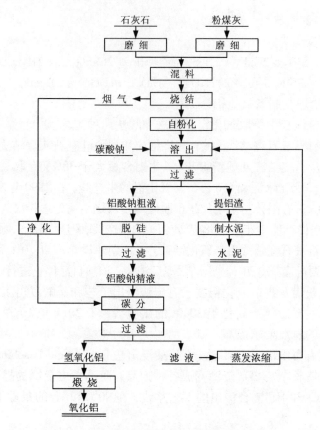

图 8-3　石灰石烧结法提取粉煤灰中的氧化铝

$$12CaO \cdot 7Al_2O_3 + 12Na_2CO_3 + 5H_2O \Longrightarrow 14NaAlO_2 + 12CaCO_3 + 10NaOH$$

$$CaO \cdot Al_2O_3 + 3Na_2CO_3 \Longrightarrow 2NaAlO_2 + CaCO_3$$

$$2NaAlO_2 + CO_2 + H_2O \Longrightarrow 2Al(OH)_3 + Na_2CO_3$$

$$2Al(OH)_3 \Longrightarrow Al_2O_3 + 3H_2O \uparrow$$

熟料中 $2CaO \cdot SiO_2$ 在冷却过程中发生晶型转化。当熟料冷却到 675℃以下，$\beta - 2CaO \cdot SiO_2$ 迅速转变为 $\gamma - 2CaO \cdot SiO_2$，体积膨胀，密度降低，自粉化成细粉。将熟料用铝酸钙通过碳酸钠溶液浸出，形成铝酸钠溶液和硅酸二钙、碳酸钙渣。经过滤后得到硅钙渣和铝酸钠溶液粗液。粗液再经脱硅、碳分、过滤得到氢氧化铝，最后经煅烧得氧化铝产品。

石灰石烧结法是按粉煤灰中的二氧化硅的量配石灰石，二氧化硅含量越高，配入的石灰石量就越大，外排的硅钙渣就越多。每生产 1t 氧化铝，要产生 12～14t 硅钙渣，如果不能用其生产水泥，会造成大量的固体废弃物污染。但生产水泥，又因水泥销售半径受到制约。

2)碱石灰烧结法提取粉煤灰中的氧化铝

碱石灰烧结法的目的是使粉煤灰中的氧化铝转变为易溶的铝酸钠，氧化铁转变为易水解的铁酸钠，氧化硅转变为不溶的硅酸二钙，实现硅铝分离。烧结熟料经破碎、湿磨溶出、分离、脱硅、碳分等工艺得到氢氧化铝，最后煅烧得氧化铝产品。工艺流程见图 8 - 4。

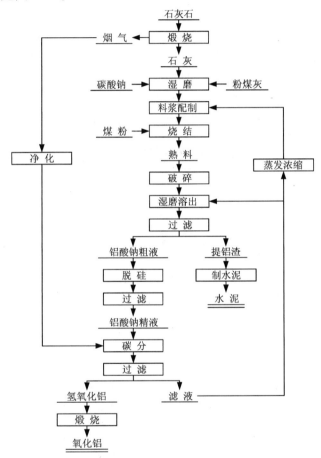

图 8 - 4　碱石灰烧结法提取粉煤灰中的氧化铝

碱石灰烧结工艺发生的主要化学反应为：

$$Al_2O_3 + Na_2CO_3 =\!=\!= 2NaAlO_2 + CO_2$$
$$SiO_2 + 2CaO =\!=\!= 2CaO \cdot SiO_2$$
$$2NaAlO_2 + CO_2 + 3H_2O =\!=\!= 2Al(OH)_3 + Na_2CO_3$$
$$2Al(OH)_3 =\!=\!= Al_2O_3 + 3H_2O \uparrow$$

碱石灰与石灰石烧结法相同，也是按粉煤灰中的二氧化硅的量配石灰石，二氧化硅含量越高，配入的石灰石量就越大，外排的硅钙渣就越多。每生产 1t 氧化铝，要产生 10～12t 硅酸二钙渣，如果不能用其生产水泥，会造成大量的固体废弃物污染，但生产水泥，又因其销售半径受到制约。碱石灰与石灰石烧结法相比，能耗和渣量有所降低。

3）高压预脱硅＋碱石灰烧结法提取粉煤灰中氧化铝

高压预脱硅＋碱石灰烧结法的目的是先利用高压碱溶脱出粉煤灰中部分二氧化硅，提高粉煤灰中铝硅比，再利用碱石灰烧结使粉煤灰中的氧化铝转变为易溶的铝酸钠，氧化铁转变为易水解的铁酸钠，氧化硅转变为不溶的硅酸二钙，实现硅铝分离。烧结熟料经破碎、湿磨溶出、分离、脱硅、碳分等工艺得到氢氧化铝，最后煅烧得氧化铝产品。工艺流程见图 8－5。

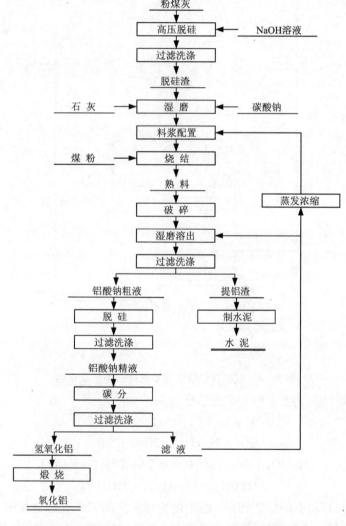

图 8－5 高压预脱硅＋碱石灰烧结法提取粉煤灰中的氧化铝

高压预脱硅+碱石灰烧结工艺发生的主要化学反应为：

$$SiO_2 + 2NaOH \rule[0.5ex]{1.5em}{0.4pt} Na_2SiO_3 + H_2O$$

$$Al_2O_3 + Na_2CO_3 \rule[0.5ex]{1.5em}{0.4pt} 2NaAlO_2 + CO_2$$

$$SiO_2 + 2CaO \rule[0.5ex]{1.5em}{0.4pt} 2CaO \cdot SiO_2$$

$$2NaAlO_2 + CO_2 + 3H_2O \rule[0.5ex]{1.5em}{0.4pt} 2Al(OH)_3 + Na_2CO_3$$

$$2Al(OH)_3 \rule[0.5ex]{1.5em}{0.4pt} Al_2O_3 + 3H_2O$$

高压预脱硅+碱石灰烧结法提取氧化铝，预脱硅只能减少粉煤灰中玻璃态二氧化硅，铝硅比提高不大，且对粉煤灰的物相和成分要求严格，不是各种粉煤灰都适合。由于二氧化硅的量减少，使提铝过程中加入的石灰石量减少，与石灰石烧结法和碱石灰烧结法相比，减少了硅钙渣的外排量。但生产1t氧化铝，也要产生6~7t的硅钙渣。同时高压预脱硅反应设备复杂，造价高昂，生产操作成本高，限制了其大规模应用。

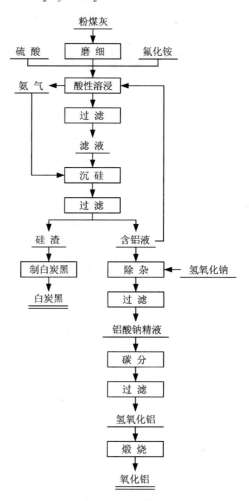

图8-6 氟氨助溶酸浸法提取粉煤灰中的氧化铝

4) 氟氨助溶酸浸法提取粉煤灰中的氧化铝

氟氨助溶酸浸法是利用粉煤灰与酸性氟化铵水溶液作用，直接破坏 SiO_2—Al_2O_3 键的网状结构，氟化铵与二氧化硅生成氟硅酸铵，再向氟硅酸铵溶液中通入过量氨沉淀二氧化硅，实现硅铝分离。工艺流程见图8-6。

氟氨助溶酸浸法是按粉煤灰处理量加入氟氨助剂，每处理1t粉煤灰需要2t氟氨助剂，辅助用量较大，且氟化物的引入易造成二次污染。

主要化学反应为：

$$SiO_2 + 6NH_4F \rule[0.5ex]{1.5em}{0.4pt} (NH_4)_2SiF_6 + 4NH_3 + 2H_2O$$

$$(NH_4)_2SiF_6 + 4NH_3 + (n+2)H_2O \rule[0.5ex]{1.5em}{0.4pt} 6NH_4F + SiO_2 \cdot nH_2O$$

用硫酸浸出：

$$Al_2O_3 + 3H_2SO_4 =\!=\!= Al_2(SO_4)_3 + 3H_2O$$

用盐酸浸出：

$$Al_2O_3 + 6HCl =\!=\!= 2AlCl_3 + 3H_2O$$

$$Al_2O_3 + 2NaOH =\!=\!= 2NaAlO_2 + H_2O$$

$$2NaAlO_2 + CO_2 + 3H_2O =\!=\!= 2Al(OH)_3 + Na_2CO_3$$

$$2Al(OH)_3 =\!=\!= Al_2O_3 + 3H_2O$$

8.2 硫酸法绿色化、高附加值综合利用粉煤灰

8.2.1 原料分析

粉煤灰的化学组成和矿物组成与原煤的化学组成、矿物组成、燃烧条件有关。原煤中含有页岩、高岭土、黏土、黄铁矿、方解石、石英等多种矿物，在煤燃烧过程中会发生脱水、晶型转变、分解、熔化、沸腾、结晶和新矿物的生成。由于燃烧的气氛、温度不同，粉煤灰的矿物组成变化显著。

燃煤发电厂的主要炉型有链条炉、煤粉炉、沸腾炉三种，其中心温度分别为 $1350 \pm 50℃$、$1450 \pm 50℃$、$1720 \pm 50℃$。大部分燃煤电厂的炉温均达到灰分的熔点以上，属于液相熔融反应。只有少数燃煤电厂炉温低于灰分的熔点，属于固液相反应。粉煤灰的熔融物经急速冷却后大部分形成玻璃体，一部分形成磁铁矿、石英、莫来石等晶体矿物。通常粉煤灰中的玻璃体是主要物相，但晶体物质的含量有些也比较高，主要晶体相物质为莫来石、石英、赤铁矿、磁铁矿、铝酸三钙、黄长石、默硅镁钙石、方镁石、石灰等，在所有晶体相物质中莫来石含量最多。

表8-2给出了高铝粉煤灰的化学组成，此种粉煤灰中二氧化硅和氧化铝含量都较高，二者总量大于90%。铁、钙、钛、镁、锰等组元，共占粉煤灰总量的8%左右。

表8-2　某电厂高铝粉煤灰的化学组成

组成	Al_2O_3	SiO_2	Fe_2O_3	CaO	TiO_2	MgO
含量/%	35.12~48.66	40.00~55.65	0.51~3.02	0.31~1.26	0.86~1.65	0.18~0.45

粉煤灰的物理性质及粒度见表8-3和图8-7。

表8-3 粉煤灰的物理性能

性能	松装密度 ρ_a /(g·cm^{-3})	振实密度 ρ_p /(g·cm^{-3})	压缩度	均齐度	休止角 /(°)	崩溃角 /(°)	平板角 /(°)
参数	0.8033	1.015	21.2	15.38	33.4	31.6	51

粉煤灰的中位径 D_{50} 为138.08 μm，体积平均径 $D[4,3]$ 为140.87 μm。粒径分布范围宽，0.2~350 μm、150~350 μm 的大颗粒所占比例大，达45%。

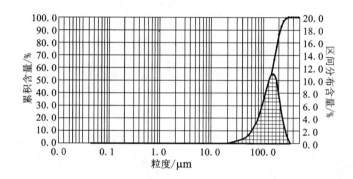

图8-7 粉煤灰的粒度分布曲线

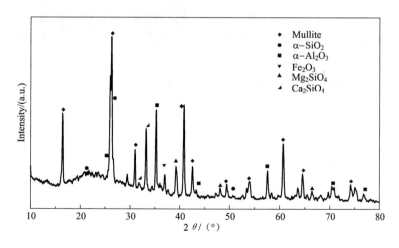

图8-8 粉煤灰的 XRD 图

图8-8是粉煤灰的 XRD 图谱。从图8-8可以看出粉煤灰中矿相以莫来石和石英为主，Ca、Mg 以硅酸盐形式存在，Fe 主要以 Fe_2O_3 形式存在。玻璃相在粉煤灰中占有很大比例，图8-8中 10°~25°的区域出现比较宽大的衍射峰，表明

存在玻璃相。

粉煤灰的微观形貌如图 8 – 9、图 8 – 10 所示。

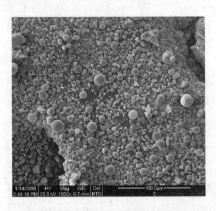

图 8 – 9 粉煤灰的 SEM 图

图 8 – 10 粉煤灰中小颗粒的 SEM 图

玻璃珠主要富集在小颗粒的粉煤灰中。根据粉煤灰的形成过程，粉煤灰中的多孔玻璃体逐渐熔融收缩而形成颗粒，其孔隙率不断降低，圆度不断提高，粒径不断变小，最终由多孔玻璃转变为密度较高、粒径较小的密实球体，颗粒比表面积下降到最小。不同粒度和密度的颗粒其化学成分和矿相不同，小颗粒一般比大颗粒更具玻璃形态和化学活性。

从粉煤灰的 EDS 能谱图（见图 8 – 11）可以看出，其中含有 Al、Si、Fe、Ti、Ca、Zn、C、O 元素。除氧外几乎无其他阴离子，因此各金属元素以氧化物、硅酸盐的形式存在。这与 XRD 分析结果吻合。

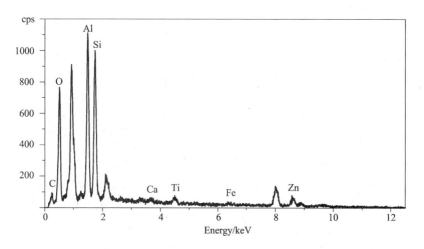

图 8-11 粉煤灰的 EDS 图谱

8.2.2 化工原料

硫酸法处理粉煤灰用的化工原料主要有浓硫酸、氢氧化钠、碳酸氢铵、碳酸钙等。
①硫酸(工业级)。
②碳酸氢铵(工业级)。
③氢氧化钠(工业级)。
④碳酸钙(工业级)。

8.2.3 工艺流程

将粉煤灰与硫酸混合焙烧,粉煤灰中的氧化铝、部分氧化铁与硫酸反应生成可溶性的硫酸盐,二氧化硅不参加反应。焙烧烟气经除尘后冷凝制酸,返回混料。焙烧熟料加水溶出后过滤,二氧化硅与硫酸盐分离,得到硅渣和滤液。滤液主要含硫酸铝、硫酸铁。向滤液中加碳酸氢铵调节溶液的 pH 使铁铝沉淀,再用氢氧化钠溶液溶出铁铝沉淀,氢氧化铁不与氢氧化钠反应,得到氢氧化铁和铝酸钠溶液。向铝酸钠溶液中加入氢氧化铝晶种种分得到氢氧化铝,经煅烧得到氧化铝。将硅渣用氢氧化钠溶液浸出,二氧化硅转变为可溶性硅酸钠,经过滤得到硅酸钠溶液和石英粉。硅酸钠溶液碳分制备白炭黑,也可与石灰作用制备硅酸钙。其工艺流程见图 8-12。

8.2.4 工序介绍

1)混料
将粉煤灰和浓硫酸按反应物质的化学计量比硫酸过量 10% 配料,混合均匀。

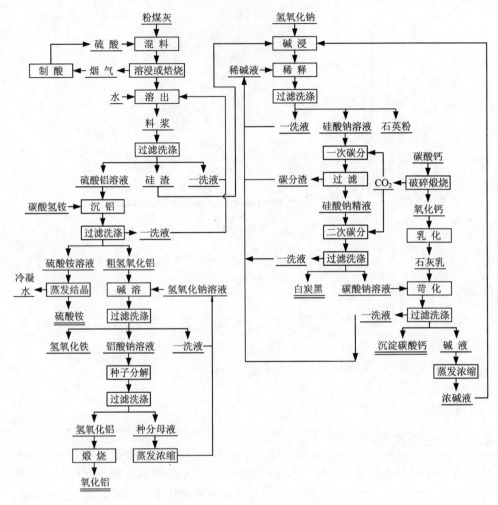

图 8-12 硫酸法的工艺流程图

2)焙烧

将混好的物料在 350~400℃ 焙烧,焙烧产生的烟气主要有 SO_3 和 H_2O,经硫酸吸收制成硫酸返回混料。发生的主要化学反应为:

$$Al_2O_3 + 3H_2SO_4 === Al_2(SO_4)_3 + 3H_2O \uparrow$$

$$Fe_2O_3 + 3H_2SO_4 === Fe_2(SO_4)_3 + 3H_2O \uparrow$$

$$CaO + H_2SO_4 === CaSO_4 + H_2O \uparrow$$

$$H_2SO_4 === SO_3 \uparrow + H_2O \uparrow$$

3)溶出

将焙烧熟料按液固比 3:1 加水溶出,保温 60~80℃。溶出 1 h 后过滤,滤液为硫酸铝溶液,滤渣为主要含二氧化硅的硅渣。

4）沉铝

保持硫酸铝溶液 80℃，向其中加入固体碳酸氢铵，调节溶液 pH 至 5.1，铝生成氢氧化铝沉铁，铁生成氢氧化铁沉淀。将沉淀后的浆液过滤，滤液经蒸发结晶制成硫酸铵产品，滤渣为粗氢氧化铝。发生主要化学反应为：

$$Al_2(SO_4)_3 + 6NH_4HCO_3 =\!=\!= 2Al(OH)_3\downarrow + 3(NH_4)_2SO_4 + 6CO_2\uparrow$$
$$Fe_2(SO_4)_3 + 6NH_4HCO_3 =\!=\!= 2Fe(OH)_3\downarrow + 3(NH_4)_2SO_4 + 6CO_2\uparrow$$

5）碱溶

在 110℃ 将粗氢氧化铝加碱溶出，溶出后固液分离。滤液为铝酸钠溶液，送种分工序，滤渣为氢氧化铁，干燥用作炼铁原料。发生的主要化学反应为：

$$Al(OH)_3 + NaOH =\!=\!= NaAlO_2 + 2H_2O$$

6）种分

向除铁后的铝酸钠溶液中加入氢氧化铝晶种，保持温度在 60～65℃ 进行种分。种分后过滤，得到的氢氧化铝一部分为产品，一部分用作晶种。过滤所得母液蒸发浓缩返回碱溶。发生的主要化学反应为：

$$NaAl(OH)_4 =\!=\!= Al(OH)_3\downarrow + NaOH$$

7）煅烧

将氢氧化铝在 1200～1300℃ 煅烧，得到氧化铝。发生的主要化学反应为：

$$2Al(OH)_3 =\!=\!= Al_2O_3 + 3H_2O\uparrow$$

8）碱浸

将硅渣用氢氧化钠溶液浸出，搅拌并升温，温度达到 120℃ 反应剧烈，浆料温度自行升到 130℃，反应强度减弱后向溶液中加入热液进行稀释，稀释后的浆液温度为 80℃，搅拌后过滤。滤渣为提硅渣，主要为石英粉。滤液为硅酸钠溶液。发生的主要化学反应为：

$$SiO_2 + 2NaOH =\!=\!= Na_2SiO_3 + H_2O$$

9）碳分

在 70℃ 将二氧化碳气体通入硅酸钠溶液进行碳分。当 pH 到 11 时，停止通气，把碳分浆液过滤分离，得到的滤渣送碱浸工序，滤液为精制硅酸钠溶液二次碳分，保温 80℃，当 pH 到 9.5 时，停止通气，过滤得到的滤饼为二氧化硅，洗涤、干燥后得到白炭黑产品。滤液为碳酸钠溶液。发生的主要化学反应为：

$$2NaOH + CO_2 =\!=\!= Na_2CO_3 + H_2O$$
$$Na_2SiO_3 + CO_2 =\!=\!= Na_2CO_3 + SiO_2\downarrow$$

10）石灰石煅烧

将石灰石煅烧，煅烧产生的烟气经净化、收集送碳分工序，氧化钙送往苛化工序。

$$CaCO_3 =\!=\!= CaO + CO_2\uparrow$$

11）苛化

将碳分后的碳酸钠滤液加石灰苛化，苛化浆液过滤，滤液为氢氧化钠溶液，蒸发浓缩，返回碱浸。滤渣为沉淀碳酸钙，过滤、洗涤得到碳酸钙产品。发生的主要化学反应为：

$$CaO + H_2O \Longrightarrow Ca(OH)_2$$
$$Na_2CO_3 + Ca(OH)_2 \Longrightarrow 2NaOH + CaCO_3 \downarrow$$

8.2.5 主要设备

硫酸法工艺用到的主要设备见表 8 – 4。

表 8 – 4 硫酸法工艺主要设备表

工序	主要设备名称	备注
混料工序	双棍犁刀混料机	
焙烧工序	回转焙烧窑	硫酸焙烧法
	除尘器	
	烟气冷凝制酸系统	硫酸焙烧法
溶出工序	溶出槽	耐酸、加热
	水平带式过滤机	连续
沉铝工序	铝沉淀槽	耐酸、加热
	平盘过滤机	连续
碱溶工序	碱溶槽	耐碱、加热
	板框过滤机	非连续
种分工序	种分槽	
	晶种混合槽	
	旋流器	
	平盘过滤机	连续
煅烧工序	干燥器	
	煅烧炉	
	收尘器	
碱浸工序	浸出槽	耐碱、加热
	水平带式过滤机	连续
碳分工序	二级碳分塔	耐碱、加热
	CO_2 供气系统	
	带式过滤机	连续

续表 8 - 4

工序	主要设备名称	备注
石灰石煅烧工序	石灰石煅烧炉 烟气冷却系统 烟气净化回收系统	
乳化工序	石灰乳化机	耐碱
苛化工序	苛化槽 平盘过滤机	连续
储液区工序	酸储液槽 碱储液槽	
蒸发浓缩工序	五效蒸发器 三效蒸发器 冷凝水塔	

8.2.6　设备连接图

硫酸法工艺的设备连接如图 8 - 13 所示。

8.3　预脱硅法绿色化、高附加值综合利用粉煤灰

8.3.1　原料分析

同前。

8.3.2　化工原料

预脱硅法处理粉煤灰用的化工原料主要有硫酸铵、氢氧化钠、活性氧化钙等。

①硫酸铵(工业级)。

②氢氧化钠(工业级)。

③活性氧化钙(工业级)。

8.3.3　工艺流程

用氢氧化钠浸出粉煤灰,粉煤灰中的二氧化硅与氢氧化钠反应生成可溶性的硅酸钠,过滤得到硅酸钠溶液和脱硅渣。硅酸钠溶液用石灰乳苛化制备硅酸钙,也可以碳分制备白炭黑。脱硅渣与硫酸铵混合焙烧作用,脱硅渣中的氧化铝和氧

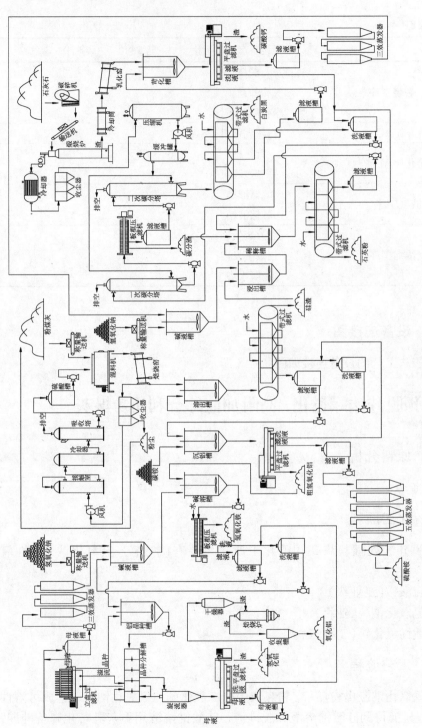

图8-13 硫酸法工艺的设备连接图

化铁转与硫酸铵反应生成可溶性的硫酸铝铵、硫酸铁铵、硫酸铝、硫酸铁。调整溶液 pH 使铁、铝沉淀,再用氢氧化钠溶液溶出铁、铝沉淀,分离铁、铝,得到氢氧化铁固体和铝酸钠溶液。铝酸钠溶液通过种分得到氢氧化铝,煅烧制备氧化铝。其工艺流程见图 8 – 14。

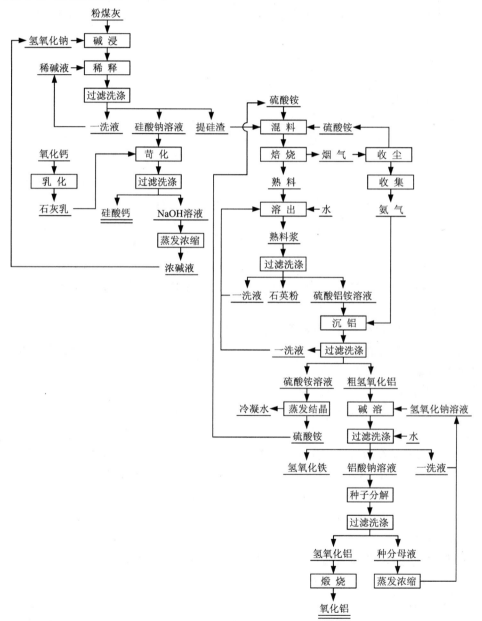

图 8 – 14　预脱硅的工艺流程图

8.3.4 工序介绍

1)碱浸

将粉煤灰加入到氢氧化钠溶液中,在常压下搅拌升温,温度达到120℃反应剧烈,浆料自行升到130℃,反应强度减弱后向溶液中加入热水进行稀释,稀释后的浆液温度为80℃,搅拌后过滤。滤渣为提硅渣,主要成分为氧化铝。滤液为硅酸钠溶液。发生的主要化学反应为:

$$SiO_2 + 2NaOH = Na_2SiO_3 + H_2O$$

2)石灰乳化

将石灰加水乳化,得到石灰乳。发生的主要化学反应为:

$$CaO + H_2O = Ca(OH)_2$$

3)苛化

将硅酸钠溶液和石灰乳混合,控制温度90℃以上,反应时间2 h。过滤得到硅酸钙和氢氧化钠溶液。氢氧化钠溶液蒸发浓缩后送碱浸工序。发生的主要化学反应为:

$$Na_2SiO_3 + Ca(OH)_2 = CaSiO_3 \downarrow + 2NaOH$$

4)混料

将提硅渣和硫酸铵按参与反应物质的化学计量比硫酸铵过量10%混料。

5)焙烧

将混好的物料在450~500℃焙烧,焙烧产生的烟气主要有 NH_3、SO_3 和 H_2O,经降温冷却得到硫酸铵,返回混料,循环利用。过量氨回收用于沉铝。发生的主要化学反应为:

$$Al_2O_3 + 3(NH_4)_2SO_4 = Al_2(SO_4)_3 + 6NH_3 \uparrow + 3H_2O \uparrow$$
$$Fe_2O_3 + 3(NH_4)_2SO_4 = Fe_2(SO_4)_3 + 6NH_3 \uparrow + 3H_2O \uparrow$$
$$Al_2O_3 + 4(NH_4)_2SO_4 = 2NH_4Al(SO_4)_2 + 6NH_3 \uparrow + 3H_2O \uparrow$$
$$Fe_2O_3 + 4(NH_4)_2SO_4 = 2NH_4Fe(SO_4)_2 + 6NH_3 \uparrow + 3H_2O \uparrow$$
$$CaO + (NH_4)_2SO_4 = CaSO_4 + 2NH_3 \uparrow + H_2O \uparrow$$
$$(NH_4)_2SO_4 = SO_3 \uparrow + 2NH_3 \uparrow + H_2O \uparrow$$
$$SO_3 + 2NH_3 + H_2O = (NH_4)_2SO_4$$

6)溶出

将熟料加水按液固比3∶1溶出,保温60~80℃。溶出1 h后过滤,滤液为硫酸铝铵溶液,滤渣为硅渣,主要为石英粉。

7)沉铝铁

向溶液中加入焙烧工序回收的氨,调节溶液pH至5.1,温度为60~80℃。反应后过滤,滤液经蒸发结晶制备硫酸铵返回混料工序,循环利用。滤渣为粗氢氧

化铝。发生的主要化学反应为:

$$Al_2(SO_4)_3 + 6NH_3 + 6H_2O =\!\!=\!\!= 2Al(OH)_3\downarrow + 3(NH_4)_2SO_4$$

$$Fe_2(SO_4)_3 + 6NH_3 + 6H_2O =\!\!=\!\!= 2Fe(OH)_3\downarrow + 3(NH_4)_2SO_4$$

$$NH_4Fe(SO_4)_2 + 3NH_3 + 3H_2O =\!\!=\!\!= Fe(OH)_3\downarrow + 2(NH_4)_2SO_4$$

$$NH_4Al(SO_4)_2 + 3NH_3 + 3H_2O =\!\!=\!\!= Al(OH)_3\downarrow + 2(NH_4)_2SO_4$$

8) 碱溶

在 110℃ 将粗氢氧化铝加碱溶出,溶出后过滤。滤液为铝酸钠溶液,送种分工序,滤渣为氢氧化铁渣,做为炼铁原料。发生的主要化学反应为:

$$Al(OH)_3 + NaOH =\!\!=\!\!= NaAlO_2 + 2H_2O$$

9) 种分

向除铁后的铝酸钠溶液中加入氢氧化铝晶种,保持温度在 60~65℃ 进行种分。种分后过滤,得到的氢氧化铝一部分为产品,一部分用作晶种。过滤所得母液蒸发浓缩返回碱溶。发生的主要化学反应为:

$$NaAl(OH)_4 =\!\!=\!\!= Al(OH)_3\downarrow + NaOH$$

10) 煅烧

将氢氧化铝在 1200~1300℃ 煅烧,得到氧化铝。发生的主要化学反应为:

$$2Al(OH)_3 =\!\!=\!\!= Al_2O_3 + 3H_2O\uparrow$$

8.3.5 主要设备

预脱硅法工艺的主要设备见表 8-5。

表 8-5 预脱硅法工艺主要设备一览表

工序	主要设备名称	备注
碱浸工序	碱浸槽	耐碱、加热
	稀释槽	耐碱
	水平带式过滤机	连续
乳化工序	石灰乳化机	耐碱
苛化工序	苛化槽	耐碱、加热
	平盘过滤机	连续
混料工序	双辊犁刀混料机	
焙烧工序	回转焙烧窑	
	除尘器	
	烟气净化回收系统	
溶出工序	溶出槽	耐酸、保温
	平盘过滤机	连续

续表 8 – 5

工序	主要设备名称	备注
沉铝工序	沉铝槽	耐酸、加热
	平盘过滤机	连续
碱溶工序	碱溶槽	耐碱、加热
	板框过滤机	非连续
种分工序	种分槽	
	晶种混合槽	
	平盘过滤机	连续
煅烧工序	干燥器	
	煅烧炉	
	收尘器	
蒸发浓缩工序	五效蒸发器	
	三效蒸发器	
	冷凝水塔	

8.3.6 设备连接图

预脱硅法的设备连接如图 8 – 15 所示。

8.4 硫酸铵法绿色化、高附加值综合利用粉煤灰

8.4.1 原料分析

同前。

8.4.2 化工原料

硫酸铵法处理粉煤灰用的化工原料主要有硫酸铵、氢氧化钠、碳酸钙等。
①硫酸铵(工业级)。
②氢氧化钠(工业级)。
③碳酸钙(工业级)。

8.4.3 工艺流程

将硫酸铵和粉煤灰混合焙烧，粉煤灰中的氧化铝和氧化铁与硫酸铵反应生成可溶性硫酸盐，二氧化硅不参加反应。焙烧烟气除尘后降温冷却得到硫酸铵固体，和粉末一起返回混料。焙烧熟料加水溶出，硫酸盐溶于水中，二氧化硅不溶

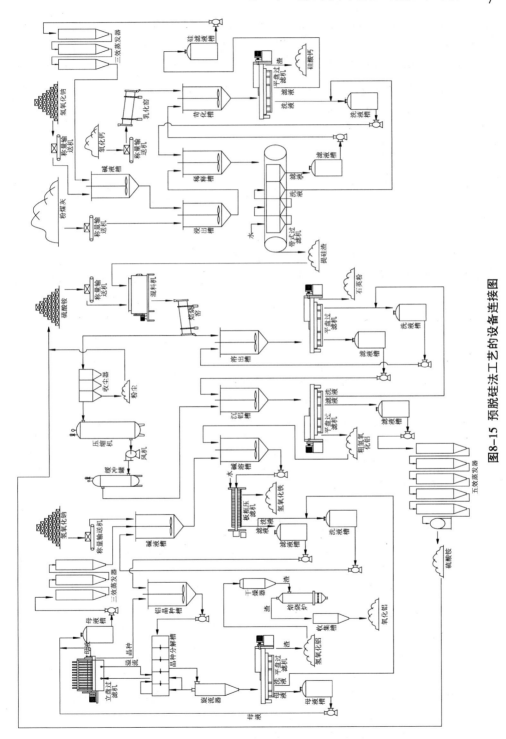

图8-15　预脱硅法工艺的设备连接图

解。过滤得到硫酸盐溶液和硅渣。用氨调节溶液的 pH 使铁、铝沉淀。再用氢氧化钠溶液碱溶铁、铝沉淀，分离铁、铝，得到氢氧化铁和铝酸钠溶液。铝酸钠溶液种分得到氢氧化铝，煅烧得到氧化铝。硅渣用氢氧化钠溶液浸出，硅渣中的二氧化硅生成可溶性的硅酸钠，过滤得到硅酸钠溶液和石英粉，硅酸钠溶液碳分制备白炭黑，也可与石灰乳反应制备硅酸钙。其工艺流程见图 8 – 16。

8.4.4 工序介绍

1）混料

将粉煤灰和硫酸铵按参与反应物质的化学计量比硫酸铵过量10%配料，混合均匀。

2）焙烧

将物料在450～500℃焙烧，焙烧产生的烟气主要有 NH_3、SO_3 和 H_2O，经降温冷却回收硫酸铵，返回混料，过量氨回收用于沉铝。发生的主要化学反应为：

$$Al_2O_3 + 3(NH_4)_2SO_4 \longrightarrow Al_2(SO_4)_3 + 6NH_3 \uparrow + 3H_2O \uparrow$$
$$Fe_2O_3 + 3(NH_4)_2SO_4 \longrightarrow Fe_2(SO_4)_3 + 6NH_3 \uparrow + 3H_2O \uparrow$$
$$Al_2O_3 + 4(NH_4)_2SO_4 \longrightarrow 2NH_4Al(SO_4)_2 + 6NH_3 \uparrow + 3H_2O \uparrow$$
$$Fe_2O_3 + 4(NH_4)_2SO_4 \longrightarrow 2NH_4Fe(SO_4)_2 + 6NH_3 \uparrow + 3H_2O \uparrow$$
$$CaO + (NH_4)_2SO_4 \longrightarrow CaSO_4 + 2NH_3 \uparrow + H_2O \uparrow$$
$$(NH_4)_2SO_4 \longrightarrow SO_3 \uparrow + 2NH_3 \uparrow + H_2O \uparrow$$
$$SO_3 + 2NH_3 + H_2O \longrightarrow (NH_4)_2SO_4$$

3）溶出

将熟料加水按液固比 3:1 溶出，保温 60～80℃。溶出 1 h 后过滤，滤液为硫酸铝铵溶液，滤渣为含二氧化硅的硅渣。

4）沉铝铁

保持硫酸铝铵溶液80℃，向其中加入焙烧工序回收的氨，调节溶液 pH 至 5.1。反应结束后过滤，滤液为硫酸铵溶液，经蒸发结晶得到硫酸铵，返回混料，循环利用。滤渣为粗氢氧化铝。发生的主要化学反应为：

$$Al(SO_4)_3 + 6NH_3 + 6H_2O \longrightarrow 2Al(OH)_3 \downarrow + 3(NH_4)_2SO_4$$
$$Fe_2(SO_4)_3 + 6NH_3 + 6H_2O \longrightarrow 2Fe(OH)_3 \downarrow + 3(NH_4)_2SO_4$$
$$NH_4Fe(SO_4)_2 + 3NH_3 + 3H_2O \longrightarrow Fe(OH)_3 \downarrow + 2(NH_4)_2SO_4$$
$$NH_4Al(SO_4)_2 + 3NH_3 + 3H_2O \longrightarrow Al(OH)_3 \downarrow + 2(NH_4)_2SO_4$$

5）碱溶

将粗氢氧化铝在110℃加碱液溶出，溶出后过滤。滤液为铝酸钠溶液，送种分工序。滤渣为氢氧化铁渣，用作炼铁原料。发生的主要化学反应为：

$$Al(OH)_3 + NaOH \longrightarrow NaAlO_2 + 2H_2O$$

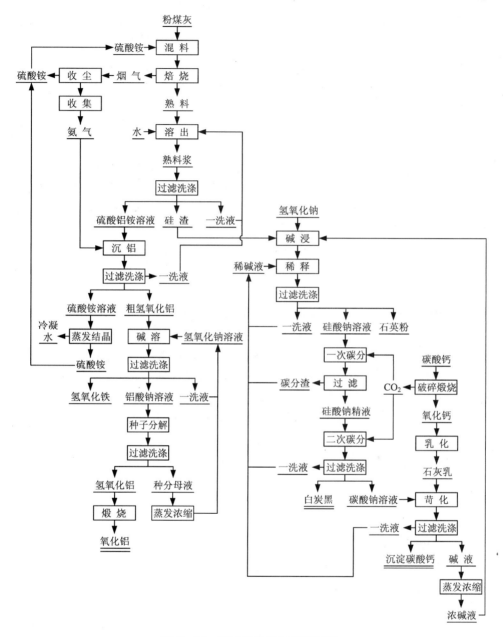

图 8-16　硫酸铵法的工艺流程图

6) 种分

　　向除铁后的铝酸钠溶液中加入氢氧化铝晶种,保持温度在 60~65℃进行种分。种分后过滤得到的氢氧化铝,一部分为产品,一部分用作晶种。过滤所得母

液主要含氢氧化钠,蒸发浓缩返回碱溶,循环利用。发生的主要化学反应为:

$$NaAl(OH)_4 \Longrightarrow Al(OH)_3 \downarrow + NaOH$$

7)煅烧

将氢氧化铝在 1200 ~ 1300℃煅烧,得到氧化铝产品。发生的主要化学反应为:

$$2Al(OH)_3 \Longrightarrow Al_2O_3 + 3H_2O \uparrow$$

8)碱浸

将硅渣加入到氢氧化钠溶液中,升温到 120℃反应剧烈,浆料温度自行升到 130℃,反应强度减弱后向溶液中加水稀释,稀释后的浆液温度为 80℃,搅拌后过滤。滤渣为提硅渣,主要为石英粉,可加工成硅微粉。滤液为硅酸钠溶液,送碳分工序。发生的主要化学反应为:

$$SiO_2 + 2NaOH \Longrightarrow Na_2SiO_3 + H_2O$$

9)碳分

在 70℃将二氧化碳气体通入硅酸钠溶液进行碳分。当 pH 到 11 时,停止通气,把碳分浆液过滤,得到的滤渣送碱浸工序,滤液为精制硅酸钠溶液,精制硅酸钠溶液二次碳分,保温 80℃,当 pH 到 9.5 时,停止通气,过滤得到的滤饼为二氧化硅,洗涤、干燥得到白炭黑产品。滤液为碳酸钠溶液,送苛化工序。发生的主要化学反应为:

$$2NaOH + CO_2 \Longrightarrow Na_2CO_3 + H_2O$$
$$Na_2SiO_3 + CO_2 \Longrightarrow Na_2CO_3 + SiO_2 \downarrow$$

10)煅烧

将碳酸钙煅烧,煅烧产生的烟气经净化、收集送往碳分工序,氧化钙送苛化工序。发生的主要化学反应为:

$$CaCO_3 \Longrightarrow CaO + CO_2 \uparrow$$

11)苛化

将碳分后的碳酸钠滤液加石灰苛化,苛化浆液过滤,滤液为氢氧化钠溶液,蒸发浓缩,返回碱浸,循环利用。苛化渣为沉淀碳酸钙产品。发生的主要化学反应为:

$$CaO + H_2O \Longrightarrow Ca(OH)_2$$
$$Na_2CO_3 + Ca(OH)_2 \Longrightarrow CaCO_3 \downarrow + 2NaOH$$

8.4.5　主要设备

硫酸铵法工艺用到的主要设备见表 8 – 6。

表 8 - 6　硫酸铵法工艺主要设备表

工序	主要设备名称	备注
混料工序	双辊犁刀混料机	
焙烧工序	回转焙烧窑	
	除尘器	
	烟气净化回收系统	
溶出工序	溶出槽	耐酸、保温
	水平带式过滤机	连续
沉铝工序	沉铝槽	耐酸、加热
	平盘过滤机	连续
碱溶工序	碱溶槽	耐碱、加热
	板框过滤机	非连续
种分工序	种分槽	
	晶种混合槽	
	旋流器	
	平盘过滤机	连续
煅烧工序	干燥器	
	煅烧炉	
	收尘器	
碱浸工序	碱浸槽	耐碱、加热
	水平带式过滤机	连续
碳分工序	二级碳分塔	耐碱、加热
	CO_2 供气系统	
	带式过滤机	连续
石灰石煅烧工序	石灰石煅烧炉	
	烟气净化回收系统	
乳化工序	石灰乳化机	
苛化工序	苛化槽	
	平盘过滤机	连续
储液区	酸储液槽	
	碱储液槽	
蒸发浓缩工序	五效蒸发器	
	三效蒸发器	
	冷凝水塔	

8.4.6　设备连接图

硫酸铵法工艺的设备连接如图 8 - 17 所示。

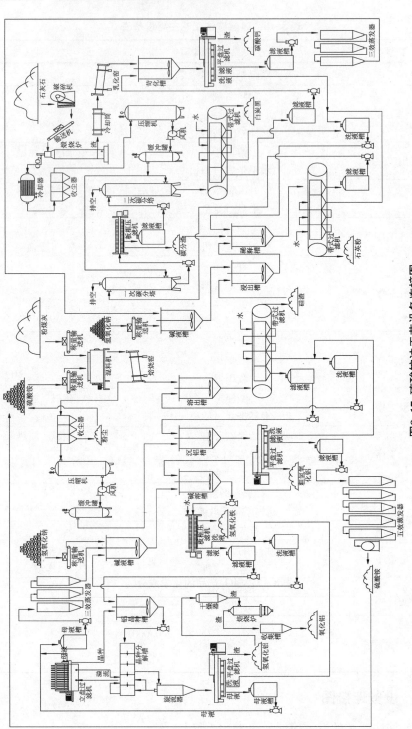

图8-17 硫酸铵法工艺设备连接图

8.5　产品

硫酸法处理粉煤灰得到主要产品是氢氧化铝、氧化铝、白炭黑、硅酸钙、硫酸铵等。

预脱硅法处理粉煤灰得到的主要产品是氢氧化铝、氧化铝、硅酸钙等。

硫酸铵法处理粉煤灰得到主要产品是氢氧化铝、氧化铝、白炭黑、硅酸钙等。

8.5.1　白炭黑

图 8 - 18 为白炭黑的 XRD 图谱和 SEM 照片。可知白炭黑为非晶态。白炭黑粉体为规则的球形颗粒、粒度均匀，分散性良好。

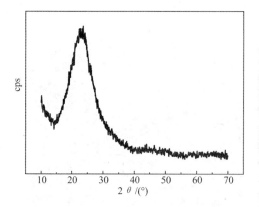

图 8 - 18　白炭黑的 XRD 图谱和 SEM 照片

表 8 - 7 为白炭黑产品干燥后的成分分析结果，表 8 - 8 为化工行业标准 HG/T 3061—2009。可见，白炭黑产品满足化工行业标准。

表 8 - 7　SiO_2 产品的化学成分

成分	SiO_2	Al_2O_3	Fe_2O_3	ZnO	MnO	CaO
含量/%	93.96	< 0.0038	< 0.00014	0.00020	0.00042	< 0.0014

白炭黑是无定形粉末，质轻，具有良好的电绝缘性、多孔性和吸水性，此外还有补强和增黏作用以及良好的分散、悬浮特性。可作为补强材料，应用于橡胶、食品、牙膏、涂料、油漆、造纸等行业。

表 8-8　化工行业标准 HG/T 3061—2009 和产品检测结果的比较

项目	HG/T 3061—2009	检测结果
SiO_2 含量/%	≥90	94.0
pH	5.0~8.0	7.3
灼烧失重/%	4.0~8.0	6.1
吸油值/$cm^3 \cdot g^{-1}$	2.0~3.5	2.7
比表面积/$m^2 \cdot g^{-1}$	70~200	165

8.5.2　氢氧化铝和氧化铝

图 8-19 为种分得到的氢氧化铝 SEM 图。图 8-20 为氢氧化铝在 1150℃下煅烧 4 h 得到的氧化铝产品的 XRD 图谱和 SEM 照片。

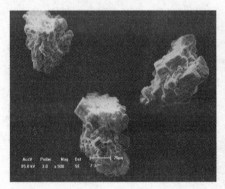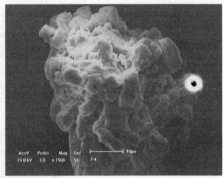

图 8-19　种分氢氧化铝 SEM 图

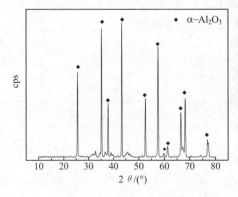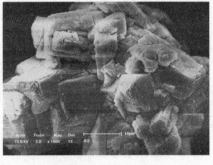

图 8-20　1150℃煅烧制备的 Al_2O_3 的 XRD 图谱和 SEM 照片

表 8 - 9 和表 8 - 10 分别是氢氧化铝成分分析结果和氢氧化铝国家标准 GB/T 4294—2010。氢氧化铝产品指标满足国家 AH - 1 标准。

表 8 - 9 氢氧化铝化学成分

成分	Al$_2$O$_3$	SiO$_2$	Fe$_2$O$_3$	Na$_2$O
含量/%	64.8	0.007	0.008	0.14

表 8 - 10 氢氧化铝国家标准 GB/T 4294—1997

项目		Al$_2$O$_3$ ≥	Fe$_2$O$_3$ ≤	SiO$_2$ ≤	Na$_2$O ≤	烧失量	水分
牌号	AH - 1	余量	0.02%	0.02%	0.4%	34.5 ± 0.5%	≤12%
	AH - 2	余量	0.02%	0.04%	0.4%	34.5 ± 0.5%	≤12%

表 8 - 11 和表 8 - 12 分别是氧化铝成分表和氧化铝国家有色金属行业标准 YS/T803—2012。可见，氧化铝产品指标满足行业 AO - 1 标准。

表 8 - 11 煅烧氧化铝化学成分

成分	Al$_2$O$_3$	SiO$_2$	Fe$_2$O$_3$	Na$_2$O
含量/%	99.22	0.011	0.013	0.19

表 8 - 12 氧化铝国家有色金属行业标准 YS/T803—2012

项目		Al$_2$O$_3$ ≥	Fe$_2$O$_3$ ≤	SiO$_2$ ≤	Na$_2$O ≤
	YAO - 1	98.6%	0.02%	0.02%	0.45%
牌号	YAO - 2	98.5%	0.02%	0.04%	0.55%
	AO - 3	98.4%	0.03%	0.06%	0.65%

氢氧化铝和氧化铝产品可作为炼铝原料，也可以做其他高附加值产品，如介孔分子筛、催化剂载体等。

8.5.3 硅酸钙

图 8 - 21 为硅酸钙产品的 SEM 照片，硅酸钙为类球形颗粒状粉体。表 8 - 13 为硅酸钙产品成分分析结果。

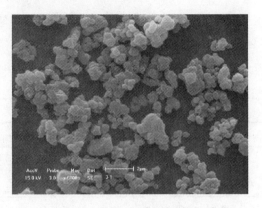

图 8 – 21　硅酸钙产品的 SEM 照片

表 8 – 13　水合硅酸钙的化学成分

成分	SiO_2	CaO	Fe_2O_3	Al_2O_3	Na_2O
含量/%	45.49	42.47	0.20	0.26	0.14

硅酸钙主要用作建筑材料、保温材料、耐火材料、涂料的体质颜料及载体。

8.5.4　氢氧化铁

图 8 – 22 为氢氧化铁产品的 SEM 照片，氢氧化铁为类球形颗粒状粉体，有团聚。表 8 – 14 为氢氧化铁产品成分分析结果。可用于炼铁。

图 8 – 22　氢氧化铁产品的 SEM 照片

表 8 – 14　氢氧化铁的化学成分

成分	Fe_2O_3	Al_2O_3	Na_2O
含量/ %	73.63	0.12	0.14

8.6　环境保护

8.6.1　主要污染源和主要污染物

（1）烟气

①硫酸法工艺焙烧烟气中主要污染物是粉尘和 SO_3；预脱硅法焙烧烟气中主要污染物是粉尘和 NH_3、SO_3；硫酸铵法工艺焙烧烟气中主要污染物是粉尘和 NH_3、SO_3。

②粉煤灰的输送、混料工序产生的粉尘。

③石灰石煅烧产生的粉尘和 CO_2。

（2）水

①生产过程水循环使用，无废水排放。

②生产排水为软水制备工艺排水，水质未被污染。

（3）固体

①粉煤灰中的硅制备白炭黑和硅酸钙产品。

②粉煤灰中的铝制备氧化铝产品。

③苛化过程中产生沉淀碳酸钙产品。

④硫酸铵溶液蒸浓结晶得到硫酸铵产品。

生产过程无污染废渣排放。

8.6.2　污染治理措施

（1）焙烧烟气

硫酸焙烧烟气经旋风、重力、布袋除尘，粉尘返混料。硫酸焙烧烟气经吸收塔二级吸收，SO_3 和水的混合物经酸吸收塔制备硫酸。硫酸铵焙烧烟气产生 NH_3、SO_3 冷却得到硫酸铵固体，过量 NH_3 回收用于沉铝。满足《工业炉窑大气污染物排放标准》（GB 9078—1996）的要求。

（2）通风除尘

产生粉尘设备均带收尘装置。

扬尘：对全厂扬尘点，均实行设备密闭罩集气，机械排风，高效布袋除尘器集中除尘。系统除尘效率均在 99.9% 以上。

烟尘：回转窑等烟气除尘系统收集的烟尘全部返回系统再利用。

（3）废水治理

需要水源提供新水，生产用水循环，全厂水循环利用率为 90% 以上。

各工序产生的废水采用不同方法处理，以实现全厂废水"零"排放。蒸浓结晶工序冷凝水循环使用和二次利用。

（4）废渣治理

整个生产过程中，粉煤灰中的主要组分硅、铁、铝均制备成产品，无废渣产生。

（5）噪声治理

本工程的噪声主要由机械动力、流体动力产生。工程设计对高噪声设备采取消声、隔声、基础减振等措施进行处理。

（6）绿化

绿化在防治污染、保护和改善环境方面起到特殊作用，是环境保护的有机组成部分。绿色植物不仅能美化环境，还具有吸附粉尘、净化空气、减弱噪声、改善小气候等作用，因此在工程设计中应对绿化予以充分重视，通过提高绿化系数改善厂区及附近地区的环境条件。设计厂区绿化占地率不小于20%。

在厂前区及空地等处进行重点绿化，选择树型美观、装饰性强、观赏价值高的乔木与灌木，再适当配以花坛、水池、绿篱、草坪等；在厂区道路两侧种植行道树，同时加配乔木、灌木与花草；在围墙内、外都种以乔木；其他空地植以草坪，形成立体绿化体系。

8.7　结语

粉煤灰绿色化、高附加值综合利用的工艺将粉煤灰中的有价组元铝、硅、铁都分离提取制成氧化铝、硅酸钙、白炭黑或氢氧化铁产品。所用的化工原料循环利用或制成产品。没有废渣、废水、废气排放，对环境友好。为粉煤灰的合理利用打开了新的路径，具有推广应用价值。

参考文献

[1] 王佳东，申晓毅，翟玉春，吴艳. 硅酸钠溶液分步碳分制备高纯沉淀氧化硅[J]. 化工学报，2010，61（4）：1064

[2] 王佳东，申晓毅，翟玉春. 碱溶法提取粉煤灰中的氧化硅[J]. 轻金属. 2008（12）：23

[3] 王佳东，翟玉春，申晓毅. 碱石灰烧结法从脱硅粉煤灰中提取氧化铝. 轻金属，2009（6）：14

[4] 王佳东，申晓毅，翟玉春. 碱溶粉煤灰提硅工艺条件的优化. 矿产综合利用，2010（4）：42

[5] 秦晋国，王佳东，王海. 二次碳分制备白炭黑的方法[P]. 专利号：CN101077777A，2007（11）：28

[6] 翟玉春，王佳东，申晓毅，辛海霞，李洁，张杰. 一种综合利用红土镍矿的方法[P]. 专利号：CN102321812A，2012.01.18

[7] 申晓毅,常龙娇,王佳东,翟玉春. 由除杂铝渣碱溶碳分制备高纯 Al(OH)$_3$[J]. 东北大学学报(自然科学版),2012,33(9):1315

[8] 申晓毅,王乐,王佳东,翟玉春. 硫酸铵浸出红土镍矿提硅渣的实验[C]. 2012 年全国冶金物理化学学术会议专辑(下册),2012

[9] 吴艳,翟玉春,李来时,王佳东,牟文宁. 新酸碱联合法以粉煤灰制备高纯氧化铝和超细二氧化硅[J]. 轻金属,2007(9):24

[10] 翟玉春,吴艳,李来时,王佳东,等. 一种由低铝硅比的含铝矿物制备氧化铝的方法[P]. CN200710010917. X. 2008.01.09

[11] 李来时,翟玉春,刘瑛瑛,王佳东. 六方水合铁酸钙的合成及其脱硅[J]. 中国有色金属学报,2006,16(7):1306 - 1310.

[12] 陈孟伯,陈舸. 煤矿区粉煤灰的差异及利用[J]. 煤炭科学技术,2006,34(7):72 - 75.

[13] 边炳鑫,解强,赵由才. 煤系固体废物资源化技术[M]. 北京:化学工业出版社,2005.

[14] 王福元,吴正严. 粉煤灰利用手册[M]. 北京:中国电力出版社,2004:14 - 56.

[15] 孙俊民,韩德馨. 粉煤灰的形成和特性及其应用前景[J]. 煤炭转化,1999,22(1):10 ~ 14.

[16] 吴正直. 粉煤灰房建材料的开发与应用[M]. 北京:中国建材工业出版社,2003.

[17] 韩怀强,蒋挺大. 粉煤灰利用技术[M]. 北京:化学工业出版社,2001.

[18] 聂锐,张炎治. 21 世纪中国能源发展战略选择[J]. 中国国土资源经济,2006(5):7 - 11.

[19] 诸才清. 日本粉煤灰利用的现状和前景[J]. 硅酸盐建筑制品,1984(05):39 - 42.

[20] 李湘洲. 我国粉煤灰综合利用现状与趋势[J]. 吉林建材,2004,6:22 - 24.

[21] 安平. 山西环境现状评价与环境进步[J]. 科技情报开发与经济,2000,10(5):8 - 9.

[22] 段永泽,闫寒冰,张秦燕,等. 山西省火电厂粉煤灰渣资源综合利用现状及应用前景[J]. 山西电力,2003,2(4):57 - 59.

[23] 侯斌. 浅谈内蒙古投资粉煤灰综合利用项目的必要性[J]. 中国建材,2006(1):63 - 64.

[24] 李策镭. 我国粉煤灰资源利用现状趋势及根本出路[J]. 硅酸盐建筑制品,1993(1):34 - 37.

[25] Yanzhong Li, Changjun Liu, Zhaokun Luan, et al. Phosphate removal from aqueous solutions using raw and activated red mud and fly ash[J]. Journal of Hazardous Materials, 2006, 137(1):374 - 383.

[26] 聂锐,张炎治. 21 世纪中国能源发展战略选择[J]. 中国国土资源经济,2006(5):7 - 11.

[27] 王立刚. 粉煤灰的环境危害与利用[J]. 中国矿业,2001(4):27 - 28,37.

[28] Paul J A Borm. Toxicity and occupational health hazards of coal fly ash(CFA) - A review of data and comparison to coal mine dust[J]. The Annals of Occupational Hygiene, 1997, 41(6):659 - 676.

[29] 张春雷,冯圣青. 上海地区普通商品混凝土配制中的若干问题[J]. 建筑材料学报,2006,9(3):337 - 340.

[30] 江靖. 粉煤灰是上海发展商品混凝土的重要资源[J]. 粉煤灰,1996(1):2 - 5.

[31] 赵敏岗. 2005 年上海市粉煤灰排放量、综合利用量再创新高[J]. 粉煤灰,2006(2):48.

[32] 李湘洲. 我国粉煤灰综合利用现状与趋势[J]. 吉林建材,2004(6):22 - 24.

[33] 宋传中. 粉煤灰在开封地区公路路面中的应用[J]. 粉煤灰综合利用,1999(2):26 - 27.

[34] 韩友金. 粉煤灰饰面砖研制成功[J]. 砖瓦世界, 1989(22): 36.

[35] 谢尧生. 蒸压粉煤灰砖的性能研究与应用[J]. 砖瓦, 2003(12): 10 - 12.

[36] TayfunCicek, Mehmet Tanrverdi. Lime based steam autoclaved fly ash bricks[J]. Construction and Building Materials, 2006(28): 1 - 6.

[37] 范锦忠. 烧结粉煤灰陶粒国内外生产技术比较和综合评价[J]. 建材工业信息, 2005, (5): 11 - 14.

[38] 张枫. 粉煤灰硅钙板的研制[J]. 粉煤灰综合利用, 1996(3): 48 - 49.

[39] 陈冀渝. 国内外粉煤灰水泥生产技术进展[J]. 广东建材, 2003(12): 6 - 7.

[40] 焦雨华. 国内外烧结粉煤灰砖的研究与生产[J]. 粉煤灰综合利用, 1990(4): 16 - 17.

[41] 何水清, 李素贞. 粉煤灰加气混凝土砌块生产工艺及应用[J]. 粉煤灰, 2004(2): 37 - 39.

[42] M J McCarthy R K Dhir. Development of high volume fly ash cements for use in concrete construction[J]. Fuel, 2005, 84(11): 1423 - 1432.

[43] 崔翠微, 齐笑雪. 粉煤灰在混凝土工程中的应用浅析[J]. 建筑科技开发, 2005, 32(8): 66 - 68.

[44] 胡明玉, 朱晓敏, 雷斌, 等. 大掺量粉煤灰水泥研究及其在工程中的应用[J]. 南昌大学学报, 2004, 26(1): 34 - 39.

[45] 项明和. 高掺量粉煤灰渣空心切块的质量控制[J]. 粉煤灰综合利用, 2001(3): 19.

[46] 邵靖邦. 欧洲国家粉煤灰利用[J]. 粉煤灰综合利用, 1996, (2): 43 - 48.

[47] 孙家瑛. 粉煤灰回填材料性能与应用研究[J]. 房材与应用, 2000(1): 20 - 22.

[48] 崔崇. 承重粉煤灰加气混凝土的研究[J]. 房材与应用, 1999(1): 13 - 15.

[49] Tae - Hyun Ha, Srinivasan Muralidharan, Jeong - Hyo Bae, et al. Effect of unburnt carbon on the corrosion performance of fly ash cement mortar[J]. Construction and Building Materials, 2005, 19(7): 509 - 515.

[50] 张静娜, 纪玉敏, 刘荣杰. 以粉煤灰作掺合料的白灰砂浆的应用[J]. 山西冶金, 1999 (2): 49 - 50.

[51] 孙晓明, 孙磊, 韩胜文. 粉煤灰泵送混凝土的性能及其在工程中的应用[J]. 黑龙江水专学报, 2004, 31(1): 7 - 9.

[52] 沈旦申. 粉煤灰混凝土[M]. 北京: 中国铁道出版社, 1989.

[53] 岳晨曦, 陈风扬. 湿粉煤灰抗渗混凝土的试验研究[J]. 建筑技术开发, 1996(4): 20 - 21.

[54] 马井娟, 张春鹏, 袁少华. 粉煤灰在大体积混凝土中的应用[J]. 低温建筑技术, 2006 (3): 155 - 156.

[55] 洪雷, 曹永民. 高掺量粉煤灰大体积混凝土的工程应用[J]. 混凝土, 2000(11): 60 - 61.

[56] 胡锡隆. 粉煤灰混合料在旧路沟槽回填中的应用研究[J]. 粉煤灰, 1995(4): 28 - 33.

[57] 王华, 陈德平, 宋存义, 等. 粉煤灰利用研究现状及其在环境保护中的应用[J]. 环境与开发, 2001, 16(1): 4 - 6.

[58] 石磊, 郭翠香, 牛冬杰. 粉煤灰在环境保护中的应用[J]. 中国资源综合利用, 2006(7): 8 - 11.

[59] 岳兵, 陆军, 齐淑芬. 粉煤灰在环境保护中的综合利用[J]. 黑龙江环境通报, 2003, 27

（1）：25 - 28.

[60] 王兆锋，冯永军，张蕾娜. 粉煤灰农业利用对作物影响的研究进展[J]. 山东农业大学学报（自然科学版），2003, 34(1)：152 - 156.

[61] Jonathan W. C. Wong, M. H. Wong. Effects of fly ash on yields and elemental composition of two vegetables [J]. Agriculture, Ecosystems & Environment, 1990, 30(2 - 3)：251 - 264.

[62] 李贵宝，单保庆，孙克刚，等. 粉煤灰农业利用研究进展[J]. 磷肥与复肥，2000, 15(6)：59 - 60.

[63] M. H. Wong. Comparison of several solid wastes on the growth of vegetable crops [J] Agriculture, Ecosystems & Environment, 1990, 30(1 - 2)：49 - 60.

[64] 胡锡隆. 粉煤灰混合料在旧路沟槽回填中的应用研究[J]. 粉煤灰，1995, (4)：28 - 33.

[65] 梁小平，苏成德. 粉煤灰综合利用现状及发展趋势[J]. 河北理工学院学报，2005, 27 (3)：148 - 150.

[66] 孙家瑛. 粉煤灰回填材料性能与应用研究[J]. 房材与应用，2000, (1)：20 ~ 22.

[67] 边炳鑫，李哲，何京东，等. 磁珠分选原理与分选试验研究[J]. 中国矿业，1997, 6(5)：65 - 68.

[68] 徐俊丰，张朋革. 从粉煤灰中分选铁精矿粉的试验[J]. 粉煤灰综合利用，1998, (2)：32 - 33.

[69] 边炳鑫，陈文义，艾淑艳. 粉煤灰中沉珠分选机理和分选试验研究[J]. 中国矿业，1997, 6(1)：64 - 68.

[70] 王栋知，郑桂兵. 燃煤电厂粉煤灰中沉珠的理化特性[J]. 粉煤灰综合利用，1996, (2)：1 - 3.

[71] 刘力，张力群，冯予星，等. 改性粉煤灰 XRF 的应用[J]. 橡胶工业，1999, 46(5)：284 - 286.

[72] 吴新华，余玮. 电厂粉煤灰制颗粒活性炭的研究[J]. 环境科学，1993, 15(4)：47 - 49.

[73] 徐国想，范丽花，李学宇，等. 粉煤灰沸石合成及应用研究[J]. 化工矿物与加工，2006 (9)：32 - 34.

[74] K S Hui, C Y H Chao. Effects of step - change of synthesis temperature on synthesis of zeolite 4A from coal fly ash[J]. Microporous and Mesoporous Materials, 2006, 88(1 - 3)：145 - 151.

[75] Vernon S. Somerset, Leslie F. Petrik, Richard A. White, et al. Alkaline hydrothermal zeolites synthesized from high SiO_2 and Al_2O_3 co - disposal fly ash filtrates[J]. Fuel, 2005, 84(18)：2324 - 2329.

[76] Fei Peng, Kai - ming Liang, An - min Hu. Nano - crystal glass - ceramics obtained from high alumina coal fly ash[J]. Fuel, 2005, 84(4)：341 - 346.

[77] T. W. Cheng, Y. S. Chen. Characterisation of glass ceramics made from incinerator fly ash[J]. Ceramics International, 2004, 30(3)：343 - 349.

[78] 王廷吉，周光，周萍华，等. 硅灰石合成高比表面积多孔二氧化硅及其表征[J]. 非金属矿，2001, 24(06)：17 - 19.

[79] 王平，李辽沙. 粉煤灰制备白炭黑的探索性研究[J]. 中国资源综合利用，2004, (7)：25 - 27.

[80] 桂强，方荣利，阳勇福. 生态化利用粉煤灰制备纳米氢氧化铝[J]. 粉煤灰，2004, (2)：20 - 22.

[81] Matjie R H, Bunt J R, Van Heerden. Extraction of alumina from coal fly ash generated from a selected low rank bituminous South African coal[J]. Minerals Engineering, 2005, 18(3): 299 - 310.

[82] 周海龙, 蒋覃, 刘克, 杨健生. 从粉煤灰中提取氧化铝的实验研究[J]. 轻金属, 1994 (8): 19 - 20.

[83] 韩怀强, 蒋挺大. 粉煤灰利用技术[M]. 北京: 化学工业出版社, 2001.

[84] 郑国辉. 利用粉煤灰提取氧化铝的工艺及其最佳工艺参数的确定[J]. 稀有金属与硬质合金, 1993(S1): 42 - 46.

[85] Fernandez A M, Ibanez J L, Llavona M A, Zapoco R. Leaching of aluminum in Spanish clays, coal mining wastes and coal fly ashes by sulphuric acid[J]. Light Metals: proceeding of Sessions, TMS Annual Meeting, 1998: 121 - 130.

[86] 陈建林, 陶志宁. 粉煤灰中铝盐提取的研究[J]. 环境导报, 1994(4): 14 - 15.

[87] 王文静, 韩作振, 程建光, 等. 酸法提取粉煤灰中氧化铝的工艺研究[J]. 能源环境保护, 2003, 17(4): 17 - 19, 47.

[88] 赵英, 陈颖敏, 赵俊起, 等. 低温法从飞灰中回收铝和硅的研究[J]. 中国电力, 1995 (2): 52 - 54.

第 9 章　硼泥绿色化、高附加值综合利用

9.1　综述

9.1.1　资源概况

硼泥是化工厂用硼矿制取硼砂、硼酸过程中产生的废弃物,生产 1t 硼砂产生 3~4t 硼泥。随着国民经济和社会的发展,对硼砂、硼酸的需求量不断扩大。随着硼砂、硼酸产量的增大,硼泥的量也随之增长。全国 15 个省市的数十家化工厂,每年排放硼泥总量达 200 多万 t 以上,硼泥堆积量已达 2000 多万 t。辽宁省是生产硼砂的大省,共有存量硼泥 1700 万 t 左右,年新增约 130 万 t。大部分硼泥未作处置而排放,其利用率只占新产生硼泥的 20% 左右。随着硼矿品位的贫化,生产同样数量的硼砂、硼酸,相应的硼泥排放量将越来越多。硼泥中含有氧化镁、氧化钙、氧化钠等碱性物质,对农田、地下水和大气都有严重危害。硼泥所排放之处,寸草不生,其碱液可渗入地下水,使周围的农田减产,严重者可以使农作物绝产,并且对周围的饮用水产生污染。由于硼泥颗粒较细,在失去水分以后,常常会随风飞散,对大气环境产生污染。硼泥对生态环境的污染已成为一种公害。个别化工厂将硼泥直接排放到江河之中,这不仅污染了河水,还堵塞河流,成了水灾的隐患。

硼泥呈碱性,pH 为 9 左右,B_2O_3 含量很少,MgO 含量 30%~46%,SiO_2 含量 20%~35%,K_2O、Na_2O 含量小于 1%,这同硼镁矿生产硼砂的方法有关。表 9-1 列出了国内部分厂家硼泥的化学成分。

表 9-1　硼泥的化学成分　　　　　　　　　　　（单位:%）

厂名	SiO_2	MgO	TFe	B_2O_3	Al_2O_3	CaO	R_2O	L	Total
鞍山化工建材厂	32.20	43.43	4.90	0.74	2.56	2.09	0.65	14.07	100.64
凤城二台子硼矿	32.63	23.94	2.38	5.64	2.56	5.86	—	—	—
四宝山硼砂厂	20.83	31.32	14.59	3.15	1.02	2.56	—	—	—
辽阳冶建化工厂	32.68	28.23	14.21	2.53	1.19	2.11	0.685	12.75	94.385

续表 9 – 1

厂名	SiO$_2$	MgO	TFe	B$_2$O$_3$	Al$_2$O$_3$	CaO	R$_2$O	L	总计
沈阳农药厂	22.60	34.51	7.75	4.58	0.099	2.31	0.048	—	—
开原化工厂	25.61	37.03	5.98	4.40	0.065	3.08	0.35	—	—
牡丹江化工一厂	23.16	28.56	13.18	3.90	4.98	3.65	—	13.93	91.36
牡丹江化工二厂	23.44	36.74	6.89	6.10	1.34	2.41	—	15.88	92.80

硼泥的组成与生产硼砂、硼酸的原料和工艺有关。各生产厂家因原料产地不同，工艺条件的差异，造成硼泥的组成有所不同，但其主要成分一般都类似。生产硼砂的主要原料是硼镁矿（2MgO·B$_2$O$_3$·H$_2$O），硼镁矿中伴有部分蛇纹石、磁铁矿及少量白云石、绿泥石、滑石及云母等杂质。

硼泥的主要矿物组成为含铁的镁橄榄石、蛇纹石、石英、斜长石、钾长石、磁铁矿以及一些非晶态物质。硼存在于其他矿物中，不形成独立的硼矿物。硼泥的含水率为30%，呈棕褐色泥状，具有可塑性，烘干后为块状，碾压后成粉状，0.08 mm方孔筛筛余8%、比表面积3850 cm^2/g、密度2.9 g/cm^3。

9.1.2 硼泥的应用技术

（1）硼泥在建筑中的应用

1）硼泥在混凝土中的应用

硼泥具有活性好、比表面积大、分散性好等特点。硼泥的比表面积比水泥大一倍多。它的微细颗粒在混凝土水化过程中可以形成水泥颗粒的水化核心，从而加速水化晶核的形成，加速水泥水化过程。而且较大的比表面积也可以在混凝土的硬化过程中产生较大的内聚力和吸附力，使混凝土具有较高的早期强度。硼泥使混凝土的抗压强度和拉伸强度等机械性能得到改善。

2）硼泥在建筑砂浆中的应用

硼泥含有非晶态物质，具有化学活性。在混合砂浆中用硼泥取代石灰，其强度有所提高。如25#砂浆强度可提高28%，50#砂浆强度可提高35%，75#砂浆强度提高近60%。以硼泥取代石灰后，25#和50#砂浆的黏结强度可分别达到0.35 MPa和0.46 MPa，导热系数分别为0.417W/(m·K)和0.427W/(m·K)，均优于同标号石灰混合砂浆的指标。

陈德龙等人对硼泥混合砂浆的技术性能进行了研究。结果表明作为砌筑砂浆其稠度保持在7～10 cm时分层度不大于2，抗压强度较石灰砂浆平均高38%，抗冻性能好，碳化强度高，抗剪强度和弹性模量均高于石灰混合砂浆的理论数值，总的性能指标优于石灰混合砂浆。作为抹灰砂浆，硼泥砂浆具有一定的黏结强度，可以满足抹灰砂浆的要求。其导热系数小于石灰混合砂浆，在防寒隔热方面具有一定的优势。硼泥的 γ 辐射照射率低于环境本底，放射性比活度也满足《建筑材料用工业废渣放射性物质标准》规定，说明硼泥可以安全地应用于建筑材料。辽宁省铁岭市已将硼泥混合砂浆应用于实际，经质检部门检测，砖砌体的沾灰面积为 100%。

3) 硼泥在制造砖瓦中的应用

硼泥可以作为黏土砖瓦的强化料。黏土制砖，硼泥加入量约 30%；黏土制瓦，硼泥加入量约 20%。所制砖瓦的抗压、抗折、吸水率、石灰爆裂、抗冻等指标均可达到《GB 5101—85 烧结普通砖标准的要求》。辽宁省丹东市以硼泥为原料，配制粉煤灰和炉渣制成的烧结硼泥砖表面光滑、尺寸规整，烧结温度低，抗压强度达 10MPa 以上。

李中华采用干燥硼泥 60%~90%、酸醛树脂 8%~20%、颜料 0.5%~4%、石蜡 0.4%~3%、水适量，制造出的砖瓦的抗压、抗折、冻融、渗水等指标完全符合甚至超过国家标准要求，可以应用于实际。

4) 硼泥对页岩砖改性的应用

页岩是黏土岩的构造变种，具有层理构造，除黏土外，常有很多碎屑矿物和次生矿物，成分比较复杂。吉林省集安市为利用当地的页岩资源建成了页岩砖厂，但生产出的页岩砖强度低，缺棱掉角现象严重，多为酥砖，其力学性能和外观指标均达不到标准要求。该厂在页岩制砖过程中加入 25% 硼泥，页岩砖改性后抗压强度达 32MPa、抗折强度达 8.75MPa，达到页岩砖的国家标准要求。

5) 硼泥在制陶粒中的应用

硼泥陶粒是一种理想的轻质高强材料，利用硼泥陶粒与水硬性胶凝材料拌合，可以制作各种砌块、墙板。利用硼泥配制轻骨料混凝土，可应用于建筑领域的各种构件，具有质量轻、强度高、吸水率低、保温隔热、吸声、高耐酸、高耐温等优点。

聂立武等人利用辽阳市冶建化工厂的硼泥制备陶粒。采用的配方为：硼泥 60%~80%、膨润土(或红土)3%~5%、粉煤灰 10%~20%、膨胀剂 3%~10%、少量水。经焙烧和膨化制出各种级别陶粒，硼泥陶粒堆积密度与粉煤灰陶粒、黏土陶粒、页岩陶粒相接近，筒压强度高于黏土陶粒和页岩陶粒。硼泥陶粒的吸水率、抗冻性、安定性等指标均优于其他陶粒。

硼泥陶粒混凝土是采用人造硼泥陶粒作粗骨料，普通砂作细骨料，再加水泥和水按一定的比例配合拌制而成的复合料。硼泥陶粒作为混凝土人造粗骨料，颗粒级配符合连续级配的要求，能确保符合混凝土的性能要求。建筑施工中，低温热水地板辐射供暖系统蓄热层常采用密度 2100~2300 kg/m³、导热系数 1.128~1.151 W/(m·K) 的混凝土，比密度 1400~1900 kg/m³、导热系数 0.128~0.152

W/(m·K)的硼泥陶粒混凝土代替混凝土，可减轻建筑物的自重，减缓传热速度，增强房间的热稳定性，其抗渗性与混凝土相比也不差。

(2)硼泥在冶金中的应用

1)硼泥在锰硅合金冶炼中做熔剂

硼泥中含有较高的 MgO 和 SiO_2，并有改善炉渣流动性和加速还原反应进行的 Na_2O 和 B_2O_3 及稀土氧化物等。从其组成上分析，硼泥可以作为生产锰硅合金的熔剂。莫叔迟等人用硼泥作熔剂用于 5MVA 矿热炉冶炼 FeMn65Si17 合金，与白云石作熔剂比较，锰回收率提高 5.02%，硅利用率提高 10.45%，电耗降低 1790 kWh/t；用硼泥做熔剂用于 1.8MVA 矿热炉冶炼 FeMn60Si14 合金，与白云石和石灰作熔剂比较，锰回收率提高 2.41%，硅利用率提高 2.41%，电耗降低 850 kWh/t。可见，硼泥应用于锰硅合金冶炼能改善技术经济指标，降低生产成本，增加经济效益。

2)硼泥在提高烧结矿质量方面的应用

利用硼泥作铁精矿烧结球团添加剂是硼泥资源利用的一条重要途径。大量试验表明，硼泥可以提高烧结矿强度，降低自然粉化和低温还原粉化。宣化钢铁公司的烧结配加硼泥的试验表明，宣钢条件下高硅全精粉烧结，烧结料配加 2% ~ 3%硼泥能够提高烧结矿强度，降低含粉率，减少槽下返矿，高炉冶炼得到强化，产量提高。加硼泥后烧结矿中 MgO 增加，又有硼的作用，有利于高炉脱硫和炉缸工作条件的改善，提高了生铁的一级品率。

3)硼泥在有色金属冶炼中的应用

辽宁省环境科学研究院和东北大学对硼泥在有色金属冶炼中的应用进行了研究。利用硼泥作造渣剂回收铜灰中的铜，提高了铜的回收率，提高了产量和质量，利用硼泥降低炉渣熔点，从而降低能耗。利用硼泥作造渣剂还能提高炉衬寿命。

(3)硼泥在处理废水中的应用

1)硼泥复合混凝剂用于废水处理

20 世纪 90 年代后期，用硼泥和含 $AlCl_3$、HCl 的废液按一定比例混合，制成硼泥复合混凝剂，处理工业废水和生活污水，可以去除水中的 COD、颜色、油、SS 等。

硼泥复合混凝剂已经用于处理印染污水、制革污水、采油污水、啤酒废水等工业废水和生活废水。具有投药量少、工艺简单、沉降快、适用条件宽、费用低和效率高等优点，硼泥复合混凝剂还可用于水的深度处理。

2)活性硼泥用于废水处理

活性硼泥是将烘干的硼泥粉碎、过筛后，经加热处理得到。用活性硼泥处理 500 mg/L 的含氟废水，氟去除率达 93%；处理 50 mg/L 的含酚废水，酚去除率达 60%。采用 $FeSO_4$ 还原，再用活性硼泥絮凝沉降处理电镀废水，铬去除率可达 99% 。

（4）硼泥在农业上的应用

由于硼泥中含有硼和镁，可以制成硼镁磷肥应用于缺硼、缺镁的土壤。

硼泥可以作为微量元素肥料用于农业。作肥料和农药的填充剂，或直接用以改良土壤，或用于农产品贮藏的防菌防腐等。硼作为植物需要的微量元素，可制成不同的复合硼微量元素肥料。前苏联用硫酸分解硼镁矿的脚渣作硼肥，含硼 2.4% ~ 2.8% ，将脚渣掺入普钙成为含硼 0.2% ~ 0.5% 的普钙肥，及含硼 0.05% ~ 0.4% 的重钙肥。20 世纪 50 年代末期，辽宁省开原化工厂也曾将酸法加工的硼镁矿的脚渣作为硼肥；辽宁宽甸磷肥厂也用硫酸分解硼镁矿生产含硼硫酸镁，称为晶体硼镁肥；辽宁营口化工厂用硼泥生产钙镁磷肥；沈阳农药厂用硫酸与硼泥反应做含硼硫酸镁。但是这些方法仅局限于少数单位和地区使用。70 年代后期当碳碱法盛行以后，含硼脚渣的碱性降低，将脚渣与普钙混合，制成硼镁磷肥。利用硼泥制硼镁磷肥的流程，如图 9-1 所示。

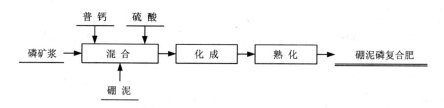

图 9-1　硼镁磷复合肥工艺流程示意图

辽宁宽甸磷肥厂生产的晶体硼镁肥是水溶性速效复合肥料，其中硼酸含量为 6% ~ 8% 、七水硫酸镁含量为 70% ~ 75% 。在宽甸地区施用后，玉米增产 10% ~ 20% 、马铃薯增产 20% 并提高淀粉含量 15% 、黄瓜增产 25% 。此外，锦州地区把硼泥用于甘薯的贮藏防霉。沈阳农药厂以硼泥为主要填料制成除草醚乳粉。

（5）硼泥在材料方面的应用

1）利用硼泥制备耐火材料

硼泥的主要化学成分为 MgO 和 SiO_2 ，可用作镁质原料制备堇青石或镁橄榄石质耐火材料。以硼泥代替滑石，将黏土与硼泥的组合料在 1300℃烧结 5 h，可制得热膨胀系数为 2.75×10^{-6} m·K^{-1}（20~800℃）、体积密度为 1.89g/cm³ 的堇青石材料。与在同样组合和工艺条件下用黏土和滑石合成的堇青石比，不仅合成温度降低约 50℃，且相同温度下堇青石生成量更多。合成的堇青石外观颜色为黄褐色，可添加到红外辐射材料、太阳能辐射板等提高其稳定性。以硼泥代替滑石还可在较低温度下制莫来石-堇青石质匣钵。以硼泥代替滑石的匣钵各项主要性能得到改善，尤其是热稳定性和抗折强度显著提高。以硼泥为主要原料，辅以

10% ~30% 的镁砂，加入 3% ~5% 的黏结剂，压制后在 1500 ~1550℃ 烧结制得镁橄榄石制品，其表观密度为 2.76 ~2.78g/cm³，孔隙率为 17% ~19%，常温抗压强度大于 70MPa，耐火度高于 1750℃，荷重软化温度高于 1540℃，热震稳定性 5 ~7次（1100℃室温空冷），能够满足耐火材料的性能要求。

2）利用硼泥生产填充剂

硼泥的主要成分与常用的橡胶填充料相同，含有的微量重金属离子填充在合成材料中有利于紫外线的吸收，起到耐老化作用。用硼泥制成的橡胶填充剂具有补强作用，性能优于原填充剂 $CaCO_3$，且保持了较好的物理机械性能。硼泥也可作为聚氯乙烯填充材料。利用硼泥代替碳酸钙作聚氯乙烯制品，其工艺流程与一般塑料制品相同，即经配料、高速混合、塑化、拉片、压制成型等。用硼泥制作聚氯乙烯制品在力学性能上与碳酸钙作填充料的制品相近，且硬度提高，耐磨性增加，化学性能良好，可长期在水中使用，也可在浓度不很高的酸、碱中使用。

3）利用硼泥制作微晶玻璃

微晶玻璃是一种由玻璃控制晶化行为而制成的微晶体和玻璃相均匀分布的材料，兼具玻璃和陶瓷两者的优点。微晶玻璃作为一种特殊的复合材料广泛应用于建筑业。从玻璃的形成条件看，其组分中必须含有可以形成玻璃的氧化物，最主要的是 SiO_2、B_2O_3 和 P_2O_5。由于硼泥组成中 SiO_2、Al_2O_3 和 CaO 含量相对较低，MgO 含量偏高，不能形成玻璃，必须补充硅、钙、铝。因此，在以硼泥为原料制做微晶玻璃的配料中要增加硅、铝、钙高的材料。史培阳等人以硼泥为主要原料制做微晶玻璃，其主晶相为钙铁辉石，次晶相为尖晶石和橄榄石，晶粒的尺寸为 1 ~8μm；其集合体呈枝晶、柱状晶体和块状晶体。陈国华等人以硼泥、粉煤灰及含钛渣为主要原料加入少量焦磷酸钠制作微晶玻璃。其莫氏硬度达7~9度，可用作耐磨、耐腐蚀玻璃制品和建筑装饰玻璃。

4）利用硼泥制备白炭黑

硼泥中二氧化硅含量高，因此可以从硼泥中提取二氧化硅制备白炭黑。白炭黑是一种超细微、具有活性的二氧化硅粉体，化学名称为水合二氧化硅，是一种重要的化工原料。

9.1.3 利用硼泥制备镁产品的工艺

利用硼泥制备镁产品的工艺主要有三种。

（1）相转移法利用硼泥制备轻质碳酸镁

硼泥中含有大量的镁，是可以利用的镁资源。现在的轻质碳酸镁和轻质氧化镁大多是由白云石和菱镁矿用碳化法生产的。但是采用碳化法提取硼泥中的镁，却始终未取得成功。其主要原因是，硼泥中的碳酸镁为碱式碳酸镁，难以直接碳化，而将其转化为 $Mg(OH)_2$ 的反应速度又太慢，不能应用于生产实际。

相转移催化技术是 20 世纪 60 年代发展起来的有机化学合成技术。高佳令将其应用于化学反应，加速其反应过程：

$$MgCO_3 + Ca(OH)_2 = Mg(OH)_2 + CaCO_3$$

在可溶性钙盐或镁盐（Ca^{2+}、Mg^{2+}）存在下通过相转移催化作用，这一反应可以顺利完成，$MgCO_3$ 转化成 $Mg(OH)_2$。经过转化处理的硼泥就能顺利进行碳化反应，解决了碳化法利用硼泥的关键技术。转化过程是其生产中的特有工序，转化后的各工序为现有工艺的工序。

其工艺流程为：在 80 ~ 90℃ 温度将硼泥进行转化处理，转化后的硼泥冷却稀释后碳化。把碳化后的碳化液过滤，向滤液中通入高压蒸汽进行热解，碳酸镁沉淀析出。经过滤得碳酸镁滤饼，滤饼经干燥、粉碎得到成品轻质碳酸镁。其工艺流程如图 9 - 2 所示。主要化学反应为：

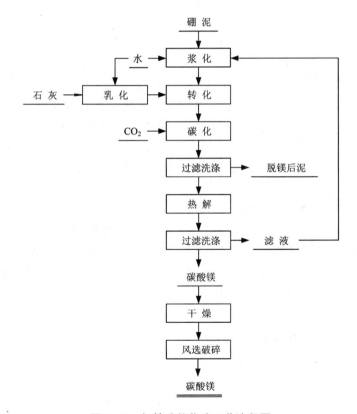

图 9 - 2　相转移催化法工艺流程图

硼泥转化：

$$MgCO_3 + Ca(OH)_2 = Mg(OH)_2 + CaCO_3$$

碳化：

$$Mg(OH)_2 + 2CO_2 === Mg(HCO_3)_2$$

热解：生成水合碱式碳酸镁，主要化学反应为：

$$5Mg(HCO_3)_2 === 4MgCO_3 \cdot Mg(OH)_2 \cdot 4H_2O \downarrow + 6CO_2 \uparrow$$

干燥：水合碱式碳酸镁脱水。

煅烧：

$$4MgCO_3 \cdot Mg(OH)_2 \cdot 4H_2O === 5MgO + 4CO_2 \uparrow + 6H_2O \uparrow$$

（2）浓盐酸浸出法利用硼泥制备碱式碳酸镁

把硼泥在 700~750℃ 下煅烧 0.5 h，其中 $MgCO_3$ 分解、有机杂质去除。用浓盐酸浸出煅烧熟料提取硼泥中的镁。过滤后，滤渣为含 86% 以上的 SiO_2；滤液主要含 $MgCl_2$，调 pH 除杂后，用 Na_2CO_3 沉镁，制备纯度 90% 以上碱式碳酸镁。其工艺流程如图 9-3 所示。主要化学反应为：

煅烧：

$$MgCO_3 === MgO + CO_2 \uparrow$$

酸活化：

$$MgO + 2HCl === MgCl_2 + H_2O$$
$$Mg_2SiO_4 + 4HCl === 2MgCl_2 + SiO_2 \downarrow + 2H_2O$$
$$Fe_2O_3 + 6HCl === 2FeCl_3 + 3H_2O$$

沉镁：

$$MgCl_2 + Na_2CO_3 === MgCO_3 \downarrow + 2NaCl$$

（3）以硼泥和三聚氰胺为原料制备轻质氧化镁

硼泥中含有镁，三聚氰胺废液中含有碳酸根。将硼泥与硫酸反应生成硫酸镁，用石灰乳中和过量的硫酸，用含有碳酸根的三聚氰胺废液沉镁，得到碱式碳酸镁，再煅烧成氧化镁。该工艺简单、成本低，硼泥中镁的利用率可达 77.7%。其工艺流程如图 9-4 所示。主要化学反应为：

酸化：

$$MgCO_3 + H_2SO_4 === MgSO_4 + H_2O + CO_2 \uparrow$$
$$MgO \cdot B_2O_3 + H_2SO_4 + 2H_2O === MgSO_4 + 2H_3BO_3$$
$$MgSiO_3 + H_2SO_4 === MgSO_4 + SiO_2 + H_2O$$
$$CaCO_3 + H_2SO_4 === CaSO_4 \downarrow + H_2O + CO_2 \uparrow$$

煅烧：

$$xMgCO_3 \cdot yMg(OH)_2 \cdot zH_2O === (x+y)MgO + xCO_2 \uparrow + (y+z)H_2O \uparrow$$

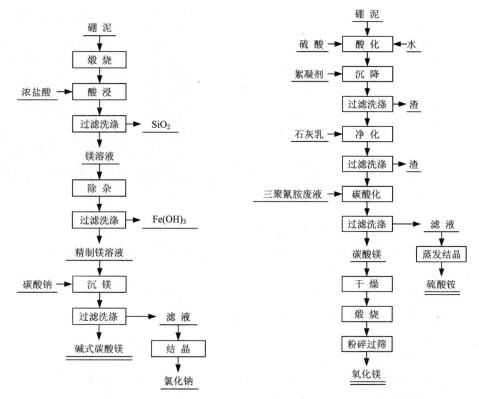

图 9 - 3　浓盐酸浸取法工艺流程图

图 9 - 4　硼泥和三聚氰胺制备轻质氧化镁工艺流程图

上述三种方法只回收硼泥中的镁,而没有利用硼泥中的硅等其他物质。

9.2　硫酸法绿色化、高附加值综合利用硼泥

9.2.1　原料分析

图 9 - 5 是硼泥的 XRD 图谱和 SEM 照片,表 9 - 2 是硼泥的化学组成。

表 9 - 2　硼泥的主要化学组成

组成	MgO	CO_2	SiO_2	Fe_2O_3	B_2O_3	Al_2O_3
含量/%	34.46 ~ 39.12	29.46 ~ 33.86	16.64 ~ 21.12	2.16 ~ 4.52	1.86 ~ 3.12	1.56 ~ 3.17

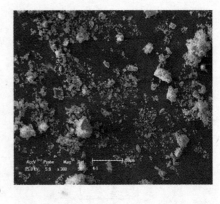

图 9 – 5 硼泥的 XRD 图谱和 SEM 照片

由图 9-5 和表 9-2 可见,硼泥含镁、硅都较高,其他元素种类较多,含量较少。硼泥的物相组成比较复杂,主要有菱镁矿($MgCO_3$)、镁橄榄石矿(Mg_2SiO_4)、赤铁矿(Fe_2O_3)及少量硫酸镁($MgSO_4$)和硼酸镁($Mg_2B_2O_5$),其他还含有利蛇纹石$\{(Mg, Al)_3[(Si, Fe)_2O_5](OH)_4]\}$等一些微量的物质。

9.2.2 化工原料

硫酸法处理硼泥用的化工原料主要有浓硫酸、氢氧化钠、活性氧化钙。
①浓硫酸:工业级。
②氢氧化钠:工业级。
③活性氧化钙:工业级。

9.2.3 工艺流程

将硼泥破碎、磨细,与硫酸混合焙烧。硼泥中的镁与硫酸反应,生成可溶性硫酸盐,加水溶出进入溶液,二氧化硅不与硫酸反应,不溶于水。焙烧烟气除尘后冷凝制酸,返回混料,循环利用。过滤后二氧化硅与硫酸镁分离。硫酸镁溶液经除杂为精制硫酸镁溶液。向精制硫酸镁溶液通入氨,与硫酸镁反应生成氢氧化镁沉淀,过滤得到氢氧化镁产品。碱浸二氧化硅得到硅酸钠溶液,向硅酸钠溶液中加入石灰乳制备硅酸钙。图 9 – 6 是硫酸法的工艺流程图。

9.2.4 工序介绍

1)干燥磨细

硼泥含水较多,将物料干燥到含水量小于 5%。将干燥后的物料破碎、磨细至 80 μm 以下。

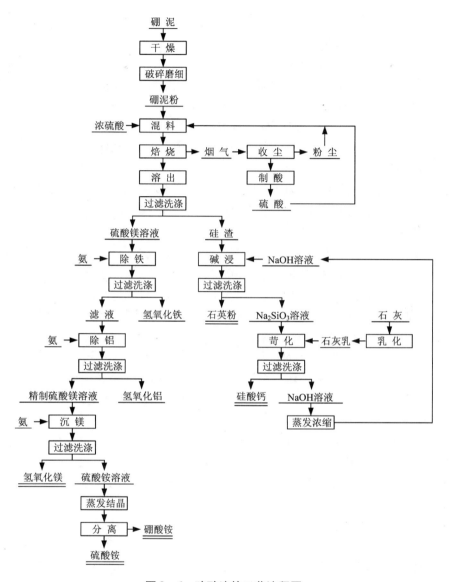

图9-6 硫酸法的工艺流程图

2）混料

将磨细的硼泥与浓硫酸按硼泥中与硫酸反应的物质所需硫酸的质量过量10%配料，混合均匀。

3）焙烧

将混好的物料在300~400℃焙烧1 h。焙烧产生的烟气经除尘后制成硫酸，循环使用。主要化学反应为：

$$MgCO_3 + H_2SO_4 =\!=\!= MgSO_4 + H_2O \uparrow + CO_2 \uparrow$$

$$Mg_2SiO_4 + 2H_2SO_4 =\!=\!= 2MgSO_4 + 2H_2O \uparrow + SiO_2$$

$$Fe_2O_3 + 3H_2SO_4 =\!=\!= Fe_2(SO_4)_3 + 3H_2O \uparrow$$

$$Al_2O_3 + 3H_2SO_4 =\!=\!= Al_2(SO_4)_3 + 3H_2O \uparrow$$

$$MgSiO_3 + H_2SO_4 =\!=\!= MgSO_4 + H_2O \uparrow + SiO_2$$

$$Mg_2B_2O_5 + 2H_2SO_4 + H_2O =\!=\!= 2MgSO_4 + 2H_3BO_3$$

$$H_2SO_4 =\!=\!= SO_3 \uparrow + H_2O \uparrow$$

4）溶出过滤

将焙烧熟料加水溶出。液固比3∶1，溶出温度60~80℃。溶出后过滤，滤渣主要为二氧化硅，洗涤后送碱浸工序，滤液主要为硫酸镁。

5）除杂

温度控制在40℃以下，向硫酸镁溶液中加入双氧水，将二价铁离子氧化成三价铁离子。然后，向溶液中通入氨，调节pH为3~3.5，温度控制在40℃以上，生成羟基氧化铁沉淀。过滤得到羟基氧化铁，用于炼铁。除铁后继续向溶液中通入氨，调节溶液pH至5.1，铝生成氢氧化铝沉淀，过滤得到氢氧化铝，用于制备氧化铝。滤液为精制硫酸镁溶液。主要化学反应为：

$$2Fe^{2+} + 2H^+ + H_2O_2 =\!=\!= 2Fe^{3+} + 2H_2O$$

$$Fe_2(SO_4)_3 + 6NH_3 + 4H_2O =\!=\!= 2FeOOH \downarrow + 3(NH_4)_2SO_4$$

$$Al_2(SO_4)_3 + 6NH_3 + 6H_2O =\!=\!= 2Al(OH)_3 \downarrow + 3(NH_4)_2SO_4$$

6）沉镁

向精制硫酸镁溶液中加氨，调节溶液pH至11，反应生成氢氧化镁沉淀，过滤洗涤得氢氧化镁产品和硫酸铵溶液。主要化学反应为：

$$MgSO_4 + 2NH_3 + 2H_2O =\!=\!= Mg(OH)_2 \downarrow + (NH_4)_2SO_4$$

7）蒸发结晶

把硫酸铵溶液蒸发结晶，分离得到硫酸铵和硼酸铵产品。

8）煅烧

将硫酸铵和硼酸铵的混合物在500℃煅烧，硫酸铵分解成NH_3、SO_3和H_2O，硼酸铵分解成四硼酸和NH_3。烟气降温冷却，得到硫酸铵，过量氨回收用于沉镁。四硼酸加热分解得到三氧化二硼。主要化学反应为：

$$(NH_4)_2SO_4 =\!=\!= SO_3 + 2NH_3 \uparrow + H_2O \uparrow$$

$$4NH_4B_5O_8 \cdot 4H_2O =\!=\!= 4NH_3 \uparrow + 5H_2B_4O_7 + 13H_2O \uparrow$$

$$SO_3 + 2NH_3 + H_2O =\!=\!= (NH_4)_2SO_4$$

$$H_2B_4O_7 =\!=\!= 2B_2O_3 + H_2O$$

9）碱浸

将硅渣与碱液按液固比3∶1混合，控制碱浸温度130℃和碱浸时间1 h。过滤后所得滤液为硅酸钠溶液，滤渣为石英粉。主要化学反应为：

$$SiO_2 + 2NaOH =\!=\!= Na_2SiO_3 + H_2O$$

10) 制备硅酸钙

向硅酸钠溶液中加入石灰乳，在 90℃ 以上反应 2 h，得到硅酸钙沉淀。经过滤、洗涤、烘干得到硅酸钙产品。滤液为碱液，蒸发浓缩后返回碱浸工序，循环使用。发生的主要化学反应为：

$$Na_2SiO_3 + Ca(OH)_2 =\!=\!= CaSiO_3\downarrow + 2NaOH$$

9.2.5　主要设备

硫酸法工艺用到的设备见表 9-3。

表 9-3　硫酸法工艺的主要设备表

工序名称	设备名称	备注
磨矿	回转干燥窑	脱水
	颚式破碎机	破碎
	粉磨机	磨细
混料	双辊卧式犁刀混料机	耐酸
焙烧	回转焙烧窑	耐酸
	烟气净化系统	
	烟气制酸系统	
溶出过滤	溶出搅拌槽	耐酸、加热
	水平带式过滤机	耐酸、连续
除杂	双氧水高位槽	
	除铁槽	耐酸、加热
	板框过滤机	耐酸、非连续
	除铝槽	耐酸、加热
	板框过滤机	耐酸、非连续
沉镁	氨气供气系统	
	沉镁槽	耐碱、加热
	平盘过滤机	连续
	五效蒸发器	
	晶体卧式离心机	连续
碱浸	碱浸槽	耐碱、加热
	平盘过滤机	耐碱、连续
乳化	生石灰乳化机	耐碱
制备硅酸钙	苛化槽	耐碱、加热
	平盘过滤机	耐碱、连续
	五效蒸发器	

9.2.6 设备连接图

硫酸法工艺的设备连接如图 9-7 所示。

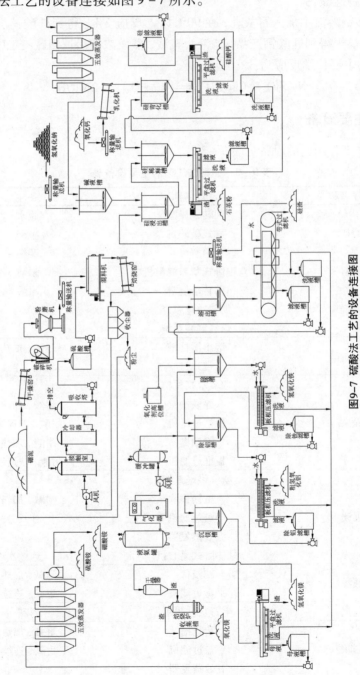

图9-7 硫酸法工艺的设备连接图

9.3　碱法绿色化、高附加值综合利用硼泥

9.3.1　原料分析

同前。

9.3.2　化工原料

碱法处理硼泥用的化工原料主要有硫酸铵、碳酸钠、二氧化碳。
①硫酸铵：工业级。
②碳酸钠：工业级。
③二氧化碳：工业级。

9.3.3　工艺流程

将破碎磨细的硼泥与碱混合焙烧，硼泥中的硅氧化物与碱发生反应生成可溶性的硅酸钠和不溶于水的硅铝酸钠，加水溶出进入溶液，过滤后硅与镁渣(含有 MgO、Fe_2O_3 和硅铝酸钠)分离。焙烧烟气除尘后回收 CO_2 用于碳分。硅酸钠溶液碳分制备白炭黑，碳分母液蒸发结晶得到固体碳酸钠返回混料。镁渣与硫酸铵混合焙烧，镁渣中的镁、铁和硅铝酸钠与硫酸铵反应，生成可溶性硫酸盐，加水溶出进入溶液，产生的 SiO_2 返混料。焙烧烟气降温冷却得到硫酸铵固体，返回混料，过量氨回收用于沉镁。硫酸镁溶液经除杂为精制硫酸镁溶液。精制硫酸镁溶液通入氨，生成氢氧化镁沉淀，过滤得到氢氧化镁产品。图 9-8 为碱法工艺的流程图。

9.3.4　工序介绍

1)干燥磨细
硼泥含水较多，将物料干燥到含水量小于 5%。将干燥后的物料破碎、磨细至 80 μm 以下。

2)混料
将磨细的硼泥与碱按硼泥中与碱反应的物质所需碱的质量过量 10% 配料，混合均匀。

3)焙烧
将混合均匀的物料在 1300~1400℃ 焙烧。焙烧产生的烟气经除尘后回收，用于碳分。收集的粉尘返回配料。主要化学反应为：

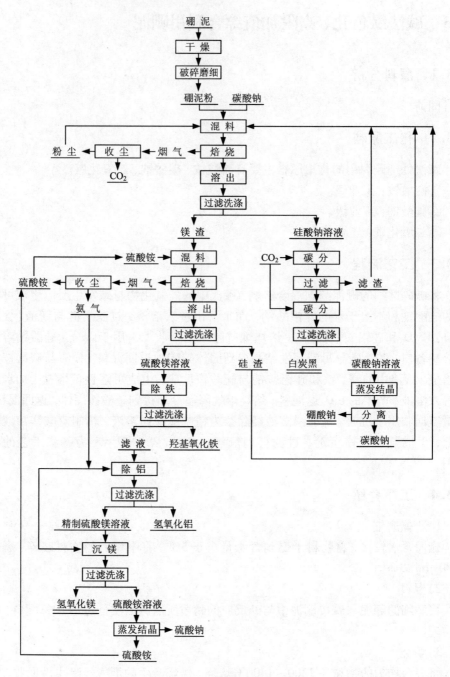

图 9-8 碱法的工艺流程图

$$2Mg_2BO_5 + Na_2CO_3 \!\!=\!\!\!=\!\! 4MgO + Na_2B_2O_7 + CO_2 \uparrow$$

$$Mg_2SiO_4 + Na_2CO_3 \!\!=\!\!\!=\!\! Na_2SiO_3 + 2MgO + CO_2 \uparrow$$

$$MgSiO_3 + Na_2CO_3 \!\!=\!\!\!=\!\! Na_2SiO_3 + MgO + CO_2 \uparrow$$

$$MgCO_3 \!\!=\!\!\!=\!\! MgO + CO_2 \uparrow$$

$$SiO_2 + Na_2CO_3 \!\!=\!\!\!=\!\! Na_2SiO_3 + CO_2 \uparrow$$

$$Al_2O_3 + 2SiO_2 + Na_2CO_3 \!\!=\!\!\!=\!\! 2NaAlSiO_4 \downarrow + CO_2 \uparrow$$

4)溶出

将焙烧熟料按液固比 3:1 加水溶出,温度为 60~80℃。可溶性物质进入溶液。过滤,滤渣为镁渣,主要含有氧化镁、氧化铁、氧化铝和硅铝酸钠等,滤液为硅酸钠溶液。

5)碳分

在 70℃向硅酸钠溶液中通入二氧化碳气体碳分。当 pH 至 11 时,停止通气,过滤得到的滤渣送混料工序,滤液为精制硅酸钠溶液。将精制硅酸钠溶液二次碳分,保温 80℃。当 pH 到 9.5 时,停止通气,过滤得到的滤饼为二氧化硅,经洗涤、干燥后成为白炭黑产品。滤液为碳酸钠溶液,含有硼酸钠。利用碳酸钠和硼酸钠溶解度的差异,蒸发结晶分离得到硼酸钠和碳酸钠。硼酸钠作为产品,碳酸钠返回混料工序,循环利用。主要化学反应为:

$$Na_2SiO_3 + CO_2 \!\!=\!\!\!=\!\! Na_2CO_3 + SiO_2 \downarrow$$

表 9 - 4　不同温度下硼酸钠和碳酸钠的溶解度

温度/℃	0	20	40	60	80	100
硼酸钠溶解度/g	1.6	2.5	6.4	17.4	24.3	39.1
碳酸钠溶解度/g	7.0	21.8	48.8	46.4	45.1	44.7

6)镁渣混料

将镁渣与硫酸铵按镁渣中与硫酸铵反应的物质所需硫酸铵的质量过量 10% 配料,混合均匀。

7)镁焙烧

将混合均匀的物料在 450~500℃焙烧,焙烧产生的烟气主要有 NH_3、SO_3 和水蒸气,经降温冷凝得到硫酸铵,返回混料,循环利用。过量氨回收用于除杂、沉镁。主要化学反应为:

$$MgO + (NH_4)_2SO_4 \!\!=\!\!\!=\!\! MgSO_4 + 2NH_3 \uparrow + H_2O \uparrow$$

$$Fe_2O_3 + 3(NH_4)_2SO_4 \!\!=\!\!\!=\!\! Fe_2(SO_4)_3 + 6NH_3 \uparrow + 3H_2O \uparrow$$

$$MgO + 2(NH_4)_2SO_4 \!\!=\!\!\!=\!\! (NH_4)_2Mg(SO_4)_2 + 2NH_3 \uparrow + H_2O \uparrow$$

$$Fe_2O_3 + 4(NH_4)_2SO_4 =\!=\!= 2NH_4Fe(SO_4)_2 + 6NH_3\uparrow + 3H_2O\uparrow$$
$$2NaAlSiO_4 + 4(NH_4)_2SO_4 =\!=\!= Na_2SO_4 + Al_2(SO_4)_3 + 2SiO_2 + 8NH_3\uparrow + 4H_2O\uparrow$$
$$(NH_4)_2SO_4 =\!=\!= SO_3 + 2NH_3\uparrow + H_2O\uparrow$$

8）溶出

将熟料加水按液固比 3:1 溶出，搅拌并保温 80℃，溶出后过滤。滤液为含硫酸镁、硫酸铁、硫酸铝和硫酸钠的溶液。滤渣为硅渣，返混料。

9）除杂

保持溶液温度 40℃以下，向溶液中加入双氧水将二价铁离子氧化成三价铁离子。向滤液中通入氨，保持温度在 40℃以上，调控 pH 大于 3，生成氢氧化铁沉淀。过滤得到羟基氧化铁，用于炼铁。向除铁后的溶液通入氨，调节 pH 至 5.1，生产氢氧化铝沉淀，过滤得到氢氧化铝，用于制备氧化铝。滤液为精制硫酸镁溶液。主要化学反应为：

$$2Fe^{2+} + 2H^+ + H_2O_2 =\!=\!= 2Fe^{3+} + 2H_2O$$
$$Fe^{3+} + 2H_2O =\!=\!= FeOOH\downarrow + 3H^+$$
$$NH_4Al(SO_4)_2 + 3NH_3 + 3H_2O =\!=\!= Al(OH)_3\downarrow + 2(NH_4)_2SO_4$$
$$Al_2(SO_4)_3 + 6NH_3 + 6H_2O =\!=\!= 2Al(OH)_3\downarrow + 3(NH_4)_2SO_4$$

10）沉镁

向精制硫酸镁溶液中加入氨，调节溶液 pH 至 11，反应生成氢氧化镁沉淀，过滤洗涤得氢氧化镁产品和硫酸铵溶液。硫酸铵溶液蒸发结晶后返混料，循环使用。硫酸钠溶液中含有硫酸钠，达到一定浓度后，利用硫酸钠和硫酸铵溶解度的差异，结晶分离。得到硫酸钠做为产品或加工成硫化钠。主要化学反应为：

$$MgSO_4 + 2NH_3 + 2H_2O =\!=\!= Mg(OH)_2\downarrow + (NH_4)_2SO_4$$

9.3.5　主要设备

碱法工艺的设备列表见表 9-5。

表 9-5　碱法工艺的主要设备表

工序名称	设备名称	备注
磨矿	回转干燥窑	
	颚式破碎机	
	粉磨机	
混料	滚筒混料机	耐碱

续表 9 – 5

工序名称	设备名称	备注
焙烧	回转焙烧窑	耐碱
	冷却器	
	除尘器	
	烟气净化回收系统	
溶出过滤	溶出搅拌槽	耐碱、加热
	水平带式过滤机	耐碱、连续
碳分	二级碳分塔	耐碱、加热
	板框过滤机	耐碱、非连续
	平盘过滤机	耐碱、连续
	二氧化碳供气系统	
	五效蒸发器	
混料	双辊卧式混料机	非连续
焙烧	回转焙烧窑	
	除尘器	
	烟气净化回收系统	
溶出	溶出搅拌槽	耐酸、加热
	水平带式过滤机	耐酸、连续
除铁	除铁槽	耐酸、加热
	板框过滤机	耐酸、非连续
	除铝槽	耐酸、加热
	板框过滤机	耐酸、非连续
	氨气供气系统	
沉镁	沉镁槽	耐碱、加热
	平盘过滤机	连续
	五效蒸发器	

9.3.6　设备连接图

碱法工艺的设备连接如图 9 – 9 所示。

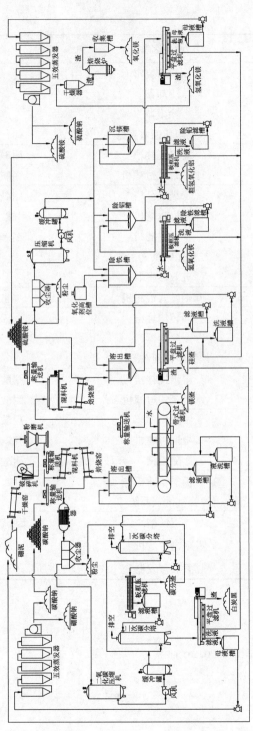

图9-9 碱法的设备连接图

9.4　硫酸铵法绿色化、高附加值综合利用硼泥

9.4.1　原料分析

同前。

9.4.2　化工原料

硫酸铵法用的化工原料主要有硫酸铵、氢氧化钠、活性氧化钙。

①硫酸铵：工业级。

②氢氧化钠：工业级。

③活性氧化钙：工业级。

9.4.3　工艺流程

将硼泥破碎、磨细后与硫酸铵混合焙烧。硼泥中的镁、铁和铝与硫酸铵反应，生成可溶性硫酸盐，加水溶出进入溶液，二氧化硅不与硫酸铵反应，不溶于水。焙烧烟气除尘后降温冷凝得到硫酸铵，返回混料，循环利用，过滤氨回收用于除杂、沉镁。过滤后二氧化硅与硫酸镁、硫酸铁和硫酸铝分离。含铁铝的硫酸镁溶液经除杂后得到精制硫酸镁溶液。向精制硫酸镁溶液通入氨，反应生成氢氧化镁沉淀，过滤得到氢氧化镁产品。碱浸二氧化硅得到硅酸钠溶液，向硅酸钠溶液加入石灰乳制备硅酸钙。图 9 – 10 是硫酸铵法的工艺流程图。

9.4.4　工序介绍

1）干燥磨细

硼泥含水较多，将物料干燥到含水量小于 5%。将干燥后的物料破碎、磨细至 80 μm 以下。

2）混料

将磨细的硼泥与硫酸铵按硼泥中与硫酸铵反应的物质所需硫酸铵的质量过量 10% 配料，混合均匀。

3）焙烧

将混好的物料在 450 ~ 500℃ 焙烧 1 h。焙烧产生的烟气经冷却得到硫酸铵，返回混料，循环使用。过量氨回收用于除杂和沉镁工序。主要化学反应为：

$$MgCO_3 + 2(NH_4)_2SO_4 =\!=\!= (NH_4)_2Mg(SO_4)_2 + H_2O \uparrow + CO_2 \uparrow + 2NH_3 \uparrow$$

$$MgCO_3 + (NH_4)_2SO_4 =\!=\!= MgSO_4 + H_2O \uparrow + CO_2 \uparrow + 2NH_3 \uparrow$$

$$Mg_2SiO_4 + 4(NH_4)_2SO_4 =\!=\!= 2(NH_4)_2Mg(SO_4)_2 + 2H_2O \uparrow + SiO_2 + 4NH_3 \uparrow$$

$$Mg_2SiO_4 + 2(NH_4)_2SO_4 =\!=\!= 2MgSO_4 + 2H_2O \uparrow + SiO_2 + 4NH_3 \uparrow$$

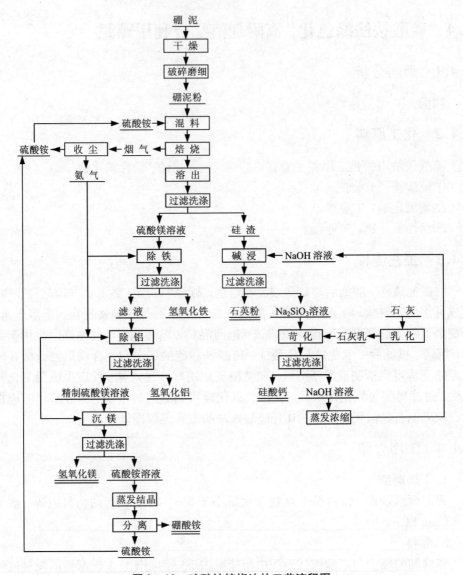

图 9-10 硫酸铵焙烧法的工艺流程图

$$Fe_2O_3 + 4(NH_4)_2SO_4 = 2NH_4Fe(SO_4)_2 + 3H_2O \uparrow + 6NH_3 \uparrow$$

$$Fe_2O_3 + 3(NH_4)_2SO_4 = Fe_2(SO_4)_3 + 3H_2O \uparrow + 6NH_3 \uparrow$$

$$Al_2O_3 + 3(NH_4)_2SO_4 = Al_2(SO_4)_3 + 6NH_3 \uparrow + 3H_2O \uparrow$$

$$Al_2O_3 + 4(NH_4)_2SO_4 = 2NH_4Al(SO_4)_2 + 6NH_3 \uparrow + 3H_2O \uparrow$$

$$MgSiO_3 + 2(NH_4)_2SO_4 = (NH_4)_2Mg(SO_4)_2 + H_2O \uparrow + SiO_2 + 2NH_3 \uparrow$$

$$MgSiO_3 + (NH_4)_2SO_4 = MgSO_4 + H_2O \uparrow + SiO_2 + 2NH_3 \uparrow$$

$$Mg_2B_2O_5 + 4(NH_4)_2SO_4 + H_2O \Longrightarrow 2(NH_4)_2Mg(SO_4)_2 + 2H_3BO_3 + 4NH_3 \uparrow$$

$$(NH_4)_2SO_4 \Longrightarrow SO_3 \uparrow + 2NH_3 \uparrow + H_2O \uparrow$$

$$SO_3 + 2NH_3 + H_2O \Longrightarrow (NH_4)_2SO_4$$

4）溶出过滤

将焙烧熟料加水溶出，液固比 3∶1、溶出温度 60~80℃。溶出后过滤，滤渣主要为二氧化硅，洗涤后送碱浸工序，滤液为含硫酸镁、硫酸铁和硫酸铝的溶液。

5）除杂

温度控制在 40℃ 以下，向硫酸镁溶液中加入双氧水，将二价铁离子氧化成三价铁离子。保持溶液温度在 40℃ 以上，向溶液中通入氨，调控 pH 大于 3，铁生成羟基氧化铁沉淀。过滤得到羟基氧化铁，用于炼铁。除铁后继续向溶液中通氨，调节溶液 pH 至 5.1，铝生成氢氧化铝沉淀，过滤得到氢氧化铝，用于制备氧化铝。滤液为精制硫酸镁溶液。主要化学反应为：

$$2Fe^{2+} + 2H^+ + H_2O_2 \Longrightarrow 2Fe^{3+} + 2H_2O$$

$$Fe^{3+} + 2H_2O \Longrightarrow FeOOH \downarrow + 3H^+$$

$$Al_2(SO_4)_3 + 6NH_3 + 6H_2O \Longrightarrow 2Al(OH)_3 \downarrow + 3(NH_4)_2SO_4$$

$$NH_4Al(SO_4)_2 + 3NH_3 + 3H_2O \Longrightarrow Al(OH)_3 \downarrow + 2(NH_4)_2SO_4$$

6）沉镁

向精制硫酸镁溶液中加氨，调节溶液 pH 至 11，反应生成氢氧化镁沉淀，过滤洗涤得氢氧化镁产品和硫酸铵溶液。主要化学反应为：

$$MgSO_4 + 2NH_3 + 2H_2O \Longrightarrow Mg(OH)_2 \downarrow + (NH_4)_2SO_4$$

7）蒸发结晶

把硫酸铵溶液蒸发结晶，分离得到硫酸铵和硼酸铵产品。利用硫酸铵和硼酸铵的溶解度的差异结晶分离（见表 9-6）。

表 9-6 不同温度下硼酸铵和硫酸铵的溶解度

温度/℃	0	20	40	60	80	90	100
硼酸铵溶解度/g	4.00	7.07	11.4	18.2	26.4	30.3	
硫酸铵溶解度/g	70.1	75.4	81.2	87.4	94.1		102

8）煅烧

硼酸铵加热分解得到三氧化二硼。主要化学反应为：

$$4NH_4B_5O_8 \cdot 4H_2O \Longrightarrow 4NH_3 \uparrow + 10B_2O_3 + 18H_2O \uparrow$$

9）碱浸

将硅渣与碱液按液固比 3∶1 混合。控制碱浸温度 130℃ 和碱浸时间 1 h。固液分离后所得滤液为硅酸钠溶液，滤渣为石英粉。主要化学反应为：

$$SiO_2 + 2NaOH \Longrightarrow Na_2SiO_3 + H_2O$$

10）制备硅酸钙

向硅酸钠溶液加入石灰乳，在90℃以上反应2 h，得到硅酸钙沉淀。经过滤、洗涤、烘干得到硅酸钙产品。滤液为碱液，蒸发浓缩后返回碱浸工序。发生的主要化学反应为：

$$Na_2SiO_3 + Ca(OH)_2 =\!=\!=\!=\!= CaSiO_3\downarrow + 2NaOH$$

9.4.5 主要设备

硫酸铵法工艺的设备列表见表9-7。

表9-7 硫酸铵法工艺的主要设备表

工序名称	设备名称	备注
磨矿	回转干燥窑	
	颚式破碎机	
	粉磨机	
混料	双辊卧式犁刀混料机	耐酸
焙烧	回转焙烧窑	耐酸
	除尘器	
	烟气净化回收系统	
溶出过滤	溶出搅拌槽	耐酸、加热
	水平带式过滤机	耐酸、连续
除杂	双氧水高位槽	
	除铁槽	耐酸、加热
	板框过滤机	耐酸、非连续
	除铝槽	耐酸、加热
	板框过滤机	耐酸、非连续
沉镁	沉镁槽	耐碱、加热
	平盘过滤机	连续
	五效蒸发器	
	氨气供气系统	
碱浸	碱浸槽	耐碱、加热
	平盘过滤机	耐碱、连续
乳化	生石灰乳化机	耐碱
制备硅酸钙	苛化槽	耐碱、加热
	平盘过滤机	耐碱、连续
	五效蒸发器	

9.4.6 设备连接图

硫酸铵法工艺的设备连接如图9-11所示。

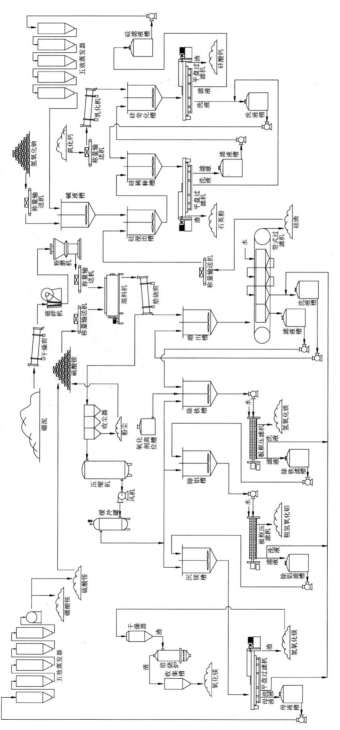

图9-11 硫酸铵法工艺的设备连接图

9.5 产品分析

硫酸法处理硼泥得到的主要产品有氢氧化铁、氢氧化铝、氢氧化镁、硅酸钙、硫酸铵。

碱法处理硼泥得到的主要产品有白炭黑、氢氧化铁、氢氧化铝、氢氧化镁。

硫酸铵法处理硼泥得到的主要产品有氢氧化铁、氢氧化铝、氢氧化镁、硅酸钙。

9.5.1 氢氧化镁

图 9-12 给出了氢氧化镁的 XRD 图谱和 SEM 照片。由图可见，镁产品为片状颗粒，分布均匀。

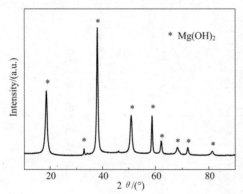

图 9-12 氢氧化镁的 XRD 图谱和 SEM 照片

表 9-8 为制得氢氧化镁的成分分析，表 9-9 为制得的氧化镁的技术指标。表 9-10 为工业氢氧化镁技术指标。

表 9-8 氢氧化镁的化学成分

项目	指标	项目	指标
氢氧化镁[Mg(OH)$_2$]/ ≥	98.4	铁(Fe)/% ≤	微
氧化钙(CaO)/% ≤	0.08	筛余物(75 μm 试验筛)/% ≤	—
盐酸不溶物/% ≤	0.02	激光粒度(D50)/μm≤	1.0
水分/% ≤	0.6	灼烧失重/% ≤	30
氯化物(以 Cl$^-$ 计)/% ≤	微	白度≥	95

表 9-9　氧化镁的技术指标

项目	检测结果/%	项目	检测结果/%
氧化镁	96.24	灼烧失重	2.8
氧化钙	0.13	氯化物	—
盐酸不溶物	—	锰	—
铁	0.02	150 μm 筛余物	—
硫酸盐(SO_4^{2-})	0.12	堆积密度	0.20

表 9-10　工业氢氧化镁指标

项目	I 类	II 类		III 类	
		一等品	合格品	一等品	合格品
氢氧化镁[$Mg(OH)_2$]质量分数/% ≥	97.5	94.0	93.0	93.0	92.0
氧化钙(CaO)质量分数/% ≤	0.10	0.05	0.10	0.50	1.0
盐酸不溶物质量分数/% ≤	0.1	0.2	0.5	2.0	2.5
水分/%	0.5	2.0	2.5	2.0	2.5
氯化物(以 Cl^- 计)质量分数/% ≤	0.1	0.4	0.5	0.4	0.5
铁(Fe)质量分数/% ≤	0.005	0.02	0.05	0.2	0.3
筛余物质量分数(75 μm 试验筛)/% ≤	—	0.02	0.05	0.5	1.0
激光粒度($D50$)/μm≤	0.5~1.5	—	—	—	—
灼烧失重/% ≤	30				
白度	95				

可见，氢氧化镁可达到 I 类产品指标，氧化镁达到优等品指标。氢氧化镁广泛应用于塑料、橡胶、建筑等领域。氢氧化镁由片状微晶组成，利用其优异的特性和独特形状，可用作低密度纸填料。氢氧化镁不燃烧、质轻而松，可作耐高温、绝热的防火保温材料。氧化镁用途广泛，主要应用于化工、环保、农业等领域。

9.5.2　白炭黑

图 9-13 给出了白炭黑的 XRD 图谱和 SEM 照片，表 9-11 给出了白炭黑的成分分析和化工行业标准。

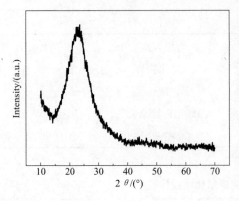

图 9 – 13　白炭黑的 XRD 图谱和 SEM 照片

表 9 – 16　行业标准 HG/T 3061—2009 和产品检测结果的比较

项目	标准值 HG/T 3061—2009	实验结果
SiO_2 含量/%	≥90	92.2
pH	5.0 ~ 8.0	7.3
灼烧失重/%	4.0 ~ 8.0	7.9
吸油值/($cm^3 \cdot g^{-1}$)	2.0 ~ 3.5	2.4
比表面积/($m^2 \cdot g^{-1}$)	70 ~ 200	167

　　白炭黑产品符合行业标准。白炭黑是无定形粉末,质轻,具有很好的电绝缘性、多孔性和吸水性,还有补强和增黏作用以及良好的分散、悬浮和振动液化特性。白炭黑是一种硅系列补强材料,广泛应用于橡胶、涂料、胶鞋、塑料、日用化工等行业,以及载体填充和油漆消光等方面。

9.5.3　硅酸钙

　　图 9 – 14 给出了硅酸钙产品的 SEM 照片,表 9 – 12 给出了水合硅酸钙的成分分析结果。

表 9 – 12　水合硅酸钙的化学成分

成分	SiO_2	CaO	Fe_2O_3	Al_2O_3	Na_2O
含量/%	45.45	42.26	0.26	0.29	0.11

　　硅酸钙主要用作建筑材料、保温材料、耐火材料、涂料的体质颜料及载体。

图 9 - 14 硅酸钙产品的 SEM 照片

9.6 环境保护

9.6.1 主要污染源和主要污染物

（1）烟气粉尘

①硫酸焙烧烟气中主要污染物是粉尘和 SO_3、SO_2 和 H_2O；硫酸铵焙烧烟气中主要污染物是粉尘和 SO_3、H_2O 和 NH_3；碳酸钠焙烧烟气中主要污染物是粉尘和 CO_2。

②燃气锅炉，主要污染物是粉尘和 CO_2。

③硼泥储存、破碎、磨制、输送和混料产生物料粉尘。

④物料的干燥过程产生粉尘。

（2）水

①生产过程水循环使用，无废水排放。

②生产排水为软水制备工艺排水，水质未被污染。

（3）固体

①硼泥的硅制备白炭黑、硅酸钙产品。

②硼泥的镁制备氢氧化镁、碱式碳酸镁、氧化镁产品。

③硼泥的铁制备氢氧化铁产品。

④硼泥的铝制备氢氧化铝产品。

生产过程无污染废渣排放。

9.6.2 污染治理措施

（1）烟气

焙烧烟气经旋风、重力、布袋除尘，粉尘返混料。硫酸焙烧烟气经吸收塔二级吸收，SO_3、SO_2和水的混合SO_3冷却得到硫酸铵固体，过量NH_3回收用于沉镁，碳酸钠焙烧烟气回收用于碳分。尾气经吸收塔进一步净化后排放。满足《工业炉窑大气污染物排放标准》(GB 9078—1996)的要求。

(2)通风除尘

产生粉尘设备均带收尘装置。

扬尘：对全厂扬尘点，均实行设备密闭罩集气，机械排风，高效布袋除尘器集中除尘。系统除尘效率均在99.9%以上。

烟尘：回转窑等烟气除尘系统收集的烟尘全部返回系统再利用。

(3)废水治理

需要水源提供新水，生产用水循环，全厂水循环利用率为90%以上。

各工序产生的废水采用不同方法处理，以实现全厂废水"零"排放。蒸浓结晶工序冷凝水循环使用和二次利用。

(4)废渣治理

整个生产过程中，硼泥中的主要组分硅、镁、铁、铝均制备成产品，无废渣产生。

(5)噪声治理

本工程的噪声主要由机械动力、流体动力产生。工程设计对高噪声设备采取消声、隔声、基础减振等措施进行处理。球磨机等设备置于单独隔音间内，并设有隔音值班室。

(6)绿化

绿化在防治污染、保护和改善环境方面可起到特殊的作用，是环境保护的有机组成部分。绿色植物不仅能美化环境，还具有吸附粉尘、净化空气、减弱噪声、改善小气候等作用，因此，本工程设计中对绿化予以了充分重视，通过提高绿化系数改善厂区及附近地区的环境条件。设计厂区绿化占地率不小于20%。

9.7 结语

1)硼泥绿色化、高附加值综合利用的工艺实现了硼泥综合利用，实现了氧化镁、氧化铁、氧化铝、二氧化硅和硼等有价组元的有效分离提取，实现了资源的高附加值利用。

2)新工艺流程中化工原料硫酸铵、氢氧化钠循环利用，无废气、废水、废渣的排放，实现了全流程的绿色化。

3)新的工艺流程的建立为处理硼泥提供了一个新的途径。

参考文献

[1] 孙彤. 硼泥综合利用概况与展望[J]. 辽宁工学院学报. 2004, 24(4): 45 - 48.

[2] 郑家学. 硼化合物生产与应用[M]. 北京: 化学工业出版社, 2008(1): 340 - 347.

[3] 傅菊英, 黄天正, 李思导. 硼泥资源化的重要途径[J]. 矿产的综合回收利用, 1994, 15 (5): 36 - 38.

[4] 罗玉萍, 王少辉. 硼泥的综合利用[J]. 中国陶瓷工业, 1995(2): 40 ~ 41.

[5] 葛旭东. 硼泥的综合回收及氧化镁的制备[D]. 长春: 吉林大学, 2007.

[6] Recep Boncukcuoglu, M Tolga Yilmaz, M Muhtar Kocakerim. Utilization of trammel sieve waste as an additive in Portland cement production[J]. Cement and Concrete Research, 2002, 32: 35 - 39.

[7] Recep Boncukcuoglu, M Tolga Yilmaz, M Muhtar Kocakerim. Utilization of borogypsum as set retarder in Portland cement production[J]. Cemnet and Concrete Research, 2002, 32: 471 - 475.

[8] 陈德龙, 周红, 周国文, 等. 硼泥在混合砂浆中的应用[J]. 沈阳建筑工程学院学报, 1996, 12(3): 325 - 329.

[9] 王丕林. 用硼砂厂废弃硼泥制造砖瓦[J]. 辽宁城乡环境, 1997, 17(1): 73 - 74.

[10] 周大伟, 黄丽华, 徐秀香. 沈阳建筑工程学院职业技术学院[J]. 建筑石膏凝胶材料, 2003, 14(5): 9 - 13.

[11] 赵立山. 硼泥污染防治的新途径[J]. 辽宁城乡环境科技, 1999, 19(3): 85 - 86.

[12] Khan M I. Factors affecting the thermal propreties of concrete and applicability of its prediction models[J]. Building and Environment, 2002, 37(6): 607 - 614.

[13] Xu Y S, Chung D D L. Effect of sand addition on the specific heat and thermal conductivity of cement[J]. Cement and Concrete Research, 2002, 30(1): 59 - 61.

[14] 莫叔迟, 李恩波, 李文恕. 用硼泥作熔剂冶炼锰硅合金的实践[J]. 铁合金, 1997(3): 24 - 26.

[15] 冯本和, 田全生. 配加硼泥提高烧结矿质量的研究[J]. 烧结球团, 1994(3): 15 - 19.

[16] 吕福荣, 刘艳. 硼泥复合混凝剂处理制革废水的研究[J]. 环境与开发, 2001, 16(1): 18 - 19.

[17] 单晓琳, 韩基超, 王铁军, 等. 硼泥复合混凝剂处理豆制品废水的研究[J]. 辽宁大学学报, 2002, 29(1): 64 - 66.

[18] 吕福荣. 硼泥处理电镀废水中铬(Ⅵ)的研究[J]. 大连大学学报, 2000, 21(6): 43 - 47.

[19] 吕福荣, 刘艳. 用硼泥复合混凝剂处理豆制品废水的研究[J]. 辽宁城乡环境科技, 2001, 21(1): 25 - 26.

[20] 吕福荣. 硫酸亚铁—硼泥处理电镀废水中铬(Ⅵ)的研究[J]. 环境与开发, 2000, 15(4): 30 - 32.

[21] 吴敦虎, 端允等, 王新慧. 硼泥复合混凝剂处理浴池下水的研究[J]. 环境保护, 2000 (5): 15 - 17.

[22] 吴敦虎, 王毅力, 王连斌. 硼泥复合混凝剂处理切削乳化液废水[J]. 环境工程, 1997,

15(3)：8 – 10.

[23] 吴敦虎, 王世真, 王艳, 等. 硼泥复合混凝剂处理啤酒废水的研究[J]. 水处理技术, 2000, 26(5)：293 – 296.

[24] 吴敦虎, 籍万祥, 王莹. 硼泥复合混凝剂处理采油管洗涤废水的研究[J]. 石油化工环境保护, 2001(4)：18 – 21.

[25] 吴敦虎, 王毅力, 郑有君. 硼泥复合混凝剂处理印染废水的研究[J]. 环境污染与防治, 1997(5)：11 – 13.

[26] 田颖, 廉玉峰, 吴敦虎. 硼泥复合混凝剂处理乳制品废水[J]. 大连铁道学院学报, 2001, 22(2)：94 – 96.

[27] 吴敦虎, 宁晓民, 吕福荣. 硼泥处理含氟废水的研究[J]. 环境工程, 1995, 13(6)：3 – 6.

[28] 吴敦虎, 王绍华, 吕福荣. 硼泥吸附水中酚的研究[J]. 中国环境科学, 1997, 17(2)：191 – 193.

[29] 孙新华. 我国硼镁矿综合利用研究概括[J]. 矿产综合利用, 1995(4)：39 – 42.

[30] 罗玉萍, 王立久. 硼泥耐火材料的研究[J]. 耐火材料, 1994, 28(6)：331 – 332.

[31] Mc Millan P W. Glass – ceramic, 2nd Ed[M]. London：Academic Press, 1979, 7 – 85.

[32] Knickbocker S H, Kumar A H, Herron L W. Cordierite glass – ceramics for multiplayer cramic packaging[J]. Am Ceram Soc Bull, 1993, 72(1)：90 – 95.

[33] Fu Y P, Lin C H. Synthesis and microwave characterization of 2(MgO, CaO) – 2Al$_2$O$_3$ – 5SiO$_2$ glass ceramics from the sol – gel process[J]. J Mater Sci, 2003, 38(14)：3081 – 3084.

[34] 史培阳, 姜茂发, 刘承军, 等. 热处理对硼泥微晶玻璃微观结构的影响[J]. 过程工程学报, 2005, 5(2)：175 – 179.

[35] J. A. Yerian, S. A. Khan, P. S. Fedkiw. Crosslinkable fumed silica – based nanocomposite electrolytes：role of methacrylate monomer in formation of crosslinked silica network[J]. Journal of Power source, 2004(135)：232 – 239.

[36] Hu Y, Tsai H T. The effect of BaO on the crystallization behavior of a cordierite – type glass [J]. Mater Chem Phys, 1998, 52(2)：184 – 188.

[37] Tummala R R. Ceramic and glass – ceramic packaging in the 1990s[J]. J Am Ceram Soc, 1991, 74(5)：905 – 908.

[38] E. F. Voronin, V. M. Gun'ko, N. V. Guzenko, et al. Interaction of poly(ethylene oxide) with fumed silica[J]. Journal of Colloid and Interface Science, 2004(279)：326 – 340.

[39] 钱宏伟, 薛向欣, 刘然, 等. 硼泥资源化利用的重要途径[J]. 化工矿物与加工, 2007(9)：33 – 36.

[40] R Boncukcuoglu, M M Kocakerim, H Ersahan. Technical Note Upgrading of the Reactor Waste Obtained During Borax Production fromTincal [J]. Minerals Engineering, 1999, 12 (10)：1275 – 1280.

[41] Recep Boncukcuoglu, M Muhtar Kocakerim, Erdem Kocadagistan. Recovery of boron of the sieve reject in the production of borax[J]. Resources, Conservation and Recycling, 2003, 37：147 – 157.

[42] 胡庆福. 镁化合物生产与应用[M]. 北京：化学工业出版社，2004(3)：76 – 78.

[43] 李冶涛. 利用硼泥生产轻质碳酸镁的工业化研究[J]. 辽宁化工，2001，30(7)：307 – 309.

[44] 范建平. 从硼泥中制取轻质氧化镁的工艺研究[J]. 陕西化工，1999，28(2)：18 – 20.

[45] 刘见芬，蒋引珊，方送生. 硼泥的综合回收利用试验研究[J]. 非金属矿，2001，24(3)：27 – 29.

[46] 周世贤，郭瓦力. 用硼泥生产高活性轻质氧化镁[J]. 沈阳化工学院，1997，5(4)：78 – 81.

第 10 章　废旧电路板的绿色化、高附加值综合利用

10.1　综述

10.1.1　资源概况

电路板(Printed Circuit Board，简称 PCB)，又称线路板、PCB 板、铝基板、高频板、超薄线路板、超薄电路板、印刷(铜刻蚀技术)电路板等，它是由高分子聚合物(树脂)、玻璃纤维及高纯度铜箔和印制元件等构成的复合物体。电路板上有焊盘、过孔、安装孔、导线、元器件、接插件、填充、电器边界等。通常的电路板有单层板、双层板和多层板。电路板是电子产品的基础部件，广泛地应用于信息技术、通讯、家电、冶金、化工、机械、农林、海洋、军事、航空航天等领域的各种装备，几乎每一种电子设备，小到电子手表、手机，大到每秒钟运行亿万次的巨型电子计算机、通讯电子设备以及宇宙飞行器，只要有集成电路等电子元器件，都有电路板。

印制电路板的创造者是奥地利人保罗·爱斯勒(Paul Eisler)，1936 年他首先在收音机里采用了印刷电路板。1943 年美国将该技术运用于军用收音机，1948 年美国将该技术用于商业用途。自 20 世纪 50 年代中期起，印刷电路板开始被广泛运用并迅速发展起来。20 世纪 90 年代以来，我国印刷电路板行业连续多年保持着每年 30% 左右的高速增长。到 2003 年，中国已成为全球电路板工业第二生产(产值)大国，也是电路板进口大国(进口额为 36.33 亿美元，大于出口额 23.98 亿美元)，电路板产值和进出口额都超过 60 亿美元。

根据 Prismark 公布的统计数据，2011 年全球电子整机产品产值高达 15970 亿美元，印制电路板行业的全球产值约为 554.09 亿美元。在中国成为电子产品制造大国的同时，全球 PCB 产能也在向中国转移，从 2006 年开始，中国就超过日本成为全球第一大 PCB 制造国，2000 年中国 PCB 产值占全球的 8.2%，2012 年上升到 39.78%。2012 年中国大陆地区的 PCB 产值约为 216.36 亿美元。根据 Prismark 的预测，2016 年全球电子整机产品的产值将达到 20990 亿美元。迄今为止，全球约 40% 的电路板在中国生产。自信息技术革命以来，以电子电器产品为核心的全

球经济进入快速发展的时期，电子电器产品已成为全球名列前茅的大产业。现在我国印刷电路板工业以每年递增 15% 以上的高速度发展。

随着国民经济的快速增长和人们生活水平的日益提高，电子电器产品迅速发展，相应的废弃的电子电器产品也在快速增长。据统计，我国电视机的社会保有量达到 3.5 亿台，冰箱、洗衣机也分别达到 1.3 亿台和 1.7 亿台，电脑也达到了 2 台亿多台，我国每年有近 500 万台电脑进入淘汰期，而美国废弃的电脑累计达到了 5 亿台左右。随着科学技术的发展，电子产品更新速度越来越快，电子产品的使用寿命相对缩短。家电从 2003 年的 6 年使用寿命降至现在的 4 年，手机、电脑的使用寿命缩短至 2 年，这将使电子废弃物的数量呈直线增长。据有关资料显示，德国每年要产生电子垃圾 180 万吨，法国是 150 万 t，整个欧洲约为 600 万 t。我国每年至少有 500 万台电视机、400 万台冰箱、500 万台洗衣机报废，每年还有 500 万台电脑、上千万部手机进入淘汰期。可见每年需要处理的废旧电路板在 200 万吨以上，并且废旧电路板年增长 5%~8%，欧洲废旧电路板也以每年 3%~5% 的速度增长。

废旧电路板主要有两个来源；一是废旧电子电器设备拆解下来的电路板；二是电路板加工制造过程中产生的废品和边角废料。对我国而言，除了面临本国自身产生的电子废弃物的快速增长，还面临着从其他国家输入的电子废弃物的大幅增长。电子电器产品主要能分离出以下几种部件：印刷电路板、阴极射线管、电线电缆、水银开关、电池、发光器件、电阻、电容、传感器及连接器等。废弃电子电器产品随意堆放不仅占用大量土地还对环境造成污染。电子电器产品的一些部件含有毒害物质，会对环境和人体造成直接危害。常见的有毒有害物质主要包括铅、汞、镉等重金属及含有氯、溴等有机物。

废旧电路板是可循环利用的资源，其主要成分是金属、树脂和玻璃纤维。电路板中金属含量高达 40% 以上，相当于普通矿物中金属品位的几十倍至上百倍。在电路板中金属含量最多的是铜，铜的含量在 5%~30%。此外，还含有金、铝、铁、锡、镍等。电路板中的金属可作为冶金原料；玻璃纤维和树脂等非金属可作为纤维增强材料或填料，还可用于建材原料。

将废旧电路板直接填埋或露天堆存，一方面造成有用物质的大量浪费，另一方面又造成环境污染。废旧电路板是一种二次资源。对废旧电路板回收利用，即减少其对环境的污染，又减少从矿石开采、运输、冶炼、加工过程中的资源和能源消耗，减少二氧化碳的排放。因此，回收和利用废电路板具有重要意义。

10.1.2　废旧电路板利用技术

（1）机械处理技术

从废旧电路板中回收金属最普遍的方法是机械处理法。该方法始于 20 世纪

70 年代末美国矿产局, 他们利用物理方法处理军用电子废弃物。试验中采用了锤磨机、磁选、气流分选、电分选和涡电流分选等冶金和矿物加工技术。采用的机械设备主要有: ①破碎设备, 即锤碎机、切碎机和旋转破碎机等; ②分选设备, 风选、磁选和重力分选设备, 即旋流分选机、静电分选机、风力分选机、旋风分离器和风力摇床等。

目前一些发达国家都设立了专门的工厂来回收电子废弃物。采用机械处理技术从废弃电器中回收塑料、玻璃、金属等材料。德国 Daimler Benz Ulm 研究中心开发了四段式处理工艺: 预破碎、液氮冷冻粉碎、分类、静电分离。图 10 – 1 是机械处理废旧电路板的流程图。

机械处理法具有回收率高、投资少、成本低等优点, 但也存在诸多问题, 例如金属分离不充分、二次污染严重等。

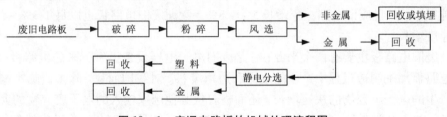

图 10 – 1　废旧电路板的机械处理流程图

(2)热解法

热解法的基本原理是在缺氧或无氧的条件下将废旧电路板加热至一定温度, 使其中的有机物分解成气体、液体(油)和固体(焦)回收。采用热解技术处理废旧电路板, 既能回收金属成分也能回收非金属, 并能控制污染。

热解法主要有两种工艺, 一是废旧电路板经过预处理后全部进行热解; 二是废旧电路板经物理法回收金属后对非金属进行热解。

废旧电路板热解产物包括三部分: 一是气体, 主要成分是 CO_2、CO、HBr、低级脂肪烃和一些低分子芳烃; 二是热解油, 包含苯酚甲基苯酚、双酚 A、溴苯酚等, 成分复杂、沸点范围大、热值高, 具有类似原油的性质; 三是固体残渣, 主要成分为金属、玻璃纤维和炭黑。

美国 Adherent Technologies 公司开发的 Tertiary Recycling 技术是: 电子废弃物预处理, 破碎回收铁磁性物质后, 进入三段循环反应器, 电路板中的聚合物通过热裂变为低分子的碳氢化合物, 以气体的形式从反应器中排出, 冷凝后净化、提纯再利用。剩余的固体渣为金属富集体、陶瓷和玻璃纤维的混合物。在我国, 中国科学院等离子体研究所于 2004 年研制成功国内第一台等离子高温热解装置, 等离子体在高温无氧的状态下, 将废旧电路板分解成气体、玻璃体和金属三种物质,然后从各自的排放通道有效分离。气体冷凝是汽油,玻璃体可用作建筑材料,金属混合物进一步分离成单一金属。图 10 - 2 是废旧电路板的热解处理流程图。

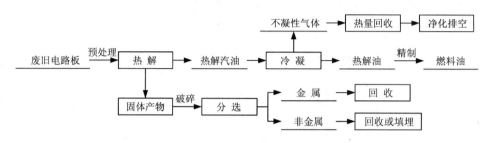

图 10 - 2　废旧电路板的热解处理流程图

热解法可以使有机物得到充分回收,但热解处理过程中由于阻燃剂的存在会释放出腐蚀性气体和溴代多环芳烃等有毒物质,而且热解油还不能充分利用。

（3）焚烧

焚烧法是先将废旧电路板粉碎,然后送入温度为 $600 \sim 800 \, ^\circ\!C$ 的焚化炉中焚烧,电路板中的有机物分解,焚烧后的残渣为金属或其氧化物及玻璃纤维,经粉碎后可由物理和化学方法回收。含有有机成分的气体进入二次焚化炉(温度为 $1000 \sim 2000 \, ^\circ\!C$)燃烧,烟气经碱液吸收、除尘、过滤处理后排放。由于电路板阻燃剂中含有氯、溴等成分,焚烧过程中会产生二噁英等剧毒物质,因此对焚化炉及气体污染防治设施的要求极为严格。图 10 - 3 是废旧电路板的焚烧处理流程图。

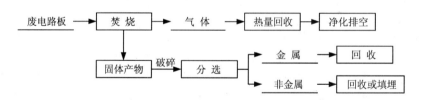

图 10 - 3　废旧电路板的焚烧处理流程图

焚烧法处理废电路板工艺简单、设备投资低,但在焚烧过程中会产生大量的烟气,控制不当还会产生二噁英等剧毒物质,且烟气处理设备要求极为严格。

（4）湿法冶金技术

湿法冶金技术的基本原理是使废旧电路板上的金属在酸性或碱性条件下浸出,将金属与其他物质分离并从液相中予以回收。用双氧水 - 硫酸体系浸出电路板中的铁、铜等金属;用王水溶解残渣,用丙二酸二乙酯萃取王水溶液中的金。以 H_2O_2 为氧化剂,氨水 - 氯化铵溶液为浸出剂,将废旧电路板中的铜选择性浸出,铜的浸出率可达98%以上。而镍、镉、铝和铁等几乎未被浸出。采用王水作为浸出液,回收废旧电路板中银、金、钯等贵金属。湿法回收废旧电路板中金属过程包括浸出、沉淀、结晶、过滤、萃取、离子交换、电解等工序。图10－4是废旧电路板湿法处理流程图。

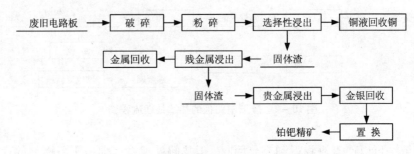

图10－4　废旧电路板的湿法处理流程图

湿法冶金技术的优点是废旧电路板中的各种金属充分分离回收,但湿法冶金采用强酸、强碱溶液处理废旧电路板,处理不当会产生大量的废水、废渣,容易导致二次污染。

（5）生物处理法

生物处理法也称生物湿法冶金（Biohydrometallurgy）。直到20世纪中期,人们才认识到微生物在矿物开采中的作用。其中氧化亚铁硫杆菌是最早发现的金矿生物。美国Kennecott铜矿公司Otoh矿首先将细菌浸铜工艺应用于工业生产,推动了生物冶金技术的发展。

采用生物法浸提废旧电路板中的金属,首先将拆除了电子元器的电路板粉碎成细粉,以保证物料与微生物充分接触。应用废旧电路板中金属浸出的微生物根据代谢途径不同可以分为硫杆菌和氰细菌。由于代谢途径不同,其浸出机制也不同。硫杆菌主要通过Fe^{3+}氧化和硫酸溶液作用使Cu、Pb、Zn、Ni、Al等金属浸出。而氰细菌是通过代谢产生的CN^+的螯合作用使可与其形成配合物的金属浸出。

生物技术的主要优点:工艺过程简单、操作简便、二次污染较轻以及设备投资和运营成本低等。最主要的限制是浸出周期长,金属必须暴露在处理样品表面,在电子废物的资源化处理方面目前尚无真正意义上的规模化应用。图10－5是废旧电路板的生物处理流程图。

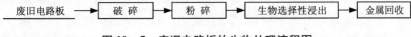

图10－5　废旧电路板的生物处理流程图

（6）超临界流体技术

超临界流体技术是利用超临界流体的特殊物性来破坏电路板中的树脂黏结层，从而实现对电路板中物质的回收与处理。用超临界水氧化处理废电路板，加入双氧水和碱液分解基体树脂，得到的主要成分是铜的氧化物。用超临界二氧化碳处理废旧电路板，80% 以上的材料可以回收。

超临界流体技术可以使废旧电路板的基板中铜箔、铜线、纤维和树脂分离，但是由于基板的材料不同，使得超临界流体技术参数需要时时修改，且分离后的铜箔、铜线和纤维混在一起，还需进一步分离。图 10－6 是废旧电路板的超临界流体技术处理流程图。

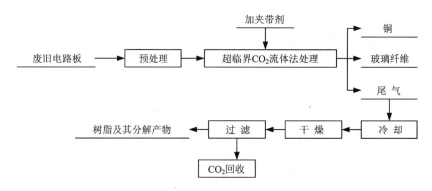

图 10－6　废旧电路板的超临界流体技术处理流程图

（7）微波处理技术

微波处理大多是对金属和非金属的同步回收。以硫酸为反应介质，将电路板放到电磁矿石粉碎机中粉碎，用比重液先除去比重较小的高分子有机物，将比重较大的金属等烘干，再用硫酸溶解，置于微波炉中加热提取其中的金属。美国佛罗里达大学开发了微波销毁电路板回收贵金属的技术。该技术是将粉碎的废旧电路板放入石英坩埚中，在一个内壁衬有耐火材料的微波炉中加热，其中的有机物，如苯和苯乙烯等挥发出来，被载气带出第一个微波炉，进入第二个微波炉分解。其余物质在 1000℃ 以下焦化。然后将微波炉功率升高，剩余物在高温下熔化，形成玻璃态物质。冷却后，金银和其他金属以珠状形式分离出来，余下的玻璃化产物可以作建筑材料。微波处理技术实现了废旧电路板高效低成本回收。图 10－7 是废旧电路板的微波处理流程图。

微波处理技术优点是高效快速、选择性加热、节能，但是在实际生产中的应用却不多，主要原因是技术还不成熟。

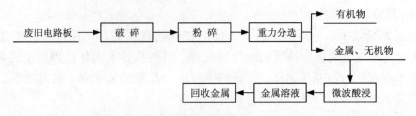

图 10 - 7 废旧电路板的微波处理流程图

10.2 废旧电路板绿色化、高附加值综合利用

10.2.1 原料分析

废旧电路板来源于电子设备废弃物,大致分为 10 类,如表 10 - 1 所示。这 10 类覆盖了人们生活、生产和科学研究的各个方面。由此可见,在许多领域都会产生电子废弃物。

表 10 - 1 电子设备废弃物的分类

序号	类别	设备名称
1	大型家电	电冰箱、洗衣机、微波炉、空调等
2	小型家电	吸尘器、电子钟、刮胡刀、电吹风等
3	IT 和通讯设备	计算机及外部设备、手机、电话等
4	消费电器	电视机、收音机、录音机、音响等
5	照明设备	荧光灯、钠灯和其他金属卤化物灯等
6	电子电机工具	电钻、电锯、电动缝纫机等
7	运动休闲器材和玩具	跑步机、电子游戏机等
8	医疗设备	心电图设备、透析设备、放射诊断器材等
9	电子监控设备	热量调节装置、温度调节器、导航仪等
10	自动售货机	自动饮料售货机、自动交费机等

废旧电路板类型复杂,种类繁多,组成电路板的各种构件和物质的含量相差较大。但是,所有废旧电路板中所含物质种类却有相同之处,即含有贱金属、贵重金属、塑料、树脂和纤维。电路板的组成包括基板和装配在基板上的多种电子元器件,其中电路板的基板材料通常为玻璃纤维增强树脂或环氧树脂。为防止电路板短路引起燃烧,一般都会在基板材料中添加含卤素类化合物的阻燃剂,在电路板基板的上面,覆盖有铜箔丝构成的导电线路。

印刷电路板中通常含有 30% 的塑料、30% 的难熔氧化物以及 40% 的金属，几乎包含了元素周期表中所有的元素。丹麦技术大学公布的研究结果表明，在 1t 随意收集的废旧电路板中含有大约 272kg 树脂塑料、130kg 铜、41kg 铁、20kg 锡、20kg 镍、10kg 锑等，金、钯的含量在 0.5kg 左右。电脑的电路板中包含较多的银、金、钯等贵金属，如表 10 - 2 所示；而电视机中电路板则包含的铝、铁、锡等普通金属较多，如表 10 - 3 所示。

表 10 - 2　电脑电路板的主要物质成分

物质名称	含量/%	物质名称	含量/%	物质名称	含量/%
塑料	49.779	锑	1.825	钯	0.021
铜	23.728	锌	0.747	铍	0.015
铁	7.467	银	0.083	钴	0.014
溴化物	4.646	金	0.083	铂	0.006
铅	4.480	镉	0.066	镧	0.005
锡	3.650	钽	0.032	汞	0.002
镍	3.319	钼	0.026		

表 10 - 3　电视机电路板的主要物质成分

组成		含量/%	组成		含量/%
金属	铜	20	难熔氧化物	硅	15
	锌	1		氧化铝	6
	铝	2		碱土金属氧化物	6
	铅	2		其他	3
	镍	2	氧化物合计		30
	铁	8	塑料	含氮聚合物	1
	锡	4		C—H—O 聚合物	25
	其他金属、贵金属	1		卤素聚合物	4
金属合计		40	塑料合计		30

废旧电路板的另一个来源是加工制造过程中产生的废品和边角料，其中也含有一定量的金属，表 10 - 4、表 10 - 5 分别列出了几种废板边料中的金属含量和树脂的组成。

表 10 - 4　几种废板边料的成分

种类	Cu/%	Sn/%	Pb/%	Ni/%	金属总量/%	树脂及玻璃纤维/%
1	19.49	0.49	0.29	0.006	20.29	79.71
2	4.18	0.05	0.02	0.001	4.26	95.74
3	21.06	0.69	0.53	0.001	22.29	77.71
4	21.29	0.42	0.03	0.007	21.75	78.25
5	12.75	0.45	0.34	0.001	13.55	86.45
6	23.39	1.38	0.96	0.001	25.74	74.26
7	63.68	0.24	0.12	0.006	64.05	35.95
8	41.35	0.27	0.11	0.004	41.74	58.26

表 10 - 5　废板边料树脂的组成成分

组分	典型材料
主剂	邻甲酚甲醛型或脂环族改性环氧树脂等
阻燃树脂	溴化环氧树脂
固化剂	线型酚醛树脂、酸酐、芳香族胺
固化促进剂	咪唑、叔胺、磷系化合物
脱模机	脂肪族酯(天然、合成)脂肪酸及其盐类
增韧剂	有机硅橡胶、丁腈橡胶
偶联剂	有机硅烷、钛酸酯
着色剂	炭黑、染料等
阻燃助剂	三氧化锑
填料	二氧化硅、矾土、氮化铝、硅酸钙等

10.2.2　化工原料

废电路板的处理工艺用到的主要化工原料有硫酸、双氧水、氯化钠、氯酸钠、亚硫酸钠、甲醛等。

①硫酸：工业级。

②双氧水：工业级。

③氯化钠：工业级。

④氯酸钠：工业级。

⑤亚硫酸钠：工业级。

⑥甲醛：工业级。

10.2.3　废旧电路板绿色化、高附加值综合利用

处理废旧电路板，先拆下废旧电路板上用螺丝固定的元器件，如铁框架、塑料框架等。利用热熔脱去废旧电路板的焊锡，焊锡直接回收。脱去焊锡的元器件从基板上脱落，回收元器件并进行分类。基板粉碎后回收金属铜和非金属树脂粉，铜精炼成电解阳极板，制备电解铜。树脂粉用作生产树脂型材的原料。元器件按所含金属不同，分别进行回收。图 10－8 是废旧电路板绿色化、高附加值综合利用的工艺流程图。

10.2.4　工艺介绍

1）预处理

把废旧电路板上的塑料、铁和螺钉拆下，分装。电路板转入板件分离工序。

2）板件分离

将预处理后的废旧电路板放入热熔脱锡炉中进行脱锡，控制热熔脱锡炉温度在 250～350℃，使焊锡熔化，大部分熔化的焊锡从热熔脱锡炉中流出，浇铸成锭。脱锡后基板与外接元器件分离，再经筛分，筛选出基板，转入基板粉碎分选工序；小部分焊锡、铜件、铝件、电容、电阻、集成、各种插槽、小杂件等经分检回收处理。脱锡过程中产生的烟气经烟道、缓冲室收集灰尘，再经二级喷淋和活性炭吸附烟气的气味后排空。

3）基板粉碎分选

基板经一级撕碎、两级粉碎成为小于 2mm 的颗粒，再用风选振动筛使非金属粉（树脂粉）和铜粉分离。非金属粉末通过布袋收尘回收，用于制备树脂型材，铜粉熔铸成铜板，转送铜电解。在两级粉碎之间设有磁选设备，选出基板上的铁线。

4）树脂粉制备型材

把树脂粉、表面处理剂、抗氧化剂、润滑剂和改性剂混合均匀，经过挤出造粒、注塑成型、冷却、切割等工序制成树脂型材。树脂粉的添加量可达 30% 以上。

5）元器件处理

脱锡所得元器件经多层筛网进行筛分处理，把铝件、电容、电阻、铜件、集成各种插槽及小杂件等进行分类。

①铝件处理。

从电路板拆解下的铝件（主要是散热片）带有小集成器，小集成器中金含量较高，把铝件上的小集成器（三角集成和八角集成）拆下。小集成器、大集成器和电阻一起破碎后，转入铜熔铸，精炼后铸成铜阳极板。余料铝件转送铝熔铸，铸成铝锭。

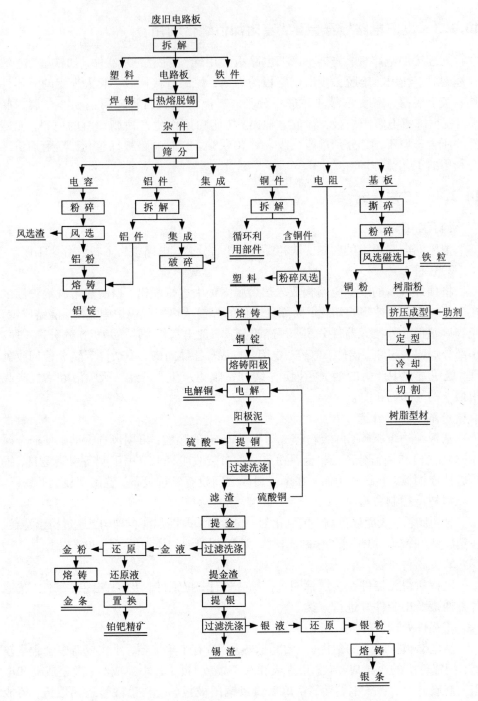

图 10-8　废旧电路板绿色化、高附加值综合利用工艺流程图

② 铜件处理。

铜件主要包括变压器、高压包、线圈、各种含铜插槽等，变压器和高压包经人工拆解出铁芯，余料粉碎风选分离铜和塑料，铁芯可重复利用；线圈、各种含铜插槽和小杂件经粉碎风选分离铜和塑料。铜全部转入铜熔铸。

③ 电容处理。

电容经过粉碎分选分离出铝，分离出的铝与铝件一起熔铸成铝锭。

6）制备电解铜

在酸浸反应釜内配置 33% 的硫酸溶液作为酸氧浸取液，控制浸取液温度在 80℃ 左右，按液固比 6 : 1 加铜粉，再缓慢加入双氧水进行浸取。待铜全部溶解后过滤分离。滤液冷却至 0 ~ 10℃ 时静置 8 h，硫酸铜结晶大部分析出。过滤分离固体硫酸铜转配铜电解液；酸氧浸取滤渣转送阳极泥处理。在浸取过程中，产生的硫酸雾气体，经反应釜上部气路，由耐酸风机抽送至喷淋吸收塔，用硫酸喷淋吸收。当此吸收液酸达一定浓度时，转配酸氧浸取液。主要化学反应为：

$$Cu + H_2SO_4 + 3H_2O_2 \!=\!=\!= CuSO_4 + 4H_2O + O_2$$

将铜粉熔铸制成的厚板作为阳极，纯铜制成的薄片作阴极，以硫酸和硫酸铜的混和液作为电解液。通电后，铜从阳极溶解成铜离子向阴极移动，到达阴极后将会获得电子而在阴极析出纯铜（亦称电解铜）。阳极中比铜活泼的杂质铁和锌等会随铜一起溶解为铁、锌离子。由于这些离子与铜离子相比不易析出，所以电解时只要适当调节电压就可避免这些离子在阴极上析出。比铜不活泼的杂质，如金和银等沉积在电解槽的底部，成为阳极泥。当阴极铜达到一定厚度时取出，检测合格即为电解铜。主要化学反应为：

阳极反应：$Cu - 2e^- \!=\!=\!= Cu^{2+}$

阴极反应：$Cu^{2+} + 2e^- \!=\!=\!= Cu$

7）阳极泥处理

阳极泥的主要成分是金、银、铜、锡、镍、钯、铂等金属，回收价值极高。

①阳极泥除铜。

在除铜反应釜内配置 33% 的硫酸溶液作为酸氧浸出液，控制浸出液温度在 80℃ 左右，按固液比 1 : 3 加铜粉，再缓慢加入双氧水进行浸出。待铜全部溶解后过滤分离。滤液自然冷却结晶出硫酸铜，过滤得到固体硫酸铜用于配铜电解液。提铜滤渣转送提金工序。主要化学反应为：

$$Cu + H_2SO_4 + 3H_2O_2 \!=\!=\!= CuSO_4 + 4H_2O + O_2\uparrow$$
$$CuO + H_2SO_4 \!=\!=\!= CuSO_4 + H_2O$$

②提金

向提金反应釜中加入 260 g/L 的硫酸溶液，按固液比 1 : 3 加入提铜滤渣，再按提铜滤渣 : 氯酸钠 : 氯化钠 $=\!=\!=$ 10 : 2 : 1 的比例分别加入氯酸钠和氯化钠。控制反应温度在 80 ~ 90℃，反应时间 4 ~ 6 h。反应结束后进行固液分离。滤渣送提银工序，滤液送金还原工序。主要化学反应为：

$$2Au + ClO_3^- + 6H^+ + 7Cl^- \rule[0.5ex]{1em}{0.4pt}\!\!\!= 2AuCl_4^- + 3H_2O$$

$$3Pt + ClO_3^- + 6H^+ + 11Cl^- \rule[0.5ex]{1em}{0.4pt}\!\!\!= 3PtCl_4^{2-} + 3H_2O$$

$$3PtCl_4^{2-} + ClO_3^- + 6H^+ + 5Cl^- \rule[0.5ex]{1em}{0.4pt}\!\!\!= 3PtCl_6^{2-} + 3H_2O$$

③金还原。

将提金滤液泵入金还原釜中，向釜中加入亚硫酸钠，反应 4 h，过滤分离金粉。金粉洗涤后熔铸成金条。滤液送铂钯精矿置换釜，用金属锌置换，液固分离后得到铂钯合金。主要化学反应为：

$$2HAuCl_4 + 3Na_2SO_3 + 3H_2O \rule[0.5ex]{1em}{0.4pt}\!\!\!= 2Au\downarrow + 8HCl + 3Na_2SO_4$$

$$PtCl_4^{2-} + Zn \rule[0.5ex]{1em}{0.4pt}\!\!\!= Zn^{2+} + 4Cl^- + Pt\downarrow$$

$$PdCl_4^{2-} + Zn \rule[0.5ex]{1em}{0.4pt}\!\!\!= Zn^{2+} + 4Cl^- + Pd\downarrow$$

④提银。

向提银反应釜中加入浓度为 260 g/L 的亚硫酸钠溶液，按固液比 1∶20 加入提金渣。反应 4 h 后进行固液分离，滤渣为锡渣，滤液送银还原。主要化学反应为：

$$AgCl + 2SO_3^{2-} \rule[0.5ex]{1em}{0.4pt}\!\!\!= Ag(SO_3)_2^{3-} + Cl^-$$

⑤银还原。

把提银滤液加入银还原釜中，向釜中加入甲醛，反应 2 h，过滤分离银粉。银粉洗涤后熔铸成银条，滤液送中和釜调成中性。主要化学反应为：

$$4Ag(SO_3)_2^{3-} + HCOH + 6OH^- \rule[0.5ex]{1em}{0.4pt}\!\!\!= 4Ag\downarrow + 8SO_3^{2-} + 4H_2O + CO_3^{2-}$$

10.2.5 主要设备

废旧电路板绿色化、高附加值综合利用的主要设备见表 10 - 6。

表 10 - 6 处理废旧电路板的主要生产设备表

工序	设备名称	备注
预处理	拆解平台	
	热熔脱锡炉	加热
板件分离	重力收尘室	
	二级喷淋塔	
	多层振动筛	

续表 10 – 6

工序	设备名称	备注
基板粉碎分选	撕碎机	
	一级粉碎机	
	磁选机	
	二级粉碎机	
	风选振动筛	
	布袋收尘器	
	静电分选机	
树脂粉制备型材	挤压定型机	
铝件处理	拆解平台	
铜件处理	拆解平台	
	粉碎机	
	风选震动机	
电容处理	粉碎机	
	风选震动机	
	除尘器	
	铝熔炉	
铜电解	铜熔炉	
	酸浸反应釜	耐蚀、加热
	二级喷淋塔	耐蚀
	硫酸铜结晶槽	耐蚀
	铜电解槽	耐蚀
	板框过滤机	耐蚀、非连续
	电解铜清洗槽	耐蚀
铜阳极泥处理	除铜反应釜	耐蚀、加热
	板框过滤机	耐蚀、非连续
	提金反应釜	耐蚀、加热
	板框过滤机	耐蚀、非连续
	金液还原釜	耐蚀、加热
	金熔铸炉	
	置换反应釜	耐蚀、加热
	板框过滤机	耐蚀、非连续
	提银反应釜	耐蚀、加热
	板框过滤机	耐蚀、非连续
	银液还原釜	耐蚀、加热
	银熔铸炉	
	中和反应釜	耐蚀

10.2.6　设备连接图

废旧电路板绿色化、高附加值综合利用的设备连接如图 10-9 所示。

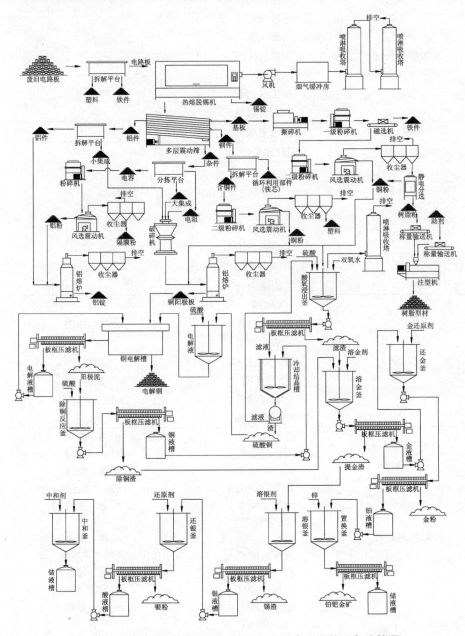

图 10-9　废旧电路板绿色化、高附加值综合利用的设备连接图

10.3　产品分析

采用废旧电路板清洁、高效综合利用工艺得到的产品有电解铜、树脂型材、铝锭、锡锭、塑料、铁件、金、银、铂钯合金等。

表 10-7 和表 10-8 分别是锡锭的化学成分和锡铅钎料国家标准。锡锭产品满足锡铅钎料国家标准。

表 10-7　锡锭的化学成分

Sn /%	Pb /%
55	45

表 10-8　锡铅钎料国家标准 GB/T 3131—2001

牌号	主要成分/%		杂质不大于 /%						
	Sn	Pb	Sb	Cu	Bi	As	Fe	S	Al
S-Sn55PbAA	54.5~55.5	余量	0.05	0.03	0.03	0.015	0.01	0.01	0.01

表 10-9 和表 10-10 分别是电解铜成分表和电解铜国家标准 GB/T 467—2010。电解铜产品满足电解铜国家标准。

表 10-9　电解铜的化学成分

Cu /%	As /%	Sb /%	Bi /%	Fe /%	Ni /%
99.97	0.0009	0.0007	0.0004	0.0009	0.001

表 10-10　电解铜国家标准 GB/T 467—2010

Cu+Ag 不小于/%	杂质含量，不大于 /%									
	As	Sb	Bi	Fe	Pb	Sn	Ni	Zn	S	P
99.95	0.0015	0.0015	0.0006	0.0025	0.002	0.001	0.002	0.002	0.0025	0.001

表 10-11 和表 10-12 分别是金锭成分表和金锭标准 SGEBI-2002。金锭产品满足金锭四级标准。

表 10 – 11   金锭的化学成分

Au /%	杂质 /%
99.70	0.30

表 10 – 12   金锭标准 SGEBI – 2002

牌号	品级	化学成份 /%							
		Au 不小于	杂质含量, 不大于						
			Ag	Cu	Fe	Pb	Bi	Sb	总和
Au99.99	一级	99.99	0.005	0.002	0.002	0.001	0.002	0.001	0.01
Au99.95	二级	99.95	0.020	0.015	0.003	0.003	0.002	0.002	0.05
Au99.9	三级	99.90							0.1
Au99.5	四级	99.50							0.5

表 10 – 13 和表 10 – 14 分别是银锭成分表和银锭国家标准 GB/T 4135—2002。银锭产品满足银锭三级标准。

表 10 – 13   银锭的化学成分

Ag /%	杂质 /%
99.93	0.07

表 10 – 14   银锭标准 GB/T 4135—2002

牌号	化学成份 /%									
	Ag 不小于	杂质含量, 不大于								
		Cu	Bi	Fe	Pb	Sb	Pd	Se	Te	总和
IC – Ag99.99	99.99	0.003	0.0008	0.001	0.001	0.001	0.001	0.0005	0.0005	0.01
IC – Ag99.95	99.95	0.025	0.001	0.002	0.015	0.002	—	—	—	0.05
IC – Ag99.90	99.90	0.05	0.002	0.002	0.025	—	—	—	—	0.1

10.4　产品用途

采用废旧电路板绿色化、高附加值综合利用工艺得到的产品有电解铜、树脂型材、铝锭、锡锭、塑料、铁件、金、银、铂钯合金等。它们在生产、生活中都有广泛的应用。下面对这些产品的用途予以介绍。

10.4.1　塑料、铁件、铝锭和铂钯合金

塑料、铁件、铝锭和铂钯合金可用作生产原料。

10.4.2　树脂型材的用途

树脂型材可用作室外装饰材料。

10.4.3　锡锭的用途

锡锭成分主要是锡和铅，用于锡铅钎料，焊接电子元器件。

10.4.4　电解铜的用途

电解铜是与人类关系非常密切的有色金属，被广泛地应用于电气、轻工、机械制造、建筑工业、国防工业等领域，在我国有色金属材料的消费中仅次于铝。

铜在电气、电子工业中应用最广、用量最大，占总消费量一半以上。用于各种电缆和导线、电机和变压器的绕阻、开关以及印刷线路板等。在机械和运输车辆制造中，用于制造工业阀门和配件、仪表、滑动轴承、模具、热交换器和泵等。在化学工业中广泛应用于制造真空器、蒸馏锅、酿造锅等。在国防工业中用以制造子弹、炮弹、枪炮零件等。在建筑工业中，用作各种管道、管道配件、装饰器件等。

10.4.5　金的用途

用于电子器件、装饰材料、金币、纪念章等。

10.4.6　银的用途

银与金一样，也是金属中的"贵族"，被称为"贵金属"，用于电子器件、制作装饰品。

10.5 环境保护

10.5.1 主要污染源和主要污染物

(1)烟气粉尘

①废电路板的板件分离、基板粉碎、制备树脂型材工序产生的粉尘。

②铜粉酸氧浸出过程中产生的硫酸酸雾和 O_2。

③铜熔铸中产生的气体。

④铝熔铸中产生的气体。

⑤各种产品干燥时产生的水蒸气。

(2)水

①生产过程水循环使用,无废水排放。

②生产排水为软水制备工艺排水,水质未被污染。

(3)固体

①废电路板上拆解下的塑料和铁件。

②废电路板中锡制备锡铅焊料产品。

③废电路板中的铜制备电解铜产品。

④废电路板中的树脂粉制备树脂型材产品。

⑤废电路板中的铝制备铝锭产品。

⑥废电路板中的金制备成金产品。

7)废电路板中的银制备成银产品。

8)废电路板中的铂钯制备铂钯合金产品。

生产过程无污染废渣排放。

10.5.2 污染治理措施

(1)废气治理

废电路板的板件分离、粉碎、制备树脂型材工序产生粉尘,这些粉尘的主要成分为树脂粉等,工艺选用板件分离、粉碎分选和挤压定型机设备含有内部除尘装置,粉碎过程产生的粉尘经设备收集后不排放,进入挤压定型机,返回利用制作树脂型材。

工艺产生的硫酸雾废气主要为硫酸自然挥发产生的废气,以及电解铜从电解槽取出干燥产生的废气。由于工艺中所用硫酸均属于低浓度硫酸,因此废气产生量很小,经硫酸吸收处理达标后经 15m 高排气筒排放,满足烟气排放标准。酸吸收后返回利用。

（2）通风除尘

产生粉尘设备均带收尘装置。

扬尘：对全厂扬尘点，均实行设备密闭罩集气、机械排风、高效布袋除尘器集中除尘。系统除尘效率均在 99.9% 以上。

烟尘：窑炉等烟气除尘系统收集的烟尘全部返回系统再利用。

（3）废水治理

需要水源提供新水，生产用水循环，全厂水循环利用率为 90% 以上。

各工序产生的废水采用不同方法处理，以实现全厂废水"零"排放。蒸浓结晶工序冷凝水循环使用和二次利用。

（4）废渣治理

整个生产过程中，废旧电路板中的主要组成塑料、铁、铜、铝、金、银、铂、钯均制备成产品，无废渣产生。

（5）噪声治理

本工程的噪声主要由机械动力、流体动力产生。工程设计对高噪声设备采取消声、隔声、基础减振等措施进行处理。磨机等设备置于单独隔音间内，并设有隔音值班室。

（6）绿化

绿化在防治污染、保护和改善环境方面可起到特殊的作用，是环境保护的有机组成部分。绿色植物不仅能美化环境，还具有吸附粉尘、净化空气、减弱噪声、改善小气候等作用，因此在工程设计中应对绿化予以充分重视，通过提高绿化系数改善厂区及附近地区的环境条件。设计厂区绿化占地率不小于 20%。

在厂前区及空地等处进行重点绿化，选择树型美观、装饰性强、观赏价值高的乔木与灌木，再适当配以花坛、水池、绿篱、草坪等；在厂区道路两侧种植行道树，同时加配乔木、灌木与花草；在围墙内、外都种以乔木；其他空地植以草坪，形成立体绿化体系。

10.6　结语

采用绿色化、高附加值综合利用废旧电路板的新工艺将组成废旧电路板的金属、有机和无机非金属物质都分离。加工成原材料，变废为宝，提高了价值，做到了物尽其用。在全流程中没有废渣、废水、废气的排放，环境友好。新工艺为废旧电路板的合理利用提供了新方法。具有经济、社会和环境效益，具有推广应用价值。

参考文献

[1] 郑永勇, 顾正海, 郑华均. 印刷线路板资源化研究进展[J]. 浙江化工, 2009, 40(10): 25 – 29.

[2] 韩洁, 聂永丰, 王晖. 废印刷线路板的回收利用[J]. 城市环境与城市生态, 2001, 14(6): 11 – 13.

[3] 周全法, 尚通明. 废电脑及配件与材料的回收利用[M]. 北京: 化学工业出版社, 2003.

[4] 李金惠, 温雪峰, 等. 电子废物处理技术[M]. 北京: 中国环境科学出版社, 2006.

[5] 杨宏强编译. 全球 PCB 产业发展近况[M]. 印制电路信息. 2008.

[6] 高萤, 樊华. 电子废弃物处置方法及资源再利用前景[J]. 江西科技, 2007, 25(4): 411 – 420.

[7] Arensman R. Ready for recycling of Electronic Business[J]. 2000, 26(12): 108 – 115.

[8] 李敏辉. 电子废弃物: 是金子还是垃圾[J]. 今日中国(中文版). 2006(7): 46 – 47.

[9] Cui J R, Forssberg E. Mechanical recycling of waste elect ric and elect ronic equipment: a review [J]. Journal of Hazardous Materials, 2003(B99): 243 – 263.

[10] 周全法. 国内外电子废弃物处置现状与发展趋势[J]. 江苏技术师范学院学报 2006, 12(4): 5 – 9.

[11] 胡利晓, 温雪峰, 等. 废印刷电路板的静电分选实验研究[J]. 环境污染与防治. 2005, 27(5): 326 – 329.

[12] 李金惠, 温雪峰, 刘彤宙, 等. 我国电子电器废物处理处置政策、技术及设施[J]. 家电科技, 2005(1): 31 – 34.

[13] 薛锐, 赵美玲, 温雪峰. 国内外废旧电脑的处置状况[J]. 污染防治技术, 2002, 15(4): 48 – 50.

[14] 陈张健, 董灵平. 废旧电脑的处置现状与绿色电脑概念的普及[J]. 环境污染与防治, 2003, 25(3): 147 – 149.

[15] 杨若明. 环境中有毒有害化学物质的污染与监测[M]. 北京: 中央民族大学出版社. 2001.

[16] 温雪峰, 李金惠, 等. 我国废弃电路板资源化现状及其对策[J]. 矿冶, 2005, 14(1): 66 – 69.

[17] 施达彬, 尹凤福. 废旧印刷线路板资源化技术[J]. 中国科技信息, 2006(4): 22 – 23.

[18] 熊集兵, 徐晓平, 董典同, 等. 废旧电脑的处理及利用[J]. 青岛建筑工程学院学报, 2004, 25(2): 71 – 74.

[19] 李晶莹, 盛广能. 电子废弃物中的金属回收技术研究进展[J]. 污染防治技术, 2007, 20(6): 40 – 45.

[20] Chi Jung Oh, Sung Oh Lee, et al. Selective leaching of valuable valuable metals from waste printed circuit boards[J]. Journal of the Air & Waste Management Association, 2003, 53(7): 897 – 902.

［21］ H M Veit, T R Diehl, et al. Utilization of magnetic and electrostatic separation in the recycling of printed circuit boards［J］. Waste Management, 2005(25)：67 - 74.

［22］ H M Veit, A Moura Bernardes, et al. Recovery of copper from printed circuit boards scraps by mechanical processing and electrometallurgy［J］. Journal of Hazardous Materials, 2006(137)：1704 - 1709.

［23］ 白庆中. 世界废弃印刷电路板的机械处理技术现状［J］. 环境污染治理技术与设备. 2001, 2(1)：84 - 89.

［24］ 姜宾延, 吴彩斌. 电子垃圾的危害及其机械处理技术现状［J］. 再生资源研究, 2005(3)：23 - 26.

［25］ 胡天觉, 曾光明, 袁兴中. 从家用电器废物中回收贵金属［J］. 中国资源综合利用. 2001 (7)：12 - 15.

［26］ 李红军, 孙永裕, 邓丰, 等. 热解处理废旧线路板方法研究进展［J］. 中国资源综合利用. 2009, 27(4)：15 - 18.

［27］ 孙路石, 陆续东, 王世杰, 等. 印刷线路板废弃物热解实验研究［J］. 化工学报, 2003, 54(3)：408 - 412.

［28］ 丘克强, 周益辉. 一种真空条件下高效回收废弃电路板的方法与装置［P］. 中国, 200810107532. X. 2008. 12.

［29］ 孙水裕, 龙来寿, 钟胜, 等. 一种废旧印刷电路板钟各组分材料的分离及回收方法［P］. 中国, 200910041043, 3. 2009 - 07 - 10.

［30］ 彭绍洪, 陈烈强, 甘舸, 等. 废旧电路板真空热解［J］. 化工学报, 2006, 57(11)：2720 - 2726.

［31］ 李飞, 吴逸民, 赵增立, 等. 熔融盐对印刷线路板热解影响实验研究［J］. 燃料化学学报, 2007, 35(5)：548 - 552.

［32］ H Mattila, T Virtanen, T Vartiainen, J Ruuskanen. Emissions of polychlorinated dibenzo - p - dioxins and dibenzofurans in flue gas from co - combustion of mixed plastics with coal and bark ［J］. Chemosphere, 1992, 25(11)：1599 - 1609.

［33］ Andrea Mecucci, Keith Scott. Leaching and electrochemical recovery of copper, lead and tin from scrap printed circuit boards［J］. Journal of Chemical Technology and Biotechnology. 2002, 77(4)：449 - 457.

［34］ T Oishi, K Koyama, et al. Recovery of high purity copper cathode from printed circuit boards using ammoniacal sulfate or chloride solutions［J］. Hydrometallurgy. 2007(89)：82 - 88.

［35］ T Oishi, K Koyama, et al. Influence of ammonium salt on electrowinning of copper from ammoniacal alkaline solutions［J］. Electrochim Acta. 2007(53)：127 - 132.

［36］ 朱萍, 古国榜. 从印刷电路板废料中回收金的试验研究［J］. 稀有金属, 2002, 26(3)：214 - 216.

［37］ 张志军, 周丽娜. 从印刷电路板废料中回收铜的研究［J］. 辽宁化工, 2005, 34(3)：93 - 95.

［38］ 卢业玉, 余倩, 何加良. 黄原脂棉回收废弃电子电路板中金属研究［J］. 城市环境与城市

生态，2002，15（5）：59 - 60.

［39］梁新宇，陈东辉. 硫代硫酸钠添加 Cu^{2+} 浸取废弃电子线路板中的金［J］. 环保科技，2007，13（3）：29 - 32.

［40］周培国，郑正，彭晓成，等. 氧化亚铁硫杆菌浸出线路板中铜的研究［J］. 环境污染治理技术与设备. 2006，7（12）：126 - 128.

［41］Brandle H，Bosshard R，Wegmann M. Computer - munching mincrobes：mental leaching from lelctronic scrap by bacteria and fungi［J］. Hydromentallurgy，2001（59）：319 - 326.

［42］Chien Y C，Wang H P，Lin K S，et al. Oxidation of printed circuit board waste in supercritical water［J］. Water Research，2000，34（17）：4279 - 4283.

［43］潘君齐，刘光复，刘志峰，等. 废弃印刷线路板超临界 CO_2 回收实验研究［J］. 西安交通大学学报，2007，41（5）：625 - 627.

［44］蔡卫权，李会泉. 微波技术在冶金中的应用［J］. 过程工程学报，2005，5（2）：228 - 232.

［45］徐敏. 废弃印刷线路板的资源化回收技术研究［D］. 上海：同济大学，2008.

［46］李佳. 废旧印刷电路板的破碎和高压静电分离研究［D］. 上海：上海交通大学，2007.

［47］Rolf Widmer，Heidi Oswald - Krapf，Deepali Sinha - Khetriwal，et al. Global perspectives on e - waste［J］. Environmental Impact Assessment Review，2005，25（5）：436 - 458.

［48］陈苏，付娟，陈朝猛. 电子废弃物处理现状与管理研究［J］. 南华大学学报（理工版），2003，17（1）：81 - 85.

［49］曹亦俊，赵跃民，温雪峰. 废弃电子设备的资源化研究发展现状［J］. 环境污染与防治，2003，25（5）：289 - 292.

第 11 章　废旧液晶显示器绿色化、高附加值综合利用

11.1　综述

11.1.1　资源概况

电脑液晶显示器、液晶电视、手机等电子产品均以液晶显示器(Liquid Crystal Display, LCD)作为输出显示系统,这类产品报废后拆解下来的显示器统称为废液晶显示器。

液晶显示器最早出现在 20 世纪 70 年代,到 90 年代开始迅速发展,并逐步走向成熟,由于其具有工作电压低、微功耗、色彩艳、寿命长、无电磁辐射、体积轻薄、便于携带等优点,已成为电子设备中最重要的部件。随着液晶显示技术的快速发展,液晶显示屏的制造成本不断降低,目前已全面取代阴极射线管(CRT)显示屏,广泛应用于台式计算机、液晶电视、笔记本电脑、手机、平板电脑、数码相机、车载导航仪、数字播放器、数码相框、液晶手表等各类终端电子显示设备中。

我国是液晶显示器的消费大国。据统计,我国 2010 年进口液晶面板金额高达 470 亿美元,成为继集成电路、石油、铁矿石之后排名第四位的进口产品;在 2011 年我国内地彩电企业向中国台湾地区采购了 3000 万块液晶面板,金额高达 55 亿美元,销售液晶电视达 4452 万台,超越北美和西欧,成为液晶电视最大的市场,预计 2015 年将达到 5720 万台,占全球液晶电视消费市场份额的 22%;我国 2012 年智能手机销量达到 1.3 亿部,达到全球销量总量的四分之一。在这些数字背后同样蕴藏着危机。随着科技发展与革新,电子产品更新速度越来越快,电子产品的使用寿命相对缩短。一般来说,液晶显示器产品使用 3～5 年后就进入报废期,从而导致产生大量的废液晶显示器,数量呈直线递增之势。

我国也是液晶显示器的生产大国。据统计,我国台湾地区 2009 年占据全球液晶面板生产份额的 37%,我国内地 2012 年占据全球液晶面板生产份额的 10%,与日本相当。到 2014 年提升至 20%,增长速度惊人。可见,加上台湾地区,我国将近占据全球液晶面板生产份额的 50%;另一方面仅 2010 年的全球 TFT 液晶面板(9 英寸以上)的出货量就达 6.65 亿片,2011 年达到了 7.03 亿片,由此可见,我国目前液晶

面板产能相当巨大。然而，由于液晶面板的制造工艺复杂，次品率较高，而且面板尺寸越大次品率越高。京东方科技集团拥有国内首条 LCD 6 代生产线，在量产后两个月，良品率才达到95%，而更大尺寸的 8.5 代 LCD 线，良品率只有85%。由此推算，在液晶显示器生产过程中产生的次品数量同样是十分惊人的。

液晶显示器主要由玻璃面板、液晶、偏光片、彩色滤光片、取向膜、电极和背光模组等部件组成。玻璃面板是液晶显示器的核心部件之一，其中含多种稀、贵金属和重金属，尤其是稀有金属铟。由铟和锡的氧化物构成的玻璃电极具有良好的导电性和透明性，已成为液晶显示器必不可少的零部件。铟是一种稀有金属，具有十分独特而优良的物理和化学性能，广泛应用于电子计算机、能源、电子、光电、国防军事、航空航天、核工业等高科技领域，在国民经济中的作用日趋重要。在电子计算机等相关行业，主要以铟锡氧化物的形式做透明电极，用作液晶显示器，广泛用于电子信息产业做薄膜晶体管、液晶显示器、等离子显示器等。由于 LCD 产能的迅速增加，2006 年全球需求量达到1208t，2007 年达到1620t，到2013 年超过2000 t。金属铟的生产分为原生铟和再生铟。从 2003 年开始我国成为全球最大的原生铟生产国，但其产量还不足400 t，到2006 年，我国精铟产量接近600 t，与需求量相比还有近600t 的缺口。而铟的矿藏资源已面临日趋枯竭的局面。在铟原料短缺，价格昂贵的形势下，再生铟产业得到了迅速发展。2003 年再生铟占铟产量的 34%，2006 年占铟总产量的 60%，到 2013 年占铟总产量的70%，再生铟已成为铟产品的重要组成部分。全球铟的储量只占黄金储量的1/6，在很多国家已把铟作为战略资源储备。

11.1.2 废旧液晶显示器的利用技术

废旧液晶显示器含有金、银、铟、锡、铜、锌、铝、铁等金属以及塑料、玻璃基板等材料，这些物质均具有资源化利用价值。

（1）铟的回收利用

1）酸浸法回收液晶显示屏的铟

一般采用无机酸或有机酸浸取含铟的玻璃基板来提取金属铟，使附着在玻璃基板表面的铟转移到溶液中，从而实现对金属铟的回收。将废旧液晶显示器拆解，去除金属框架、塑料、电路板、线缆等部件，取出液晶玻璃盒，利用丙酮浸出4 h。去除偏光片，机械或者手工剥离基板，将剥离后的玻璃基板置于丙酮中浸取15 min。反应结束后，将溶有液晶的丙酮进行蒸馏，分离液晶和丙酮。不含液晶的玻璃片利用 200 g/L 的硫酸溶液和二氧化锰 90℃ 下联合浸出，得到富含铟的溶液。酸液中的铟通过萃取剂萃取，锌条置换，电解精炼获得产品铟。从不含铟的玻璃盒回收的液晶进行集中处理，蒸馏出的丙酮返回原工艺中继续使用。工艺流程如图 11 - 1 所示。

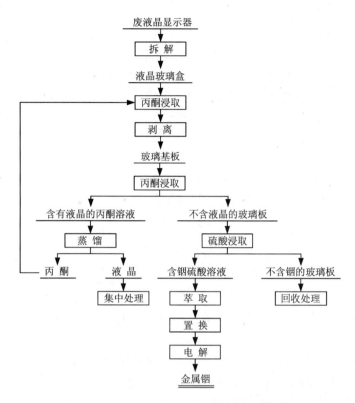

图11-1　废旧液晶显示屏回收铟工艺流程图

酸浸法的优点是反应时间较短且浸出率较高，对金属铟有较好的浸出效果。但采用丙酮浸出液晶，有机物用量较大，且丙酮具有挥发性，工作环境差，设备要求高。

2）氯化挥发法回收液晶显示屏的铟

通过低温氯化气化法回收液晶显示屏中的金属铟。一般工艺为：将废旧液晶显示面板在真空热炉中进行真空热解回收有机成分，得到热解油、热解汽和含有真空热解残渣的玻璃板。把玻璃板破碎至粒径小于1 mm，与氯化铵按质量比1∶1混合，将混合物进行减压氯化提铟处理。氯化铟的回收率达到90%以上。提铟后的玻璃粉作为建筑材料填充物回收利用，工艺流程如图11-2所示。

氯化挥发法回收率高，但是工艺流程复杂，焙烧温度要求较高，且反应过程中 Cl/In 的摩尔比值难以控制，增加了分离的难度。

3）有机溶剂萃取法回收液晶显示屏的铟

有机溶剂萃取法是利用有机溶剂去除溶液中的干扰离子，以获得较为纯净的铟离子体系的方法。一般选择在酸性条件下萃取铟离子，用盐酸为反萃取剂进行反萃取，然后将溶液中的铟沉淀或置换出来，再对金属铟进行精炼。

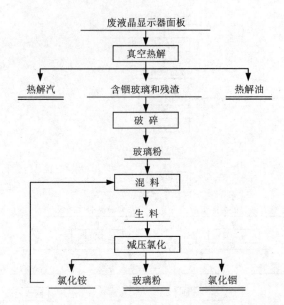

图 11 - 2　废旧液晶显示屏面板回收利用工艺流程图

有机溶剂萃取法的优点是选择性较高、分离效果好、回收率较高。在工业化生产中用于提取纯度较高的金属铟，但是其工序过于繁琐，萃取过程不易控制。

4）还原法回收液晶显示屏的铟

还原法是把废旧液晶面板破碎后，利用氢气或活性炭在高温炉中进行还原，反应结束后将温度降到 300℃ 左右，加入氢氧化钠溶液，反应完全后最终得到铟锡合金。

还原法优点是操作简单、工艺流程较短，但是最终产品为金属合金，不易分离，增加了后续分离工作的难度。

5）液膜分离法回收液晶显示屏的铟

液膜分离法也叫液膜萃取，是利用选择透过性原理，以膜两侧的溶质化学浓度差为传质动力，使料液中待分离溶质向膜内富集，从而使物料进行分离、纯化的方法。工艺为：将成膜液与料液混合、搅拌，液膜形成小球分散在料液中，料液中的被萃物质经液膜壁进入液膜内。达到平衡后，将液膜与料液分离，反萃。液膜循环利用，从反萃液中回收被萃物质。液膜萃取和通常萃取方法没有本质区别，只是液膜在料液中以小球形式存在。

液膜分离法具有能耗低、设备简单、操作方便、安全、无污染等优点，但其维护费用较高，工艺尚不成熟，未得到工业应用。

6）树脂分离法回收液晶显示屏的铟

树脂分离法是利用离子交换树脂依据溶液中不同离子的亲和力不同进行选择

性吸附。工艺为：先把液晶面板破碎，用丙酮浸泡去除液晶。然后用硫酸将氧化铟从玻璃基板中溶解出来，再用阳离子交换树脂对铟离子进行吸附与解吸。最后用活泼金属单质置换铟。

树脂分离法吸附速度快、容量高，在低温常压下即可很好地解吸，且解吸后只须经简单的处理就可再生，具有铟回收率高、无污染等特点，但是操作麻烦、周期长、选择性差。

7) 生物吸附法回收液晶显示屏的铟

生物吸附法是利用微生物吸附回收提取铟的方法。通过选择合适微生物和繁殖的环境条件，使微生物大量繁殖，以提高微生物对铟的吸附效率。工艺为：将液晶显示屏破碎、酸浸，在室温、溶液 pH 为 2.3~2.5 的条件下，使用藻类吸附料液中的铟，经解吸后回收铟。

生物吸附法具有工艺运行可靠、操作简单、环境友好等优点，但生产周期长，不适合大规模生产。

（2）玻璃基板的回收利用

1) 利用废旧液晶显示屏玻璃生产泡沫玻璃的工艺

首先将废旧液晶显示屏破碎成粒径为 30~50 mm 的颗粒。然后将破碎后的废旧液晶显示屏玻璃与碳酸钙、硼砂和高锰酸钾混合磨料。将混合物料先升温至 250℃，保温 60 min，使混合物料中的有机物充分反应燃烧，再升温至 800℃，保温 30 min，接着升温至 1150~1250℃，保温 60 min，然后降温至 800℃，恒温 40 min，再缓慢降温，得到泡沫玻璃。制品具有良好的机械性能。

2) 利用废旧液晶显示屏玻璃生产瓷砖的方法

先将废旧液晶显示屏玻璃破碎。把破碎玻璃和高岭土按质量比 3:2 混合，再加入混合物质的量 1.5% 的水混料。将混好的物料放入模具中，在 5MPa 压力下压成砖胚，在室温下放置 24 h 自然脱水，再在 140℃ 烘制 24 h。然后升温至 1250℃，保温 6 h 后冷却至室温，得到陶瓷砖。

另外，台湾研究者提出将玻璃基板粉碎，得到玻璃基板粉末，用其制备生态陶瓷、建筑材料、混凝土和硅酸钙板。日本公司提出将玻璃基板粉碎，得到玻璃基板粉末，用其制备水泥和净水剂。韩国研究者提出将玻璃基板粉碎，得到玻璃基板粉末，用其制备水泥、玻璃制品和玻璃基板。

玻璃基板回收利用工艺如图 11-3 所示

（3）液晶的回收利用

液晶属于有机物，易溶于有机溶剂。可用丙酮作为溶剂，溶解玻璃基板间的液晶，再利用蒸馏分离回收液晶。

（4）偏光片的回收利用

偏光片是一种复合膜，由偏光膜和保护膜组成。偏光膜是通过在具有高度取

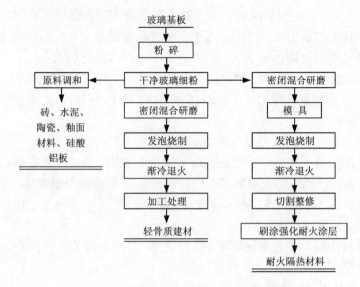

图 11 - 3 玻璃基板回收利用工艺流程图

向的聚乙烯醇基材上吸附具有二相色性的燃料制成，保护膜的主要成分是三醋酸纤维素。偏光片是通过胶黏剂黏接、热压等方式与玻璃基板结合，可通过破坏胶黏剂的粘结特性或改变偏光片与玻璃基板之间力学结合特性的方法将其剥离。将附有偏光片的玻璃基板浸泡在丙酮溶液中分离偏光片和玻璃基板。但这种方法所需时间较长，效率低，且丙酮具有挥发性，工作环境差。利用加热方式使偏光片软化膨胀，实现玻璃基板与偏光片的分离。偏光片去除率达到 90%，但需要对温度严格控制，不易操作。

（5）其他物质的回收利用

废旧液晶显示器拆解下的电路板中含有金、银、锡、铜等金属。把电路板粉碎、分选出金属粉和非金属粉，金属粉熔铸成铜锭，再电解分离，非金属粉末用于树脂制品。

11.2 废旧液晶显示器绿色化、高附加值综合利用

11.2.1 废旧液晶显示器的组成

液晶显示器是由有机玻璃板、荧光膜、液晶显示屏、背光源、信号驱动板、数字信号处理板、电源电路板、组合金属框等组成。组成如表 11 - 1 所示。

表 11-1 废旧液晶显示屏(30 英寸)的组成

组成	金属框	铝	有机玻璃板	线路板	液晶屏	其他
含量/%	45.56	4.46	28.27	1.55	18.45	1.71

液晶显示屏的基本结构主要是由中间封有液晶的两块玻璃基板构成,其中两块玻璃基板的四周通过封框胶黏结,在玻璃基板的表面镀有氧化铟锡 ITO 镀层,如图 11-4 所示,垫片在两块玻璃基板之间起到支撑作用,封框胶黏合两块玻璃基板,并封装液晶防止向外泄露,导电胶在两块玻璃基板之间起导电作用。以 TFT-LCD 液晶显示屏为例,上玻璃基板叫 CF 基板,由彩色滤光膜、透明电极等构成,透明电极不是直接蚀刻在玻璃基板上,而是涂在彩色滤光膜上;下玻璃基板叫 TFT 基板,由 TFT 器件、信号电极、扫描电极、透明电极等构成,透明电极是直接蚀刻在玻璃基板上,如图 11-5 所示。

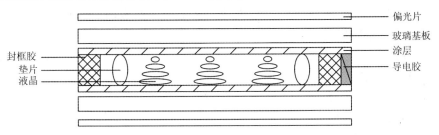

图 11-4 液晶显示屏基本结构

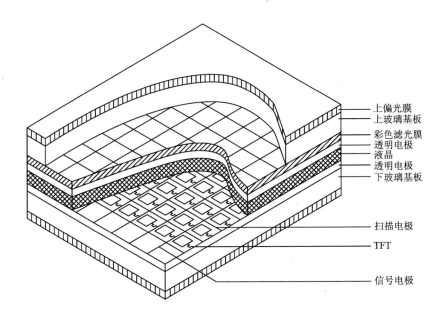

图 11-5 TFT-LCD 液晶屏玻璃基板结构

利用 X 射线荧光光谱分析仪对 TFT－LCD 面板中的主要元素组成进行分析，其结果见表 11－2。

表 11－2 废 TFT－LCD 面板成分

元素	Si	Al	Ca	Sr	Ba	Fe	As
含量/%	69.78	14.37	9.58	3.43	0.85	0.34	0.90
元素	K	Zn	Ti	In	Cu	Sn	Cr
含量/%	0.34	0.18	0.13	0.06	0.02	0.01	0.01

11.2.2 化工原料

废旧液晶显示屏的处理主要使用到的化工原料有硫酸、氢氧化钠、二氧化锰、硫化钠、碳酸钠等。

①硫酸：工业级。

②氢氧化钠：工业级。

③二氧化锰：工业级。

④硫化钠：工业级。

⑤碳酸钠：工业级。

11.2.3 工艺流程

将废旧液晶显示器拆解下金属框架、有机玻璃板、电路板、铝件、液晶屏等，并按类分好。液晶屏按无机械损伤和有机械损伤分成两类。无机械损伤的液晶屏用碱液去除封框胶，除胶后得到上玻璃基板、下玻璃基板和 ITO。上玻璃基板经洗涤、干燥成产品。下玻璃基板用硫酸浸出，过滤得到硫酸铟溶液和下玻璃基板，下玻璃基板经洗涤、干燥成产品。硫酸铟溶液送沉锡槽。有机械损伤的液晶屏和 ITO 直接破碎，再用硫酸浸出，过滤得到玻璃粉和硫酸铟溶液，玻璃粉经洗涤、干燥成产品。硫酸铟溶液用硫化钠去除锡，过滤得到硫化锡产品和精制硫酸铟溶液，精制硫酸铟溶液用锌置换铟，过滤得到金属铟和硫酸钠溶液，金属铟熔铸成铟锭，硫酸钠冷却结晶后得到硫酸钠、硫酸锌混合物和滤液，滤液返回酸浸，硫酸钠和硫酸锌用于制备硫化钠和金属锌，循环利用。图 11－6 是我们设计并采用的废旧液晶显示屏绿色化、高附加值综合利用的工艺流程图。

11.2.4 工序介绍

1）废旧液晶显示器分类、拆解

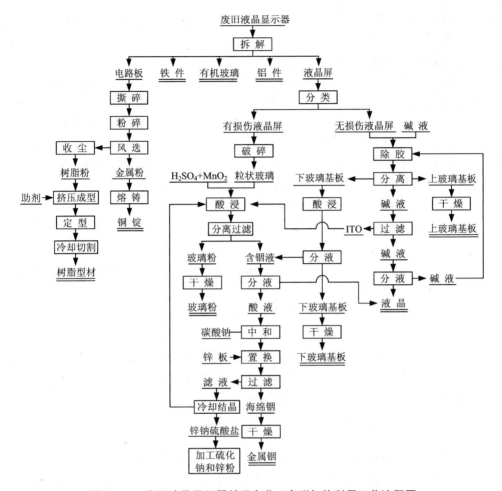

图 11-6 废旧液晶显示器的绿色化、高附加值利用工艺流程图

把废旧液晶显示器上的铁件、塑料、铝件、线路板和液晶屏拆下,再经分检分类回收。液晶显示屏按无机械损伤和有机械损伤分成两类。无机械损伤液晶屏粉碎后转酸浸工序,线路板转入电路板回收工序,无机械损伤液晶屏转以下处理。

2)除胶分离

把无机械损伤液晶屏放入碱液浸泡槽,加入 0.5 mol/L 的 NaOH 溶液浸泡 3 h,除去液晶屏的封框胶。浸泡结束后把碱液浸泡槽上层的液晶溢流至溶液分离槽,静止一段时间,待溶液分层后将下层碱液排到碱液浸泡槽中,循环使用。上层液为液晶,排入液晶储罐。下层碱液进行固液分离,滤液循环使用,滤渣为 ITO(含铟)。取出碱液浸泡槽中的上玻璃基板和下玻璃基板,用热水洗去附着的碱液,上玻璃基板干燥后回收,下玻璃基板和 ITO(含铟)转到硫酸浸出工序。

3)硫酸浸出

①有机械损伤液晶屏硫酸浸出。

把废旧液晶屏和 ITO(含铟)加入酸浸槽中,按液固比 2.5∶1 加入硫酸溶液。硫酸浓度为 200 g/L,控制反应温度 90℃,反应时间 4 h。反应结束后把上层的液晶溢流至溶液分离槽,静止一段时间,待溶液分层后下层酸液排到硫酸浸出槽中,循环使用。上层液为液晶,排入液晶储罐。将硫酸浸出槽的下层酸液进行固液分离,滤液循环使用,循环一定次数后转入沉锡槽;滤渣为玻璃粉,用热水洗去附着的酸液,干燥后回收。主要化学反应为:

$$In_2O_3 + 3H_2SO_4 = In_2(SO_4)_3 + 3H_2O$$
$$2InO + MnO_2 + 4H_2SO_4 = MnSO_4 + In_2(SO_4)_3 + 4H_2O$$

②下玻璃基板硫酸浸出。

把下玻璃基板放入酸浸槽中,加入 200 g/L 的硫酸溶液,并浸没下玻璃基板。控制反应温度 90℃,反应时间为 4 h。反应结束后取出下玻璃基板,用热水洗去附着的酸液,下玻璃基板干燥后回收。酸液循环使用,循环一定次数后转入沉锡槽。

4)铟溶液除锡

用碳酸钠调整铟溶液的 pH,控制溶液温度在 40~50℃,向沉锡槽加入硫化钠,反应一定时间后进行固液分离,滤液送至置换釜;滤渣为硫化锡,洗涤干燥,用于制备金属锡。发生的主要化学反应为:

$$SnSO_4 + Na_2S = Na_2SO_4 + SnS \downarrow$$

5)铟溶液置换铟

调整置换槽内铟溶液的 pH。用碳酸钠调整溶液的 pH 为 1~1.5,控制溶液温度在 60~65℃,向置换槽中加锌置换出金属铟,反应时间 40 h,反应结束后分离出金属铟,洗涤后熔铸成铟锭。滤液冷却结晶出硫酸钠和硫酸锌,用于制备硫化钠和金属锌,循环使用。主要化学反应为:

$$2In^{3+} + 3Zn = 3Zn^{2+} + 2In$$

6)电路板回收

将电路板用粉碎分选设备进行处理。经一级撕碎、两级粉碎成为小于 2mm 的颗粒。再用风选振动筛使非金属粉(树脂粉)和金属粉(主要为铜粉)分离。非金属粉末通过布袋收尘回收,用于制备树脂型材,金属粉熔铸成铜锭;在两级粉碎之间设有磁选设备,选出基板上的铁线。

11.2.5 主要设备

废旧液晶显示器绿色化、高附加值利用用到的主要设备见表 11 - 3。

表 11-3　废旧液晶显示器生产工艺主要设备表

工序	设备名称	备注
分类拆解	分拣平台	
	拆解平台	
除胶分离	除胶槽	耐碱、加热
	洗涤分离槽	耐碱
	碱式液晶分液塔	耐碱
	水平带式过滤机	连续
	三效蒸发器	
硫酸浸出	粉碎机	
	浸出槽	耐酸、加热
	酸式液晶分液塔	耐酸
	水平带式过滤机	耐酸、连续
	酸浸槽	耐酸、加热
	洗涤槽	耐酸
铟溶液除锡	沉锡槽	耐酸、保温
	板框过滤机	非连续
	高位槽	
铟溶液置换铟	置换槽	耐酸、加热
	板框过滤机	非连续
	熔铟炉	
	五效蒸发器	
电路板回收	撕碎机	
	粉碎机	
	风选振动机	
	布袋收尘器	
	静电分选机	
	铜熔炼炉	
	挤压定型机	

11.2.6　设备连接图

废旧液晶显示器绿色化、高附加值利用的设备连接如图 11-7 所示。

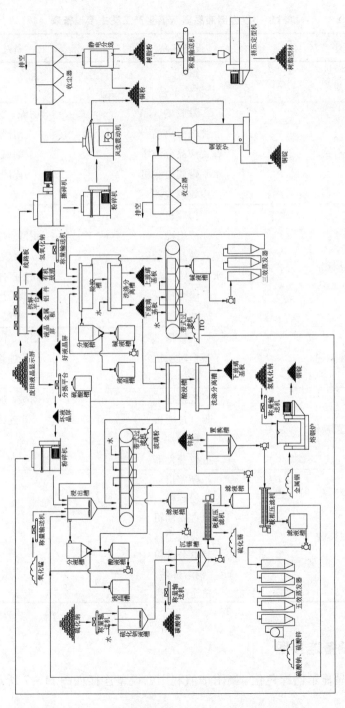

图 11-7 废旧液晶显示屏综合利用设备连接图

11.3　产品分析

采用废旧液晶显示器绿色化、高附加值综合利用工艺得到的产品有金属框、铝条、铟锭、铜锭、上玻璃基板、下玻璃基板、玻璃粉、有机玻璃板、树脂型材等。表 11 - 4 和表 11 - 5 给出了铟锭和铜锭的化学成分。

表 11 - 4　铟锭的化学成分

In /%	Sn /%	Cu /%	Fe /%
99.87	0.033	0.02	0.03

表 11 - 5　铜锭的化学成分

Cu /%	Pd /(g · t^{-1})	Au /(g · t^{-1})	Ag /(g · t^{-1})
95	5	23	1100

11.4　产品用途

11.4.1　金属框、铝条、铜锭、铟锭的用途

金属框、铝条、铜锭和铟锭用作生产原料。

11.4.2　上玻璃基板、下玻璃基板、有机玻璃的用途

上玻璃基板、下玻璃基板和有机玻璃可以循环使用。

11.4.3　玻璃粉的用途

玻璃粉可以用作生产陶瓷、泡沫玻璃、建筑材料、混凝土、硅酸钙板等的生产原料。

11.4.4　树脂型材的用途

树脂型材可用作户外的装饰材料。

11.5 环境保护

11.5.1 主要污染源和主要污染物

（1）烟气粉尘

①除胶分离过程中产生的碱性气体。

②废旧液晶显示器粉碎过程中产生粉尘。

③硫酸浸出过程中产生的硫酸酸雾。

④电路板粉碎、分选过程中产生粉尘。

⑤制备树脂型材过程中产生粉尘。

⑥各种产品干燥时产生的水蒸气。

（2）水

①生产过程水循环使用，无废水排放。

②生产排水为软水制备工艺排水，水质未被污染。

（3）固体

①废旧液晶显示器上拆解下的金属框架、铝条和有机玻璃板。

②废旧液晶显示器中的铜制备铜锭。

③废旧液晶显示器中的树脂粉制备树脂型材产品。

④废旧液晶显示器中的铟制备铟锭产品。

⑤废旧液晶显示器中的回收利用的好上下玻璃基板。

⑥废旧液晶显示器中的废玻璃基板制备玻璃粉产品。

生产过程无污染废渣排放。

11.5.2 污染治理措施

（1）废气治理

废旧液晶显示器粉碎产生玻璃粉尘。电路板破碎、制备树脂型材工序产生树脂粉尘。工艺选用显示器粉碎、电路板破碎和挤压定型机设备含有内部除尘装置，工艺过程产生的粉尘经设备收集后不排放，回收利用。

工艺产生的硫酸雾主要为硫酸自然挥发产生的废气，废气产生量很小，经降膜水吸收处理达标后经 15 m 高排气筒排放。酸吸收后返回利用。满足烟气排放标准。

（2）通风除尘

产生粉尘设备均带收尘装置。

扬尘：对全厂扬尘点，均实行设备密闭罩集气，机械排风，高效布袋除尘器集中除尘。系统除尘效率均在99.9%以上。

烟尘：回转窑等烟气除尘系统收集的烟尘全部返回系统再利用。

（3）废水治理

需要水源提供新水，生产用水循环，全厂水循环利用率为90%以上。

各工序产生的废水采用不同方法处理，以实现全厂废水"零"排放。蒸浓结晶工序冷凝水循环使用和二次利用。

（4）废渣治理

整个生产过程中，废旧液晶显示器的主要组成金属框架、铝条、铟、铜、上玻璃基板、下玻璃基板、树脂粉、有机玻璃板均制备成产品，无废渣产生。

（5）噪声治理

本工程的噪声主要由机械动力、流体动力产生。工程设计对高噪声设备采取消声、隔声、基础减振等措施进行处理。

（6）绿化

绿化在防治污染、保护和改善环境方面可起到特殊的作用，是环境保护的有机组成部分。绿色植物不仅能美化环境，还具有吸附粉尘、净化空气、减弱噪声、改善小气候等作用，因此，在工程设计中应对绿化予以充分重视，通过提高绿化系数改善厂区及附近地区的环境条件。设计厂区绿化占地率不小于20%。

在厂前区及空地等处进行重点绿化，选择树型美观、装饰性强、观赏价值高的乔木与灌木，再适当配以花坛、水池、绿篱、草坪等；在厂区道路两侧种植行道树，同时加配乔木、灌木与花草；在围墙内、外都种以乔木；其他空地植以草坪，形成立体绿化体系。

11.6　结语

绿色化、高附加值综合利用废旧液晶显示器的新工艺把组成废旧液晶显示器的金属、有机和无机非金属材料都分离，加工成原材料，提高了价值。没有废渣、废水、废气的排放，全流程绿色化；为废旧液晶显示器的合理利用提供了新方法；具有经济、社会和环境效益。具有推广应用价值。

参考文献

[1] 中国电子报. 液晶显示器产业呈现三大趋势 [J]. 电子工业专用设备, 2007, 150(7): 10 - 12.

[2] 田民波, 叶锋. FTF液晶显示原理与技术 [M]. 北京: 科学出版社, 2010.

[3] 李宏, 张家田. 液晶显示器件应用技术 [M]. 北京: 机械工业出版社, 2004.

［4］马群刚. TFT - LCD 原理与设计［M］. 北京：电子工业出版社，2011.

［5］庄绪宁，贺文智，李光明，等. 废液晶显示屏的环境风险与资源化策略［J］. 环境污染与防治，2010，32（5）：97 - 99.

［6］斐瑜. 巨资撑起第四极面板［J］. 英才，2012（7）：56 - 57.

［7］王菲. 液晶面板高世代线的中国博弈［J］. 新经济导报，2011（7）：52 - 55.

［8］Display Search. 2010 年大尺寸 TFT 液晶面板出货量同比上涨 26%［J］. 消费电子，2011（3）：68.

［9］何佳艳. 京东方：黎明有多远？［J］. 投资北京，2011（10）：48 - 53.

［10］Grandqvist C G, Hultaket A. Transparent and conducting ITO films: new developments and applications［J］. Thin Solid Films, 2002（411）：1 - 4.

［11］Yuzo Shigesato, David C Paine. Study of the effect of Sn doping on the electronic transport properties of thin film indium ox - ide［J］. Appl. Phys. Lett, 1993, 62（11）：1268 - 1272.

［12］Yuzo Shigesato, Satoru Takaki, Takeshi Haranoh. Electrical and structural properties of low resistivity tin - doped indium ox - ide films［J］. Appt. Phys, 1992, 71（7）：3356 - 3360.

［13］Van den Meerakker J E A M, Meulenkamp E A, Scholten M. Photo electrochemical characterization of tin - toped indium ox - ide［J］. Appl. Phys, 1993, 74（5）：3282 - 3284.

［14］Tang Sanchuan, et al. Preparation of indium tin oxide（ITO）with a single - phase structure［J］. Journal of Materials Process - ing Technology, 2003,（137）：82 - 85.

［15］杨冬梅. 废液晶显示器面板中铟的回收实验研究［D］. 成都：西南交通大学，2012.

［16］聂耳，罗兴章，郑正，等. 液晶显示器液晶处理与铟回收技术［J］. 环境工程学报，2008，2（9）：1251 - 1254.

［17］方伟清. 一种废弃液晶显示屏处理的工艺方法［P］. 中国专利：CN10200592A，2011.

［18］Jinhui Li, Song Gao, Huabo Duan, Lili Liu. Recovery of valuable materials from waste liquid crystal display panel［J］. Waste Management, 2009, 29（7）：2033 - 2039.

［19］Wang X Y, Lu X B, Zhang S T. Study on the waste liquid crystal display treatment: Focus on the resource recovery［J］. Journal of Hazardous Materials, 2013（244）：342 - 347.

［20］Lee C H, Jeong M K, Fatih Kilicaslan M, et al. Recovery of indium from used LCD panel by a time efficient and environmentally sound method assisted HEBM［J］. Waste Management, 2013,（33）：730 - 734.

［21］许振明，马恩，卢日鑫. 废弃液晶显示面板的处理与资源化回收方法［P］. 中国专利：CN102671921A，2012.

［22］Takahashi K, Sasaki A, Dodbiba G, et al. Recovering Indium from the liquid crystal display of discarded cellular phones by means of chloride - induced vaporization at relatively low temperature［J］. Metallurgical and Materials Transactions A: Physical Metallurgy and Materials Science, 2009, 40A（4）：891 - 900.

［23］Park K S, Sato W, Grause G, et al. Recovery of indium In_2O_3 and liquid crystal display powder via chloride volatilization process using polyvinyl chloride［J］. Thermochimica Acta. 2009, 493（1 - 2）：105 - 108.

[24] Kang H N, Lee J Y, Kim J Y. Recovery of indium from etching waste by solvent extraction and electrolytic refining [J]. Hydrometallurgy, 2011, 110(1): 120 - 127.

[25] 李有桂, 王辉, 张文立. 废弃 LCD 中铟回收的研究进展 [J]. 淮南师范学院学报, 2010, 12(5): 1 - 2.

[26] 蒲丽梅, 杨东梅, 郭玉文. 电感耦合等离子体发射光谱在分析废液晶显示器面板主要元素中的应用 [J]. 环境污染与防治, 2012, 34(5): 76 - 78.

[27] Chou W L, Yang K C. Effect of various chelating agents on supercritical carbon dioxide extraction of indium(III) ions from acidic aqueous solution [J]. Journal of Hazardous Materials, 2008, 154(1): 498 - 505.

[28] 李严辉, 张欣, 杨永峰, 等. ITO 废靶中铟的回收 [J]. 中国稀土学报, 2002, 12(20): 256 - 257.

[29] 陈坚, 姚吉升, 周友元, 等. ITO 废靶回收金属铟 [J]. 稀有金属, 2003, 27(1): 101 - 103.

[30] Kondo K, Yamamoto Y, Matsumoto M. Separation of indium(III) and gallium(III) by a supported liquid membrane containing diisostearyphosphoric acid as a carrier [J]. Journal of Membrane Science, 1997, 137(1 - 2): 9 - 15.

[31] 索宝霆, 潘晓勇, 田晖, 等. 废液晶显示器中铟提取工艺技术研究 [J]. 资源再生, 2012, (7): 54 - 56.

[32] Annie D, 向华. 用含膦酸基的离子交换相回收铟、锗和镓的方法 [J]. 湿法冶金, 1989 (2): 77 - 80.

[33] Matsuda M, Aoi M. Recovery of indium in the sulfuric acid leaching solution of zinc leach residue with chelate resin [J]. The Chemical Society of Japan, 1990(9): 976 - 981.

[34] Matsuda M, Aoi M, Akiyoshi Y. Recovery of indium in the sulfuric acid leaching solution of zinc slag with chelate resin [J]. The Chemical Society of Japan, 1989(12): 2012 - 2017.

[35] Higashi A, Saitoh N, Ogi T, et al. Recovery of indium by biosorption and its application to recycling of waste liquid crystal display panel [J]. Journal of the Japan institute of metals, 2011, 75(11): 620 - 625.

[36] 郭宏伟, 翟鹏, 高淑雅, 等. 利用废液晶显示器玻璃生产泡沫玻璃的制备方法 [P]. 中国专利: CN101298369A, 2008.

[37] 高淑雅, 郭晓深, 郭宏伟, 等. 一种利用废液晶显示器玻璃生产瓷砖的方法 [P]. 中国专利: CN101717239A, 2009.

[38] Wang Heyuan. A study of the effects of LCD glass sand on the properties of concrete [J]. Waste Management, 2009, 29(1): 335 - 341.

[39] Wang Heyuan. A study of the engineering properties of waste LCD glass applied to controlled low strength materials concrete [J]. Construction and Building Material, 2009, 23(6): 2127 - 2131.

[40] He Yuan Wang, Wen Ling Huang. Durability of self - consolidating concrete using waste LCD glass [J]. Construction and Building Material, 2010, 24(6): 1008 - 1013.

[41] Kae Long Lina, Nian Fu Wang, Je Lueng Shie, et al. Elucidating the hydration properties of paste containing thin film transistor liquid crystal display waste glass [J]. Journal of Hazardous Materials, 2008, 159(2-3): 471-475.

[42] K. L. Lina, Wu-Jang Huang, J. L. Shie, et al. The utilization of thin film transistor liquid crystal display waste glass as a pozzolanic material [J]. Journal of Hazardous Materials, 2009, 163(2-3): 916-921.

[43] Kae-Long Lin, Wen-Kai Chang, Tien-Chin Chang, et al. Recycling thin film transistor liquid crystal(TFT-LCD) waste glass produced as glass-ceramics [J]. Journal of Clean Production, 2009, 17(16): 1499-1503.

[44] Liu Wei T, Li Kung C. Application of reutilization technology to waste from liquid crystal display (LCD)industry [J]. Journal of Environmental Science and Health, Part A: Toxic/Hazardous Substances and Environmental Engineerring, 2010, 45(5): 579-586.

[45] 朱奕明, 林焕庭. 含有废液晶玻璃粉的组成及用其来制造硅酸钙板的方法 [P]. 中国专利: CN101348360A, 2008.

[46] 秦文隆. 液晶显示器资源化处理方法 [P]. 中国专利: CN1536394A, 2004.

[47] 李金惠, 温雪峰. 电子废物处理技术 [M]. 北京: 中国环境科学出版社, 2006.

[48] Jeon SeongHwan, Min KyungSan, Soh YangSeob. The Characteristics of P. H. C Pile using Admixture by Waste TFT-LCD Glass Powder [J]. Journal of the Korean Ceramic Society, 2010, 47(5): 419-425.

[49] Kim KD, Hwang JH. Recycling of TFT-LCD culled as a raw material for fibre glasses [J]. Glass Technology, 2011, 52(6): 181-184.

[50] 金顺东, 朱明勋. 深池化学反应有选择回收 TFT-LCD 玻璃基板的方法 [P]. 中国专利: CN101234386A, 2008.